Architecture and Key Technologies of Cloud OS

云操作系统架构与关键技术

王继业◎著

人民邮电出版社
北京

图书在版编目（CIP）数据

云操作系统架构与关键技术 / 王继业著. -- 北京 : 人民邮电出版社, 2019.4(2022.4重印)
ISBN 978-7-115-50240-7

Ⅰ. ①云… Ⅱ. ①王… Ⅲ. ①计算机网络—网络系统—系统设计—教材 Ⅳ. ①TP393

中国版本图书馆CIP数据核字(2018)第266420号

内容提要

本书从基础篇、设计篇、部署篇、应用篇 4 个方面，详细全面地论述了云操作系统的架构、各组件技术原理、部署优化与典型应用。全书深入浅出地阐述了云操作系统的基本概念和发展历程、总体技术架构、内核设计、基础服务、外部接口、部署及优化方法、典型应用实践等内容。本书强调理论与实践相结合，通过学习本书，读者能达到熟悉和掌握云操作系统关键技术、设计和应用部署的目的。

本书适合作为云操作系统产品技术架构师的技术工具书，同时也可作为决策企业 IT 建设和技术方向的管理人员、高等院校师生的技术与架构参考用书。

◆ 著　　　　王继业
责任编辑　李彩珊
责任印制　彭志环
◆ 人民邮电出版社出版发行　　北京市丰台区成寿寺路 11 号
邮编　100164　　电子邮件　315@ptpress.com.cn
网址　http://www.ptpress.com.cn
北京印匠彩色印刷有限公司印刷
◆ 开本：787×1092　1/16
印张：21.5　　　　2019 年 4 月第 1 版
字数：404 千字　　　　2022 年 4 月北京第 4 次印刷

定价：169.00 元

读者服务热线：(010)81055488　印装质量热线：(010)81055316
反盗版热线：(010)81055315
广告经营许可证：京东工商广登字 20170147 号

序 1

从 2006 年谷歌、亚马逊等互联网公司提出云计算的概念以来，云计算在技术深度和应用广度上均有显著发展，云计算与移动互联网、工业互联网、大数据、人工智能等技术相辅相成，成为信息社会的主要支柱，推动信息社会进入大智移云的时代。

大型互联网公司利用云计算平台扩展业务范围，已延伸出各类数据分析和计算存储的平台，基于这些平台又出现了商务、物流、金融、安全等各类创新产品，催生了新业态，推动了生产方式和商业模式创新。实践证明，大数据、云计算等信息通信新技术与实体经济的融合已成为传统产业升级的新动能和新兴产业发展的新引擎。

但是我国大部分企业（特别是传统行业里的中小企业）的互联网化还处在起步阶段，自身建设云计算平台的能力不足，业务上云的比例还很低。大企业建设的大型云计算平台可以为中小企业提供云计算服务。大企业既有以云计算为主业的互联网企业，也包括传统产业的行业龙头企业，后者由于对自身业务需求具有透彻的了解，其提出来的云计算操作系统架构更适合本行业及相关行业的需要。

国家电网公司作为能源行业的龙头企业，其云计算研究起步早、发展快，在社会上有了广泛的影响，其全球能源互联网理念引领行业的发展，为行业的产业互联网化提供了成功的示范。为了推广国网云的建设经验，推动中小企业云计算应用的创新发展，国家电网公司的王继业同志撰写了《云操作系统架构与关键技术》一书。该书以云计算核心技术——云操作系统为对象，从基础技术、设计理念、部署方法和应用前景等方面对云计算做了全面而深入的研究和论述，介绍了云计算技术在企业 IT 重构中的作用，对各类云计算应用实践做了清晰的梳理和说明，对应用云操作系统过程中面临的设计和技术难点做了深入解析。作者有丰富的建设和应用云计算的实践经验与亲身体会，从使用者所需的知识结构和关键技术的角度来撰写本书，系统性和实用性是本书的特色。相信建设云计算平台和使用云计算业务或者开发云计算应用的技术人员和工程师都能从本书中受益。

希望本书的读者，在了解到云操作系统技术的同时，能够积极地投身到云计算产业实践中来，推动信息技术与实体经济深度融合，在应用中创新并加快企业数字化转型，为企业创造更大的价值。

中国互联网协会理事长
中国工程院院士

序 2

云计算作为新一代信息技术的重要组成部分，其技术和标准尚未被跨国公司所垄断。当前，OpenStack、Hadoop、KVM、Kubernetes 等开源云计算技术发展迅速，应用广泛，这有利于推广我国自主可控的云计算技术和解决方案。国产自主可控的云计算软硬件的性价比具有突出优势，而且目前基于开源技术体系的云计算解决方案已经较为成熟，缺少的是大规模的推广应用和实践经验。鉴于此，构建大部门、大企业自主可控的云计算，是摆脱跨国公司控制我国重要信息系统的切实可行的途径。我国已有一批企业有能力提供构建包括私有云、公共云、混合云等各类云计算的核心技术、软硬件装备和服务。国家电网公司作为目前国内最大的企业，世界五百强的第二名，在自主可控软硬件研发和应用方面取得了显著的成果，在云计算方向也有业界领先的产品和实践，理应向业界分享自己的成果和经验，取得更大的效益。

2016 年我作为国家电网公司“电力云仿真实验室”项目验收专家委员会的组长，有机会到现场见证了项目建设的情况，该实验室的研究成果在国内各行业云计算应用中是相当超前的。这两年国家电网公司信息通信部组织开展一体化“国网云”的研发和建设，形成的一批研究成果在全国范围内产生了很大的影响。众所周知，关键核心技术是国之重器，对推动我国经济高质量发展、保障国家安全都具有十分重要的意义。我们高兴地看到，国家电网公司正在国产自主可控云计算核心技术的支撑下，大力推进网络安全和信息化建设。

国家电网公司的王继业同志从云计算的科学研究和大型企业的应用实践的角度出发，撰写了这本《云操作系统架构与关键技术》，它对云计算底层的最核心部分——云操作系统进行了全面细致的阐述，深度剖析了分布式架构的原理和设计方法，同时紧密结合国家电网公司建设云计算的实践，对云操作系统的应用场景也进行了深刻详尽的探讨，实现了设计与应用的全面覆盖，是云计算领域一本难得的好书。我有幸先睹为快，并乐意推荐给相关学者参考切磋。

中国工程院院士

前言

自电子计算机诞生以来，操作系统（Operating System，OS）一直是计算机的核心，负责控制和管理计算机的中央处理器（CPU）、内存、输入/输出设备、网络连接以及各种文件的组织存储、操作和保护，各种系统软件和应用软件的管理、安装、运行和进程作业管理，起着计算机“大脑”的作用。之后随着计算机科学与技术的发展，尽管各种个人计算机、大型计算机、计算机网络的规模、数量发生了巨大变化，但操作系统的基本功能、概念并没有发生根本变化。云计算也一样，云操作系统的基本概念、原理与早期的计算机操作系统是一致的。

但实际上随着电子数字计算机的广泛深入普及，操作系统概念的内涵和外延也在不断扩大，并出现了各种不同的形态和产品，比如嵌入式操作系统、移动终端操作系统、大型机操作系统、个人计算机操作系统、网络操作系统以及本书所提到的云计算分布式操作系统。操作系统有的规模很大，管理的资源也很多；有的规模很小，管理的资源也很少；有的时序性要求很高，有的则相对低一些。由于其门槛高，技术难度大，其产品也越来越集中，如桌面操作系统 Windows，手机操作系统 iPhone OS、Android，服务器操作系统 Linux 等，逐步在行业里起到中流砥柱的作用。

云计算是计算机行业发展的新阶段，它通过对信息基础设施（比如服务器、存储、网络和系统软件）的虚拟化和分布式处理，提高资源的利用效率和共享水平，减轻机构使用网络的总体成本。Gartner 和 IDC 均预测，未来全球 90%的企业将不同程度地使用云计算服务或平台，上云已经成为一种标配。云计算的广泛应用，使得计算机的存储和计算等资源重新放到后台（即云端），前端仅仅是一个人机接口界面，这与早期的“大（中、小）型机+终端”的集中式计算存储模式很相似，所不同的是新型终端事实上也具备了很强的信息处理能力，另外分布式处理弥补了单个主机能力不足的问题，可以根据用户需求有效扩展计算能力和存储，从而做到了系统资源的弹性扩展或收缩，系统做到了可用和好用。云计算是新一代的信息基础设施，云操作系统是新一代信息基础设施的核心，它直接管理了云中（可能是一些计算机，可能是一个数据中心内部的所有资源，也可能是多个数据中心的所有资源）的计算机硬件、存储、网络以及软件资源，规模更大，内容更为复杂，理解更为费力。为了使广大计算机工作者和用户深入了解云操作系统，本书详细梳理了云操作系统的概念、架构、原理、设计方法以及部署方法、应用案例等，希望能对大家有所裨益。

2015 年，国家电网有限公司（以下简称国网公司）发布《信息通信新技术推动电网和公司创新发展行动计划》，正式启动“国网云”建设，2017 年 4 月，“国网云”正式发布。“国网云”始终秉承“开放创新”“自主可控”的建设原则，逐渐推动信息化建设和运行模式的深化转型，提高资源共享水平，促进“互联网+”创新发展。作为主要负责人，我亲历“国网云”建设历程，见证了“国网云”技术团队的快速成长。技术团队汲取着互联网企业宝贵的实践经验，开展了国网云操作系统 SG-COS 自主核心技术研发攻关，并在公司各单位实现了规模部署。

鉴于市场上的书籍普遍定位到某一个具体的产品，专注阐述其功能实现和部署方法，本书编撰的初衷在于，一方面，希望能够将国网公司对云操作系统在企业级生产环境下应用的心得、经验进行总结并对外分享；另一方面，希望能够从方法论的角度提炼云操作系统的设计理念和模型，改变市场上主流书籍“重部署、重产品，轻设计、轻原理”的局面，更好地从根本上提升中国在云计算产业链上的话语权。

衷心希望更多的企业 IT 管理者、决策者、架构师及立志成为架构师的技术人员能从这本书中获取有价值的信息，进而对自身职业发展和所在企业的业务发展有所帮助。对于有一定技术背景，希望对云操作系统架构有一个整体了解的 IT 教学工作者、高等院校的学生，本书也是一部不错的书籍。

特别感谢中国科学院周孝信院士主持本书的审校工作，中国工程院邬贺铨院士、倪光南院士先后对本书编撰给予悉心指导并亲自作序，以更为前瞻、开拓、深刻的视角多次修正和完善本书，亦加深我个人对云计算的认识和理解。同时也十分感谢国网公司信息通信部曾楠、王晋雄同志，国网冀北电力王东升、国网江苏电力张明明同志，国网信通产业集团李富生、孙德栋、张春光、王思宁、李云、孙磊、付兰梅、彭嫚、陈影、李天啸、童骁、贾翠玲等诸位同志协助完成书稿内容验证、统稿和校注等相关工作，正是他们对“国网云”的深刻理解，才促成了本书的成稿。

最后，借此书出版向所有参加和给予帮助“国网云”设计、研发、建设和运行的单位与个人表示由衷的感谢！

2018 年 12 月于北京

目录

第三部分 部署篇

第四部分 应用篇

绪论

近年来，我国政府高度重视云计算的发展，把云计算列为重点发展的战略性新兴产业。国务院先后出台了《国务院关于加快培育和发展战略性新兴产业的决定》《国务院关于促进云计算创新发展培育信息产业新业态的意见》《国务院关于积极推进“互联网+”行动的指导意见》。云计算也作为战略性新兴产业，被纳入《国家“十三五”科学和技术发展规划》。目前，部分城市已先行开展云计算服务创新发展试点示范工作。多个省市也发布了地方云计算战略规划，成立了地方云计算联盟，并组织当地重点企业联合进行云计算服务、政策等方面的探索。

企业真正的需求是业务的快速响应，并能够支持业务的快速创新的能力。

本书充分借鉴互联网主流云计算的先进理念，结合《国网云白皮书（2017）》《国家电网公司一体化“国网云”顶层设计》等国网内部重要资料，对云操作系统的架构及关键技术进行详细解析，希望能够帮助广大企业云平台从业人员进一步了解云操作系统在发挥资源共享、提高生产效率方面的重要作用，促进企业在云操作系统方面的人才培养和储备，并推动企业在云操作系统的研发进展和部署能力等方面的提升。

1. 云计算及云操作系统的概念

“云计算”的概念于 2006 年由美国的 Google 公司首先提出。维基百科定义云计算是一种商业计算模式，具体来说，其是一种通过互联网并以服务的形式所提供的动态、可伸缩的虚拟化资源。云计算可以灵活地扩展计算资源，实现协作式的大规模计算，并能根据用户的需求进行按需购买和计费。

随着云时代的来临，云操作系统也逐渐进入人们的视野并受到企业越来越多的关注，成为云计算中心的一个重要选择。它不同于传统的桌面操作系统，只对单机的软硬件进行管理，它是传统单机操作系统面向互联网应用和云计算的适应性扩展，是云计算中心整体基础架构软件环境的基础。

云操作系统，是云计算后台数据中心的整体运营管理系统，它是指构架于服务器、存储、网络等基础硬件资源和单机操作系统、中间件、数据库等基础软件资源之上的云计算综合管理系统。云操作系统通常包含以下几个模块：大规模基础软硬件管理、虚拟计算管理、分布式文件系统、业务/资源调度管理、安全管理控制等。简单来讲，云操作系统有以下几个作用：一是管理和驱动海量服务器、存储等基础硬件，将一个数据中心的硬件资源从逻辑上整合成一台服务器；二是为云应用软件提供统一、标准的接口；三是管理海量的计算任务以及资源调配。云操作系统是实现云计算的关键一步：从前端看，云计算用户能够通过网络按需获取资源，并按使用量付费，如同打开电灯用电、打开水龙头用水一样，接入即用；从后台看，云计算既要能够实现对各类异构软硬件基础资源的兼容，也要实现资源的动态流转，如同"西电东送""西气东输"一样。将静态、固定的硬件资源进行调度，形成资源池，云计算的这两大基本功能就是云操作系统实现的。

2. **云操作系统的主要特点**

云操作系统的特点之一是资源共享服务化。云计算可以随时随地地通过网络访问共享资源池的资源，包括计算资源、存储资源、应用软件、网络资源以及服务（IaaS、PaaS、SaaS）。在云操作系统中，资源以服务的形式存在并能快速提供给用户。

云操作系统的特点之二是按需交付。资源服务器通过云操作系统形成统一的资源池。在使用时，用户可以根据自己的需要向云操作系统申请和购买所需要的资源。这种方式提高了云资源的利用率，可以避免闲时造成的资源浪费。

云操作系统还具有灵活调度性。云可以根据服务的状态、资源特征等动态地加载云主机，并通过参数的修改实现不同应用场景下的调度。

3. **云操作系统的发展概况**

云计算技术已经从传统的虚拟化技术发展到如今的分布式计算技术。虚拟化技术简化了计算机软件的配置，集中闲置的计算资源，从而减少计算成本，提高云计算系统的性能。而分布式计算则进一步提高了系统的灵活性，以平衡计算负载。同时，效用计算的概念也被引入云计算中。云操作系统会按照计算机用户需求模型，为用户提供计算资源，提高计算资源的利用率。随着用户计算需求的进一步提升，集群技术、网格计算等新技术也不断出现。云计算中的集群技术主要指将云计算过程中分散的计算资源整合起来，进而优化计算机的性能，增强计算机的可靠性。网格计算与集群技术不同，它是能够支持不同型号计算机的计算资源的集合。并且，网格计算的功能强大，能够为用户解决大量的计算难题，提高系统运行效率。

从时间上来看，2005 年之前，是虚拟化技术发展的第一阶段，称为虚拟化 1.0；2005—2010 年是虚拟化技术发展的第二阶段，称为虚拟化 2.0；目前，云操作系统已经进入了虚拟化 2.5 阶段，虚拟化 3.0 阶段也将在不久到来。随着虚拟化技术的发展，软硬协同虚拟化技术（如内存虚拟化）以及网络虚拟化技术将会不断地在云操作系统中得到突破和创新。

另一方面，大规模分布式存储也进入创新的高峰期。在云操作系统分布式计算环境下，存储技术将朝着具有更高的安全性、便携性及数据访问等方向发展。2010 年左右发展起来的分布式存储，将存储资源抽象表示和统一管理，并能保证数据读写的安全性、可靠性等，以冗余存储的方式来保证存储数据的可靠性，以高可靠软件来弥补硬件的不可靠。而在大规模分布式存储中，基于块设备的分布式文件系统、并行和分布式计算技术，能够提供更高的数据冗余功能。且由于采用了分布式并发数据处理技术，众多存储节点可以同时向用户提供高性能的数据存取服务，从而可以更好地保证数据传输的高效性。

目前，国内外各巨头正纷纷打造云生态体系，强化对云计算行业的掌控力。云生态已经成为云计算行业竞争力的标志。随着全球化基础设施的扩展加速，云生态的基础设施也将继续保持扩张的趋势。同时，大型企业在云生态发展背景下，也将积极地拥抱云计算。对于企业而言，云计算不再是可选项，而是企业发展的必然选择。

Part 1

第一部分

基础篇

操作系统作为计算机硬件设备和计算机用户之间的中间接口程序，可以为用户提供方便且有效的执行程序的环境。目前企业级操作的对象已经发展为大型数据中心，对数据中心的云化和操作环境就转化为对云操作系统的应用。

本部分首先回顾了操作系统的发展史，阐述了批处理系统、分时系统、实时系统这3类操作系统的基本类型，同时对目前主流的、综合使用了3类基本类型的通用操作系统进行了归类整理，细分为单机操作系统、网络操作系统和分布式操作系统。了解操作系统的发展有利于理解云操作系统的由来和设计思想。

从本质上而言，云操作系统是一种高级的分布式操作系统，但云操作系统的操作对象发生了较大变化，因此本部分对云操作系统的定义、特征、发展历程、主要功能和主流产品进行了概述，使读者能快速建立起云操作系统的体系框架。

第1章 操作系统发展历程

任何一个计算机系统都是由硬件和软件两部分组成的。操作系统（Operating System，OS）是计算机中的系统软件，配置在计算机硬件上的第一层，是计算机系统的基础与内核，用于管理和控制计算机硬件与软件资源，合理组织计算机工作流程，处理包括管理与分配内存、系统资源供需优先级排序、控制输入与输出、操作网络、管理文件系统等在内的基本事务，为用户有效利用这些软硬件资源提供一个功能强大、使用方便和可扩展的工作环境。同时，提供计算机与其用户之间互动的操作界面，起到接口的作用。操作系统发展历程如图 1-1 所示。

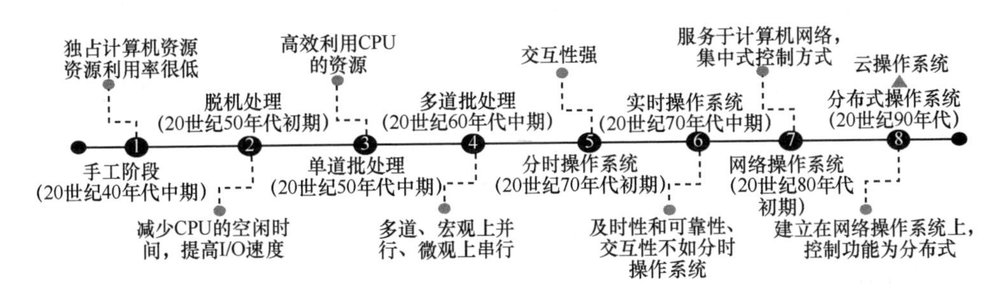

图 1-1　操作系统发展历程

1.1　操作系统的基本类型

本书将操作系统分为批处理操作系统、分时操作系统和实时操作系统 3 种基本类型。

1.1.1 批处理操作系统

随着20世纪50年代中期晶体管的发明，晶体管替代真空管，迎来第二代计算机。该类计算机因其具有体积小、功耗低、可靠性大幅度提高等特点，具有推广应用的价值。但因其价格非常昂贵，为能充分利用其价值，尽量让该计算机系统连续运行，减少空闲时间。为此，通常把一批作业以脱机方式输入磁带，并在系统中配上监督程序（Monitor），在它的控制下使这批作业能一个接一个地连续处理，这便形成了早期的批处理系统。

批处理是指用户将一批作业提交给操作系统后就不再干预，由操作系统控制批量作业自动运行。这种采用批量处理作业技术的操作系统称为批处理操作系统。批处理操作系统不具有交互性，是为提高CPU的利用率而提出的一种操作系统。

1. 单道批处理系统

单道批处理系统（Simple Batch Processing System）是最早出现的一种操作系统。严格地说，它只能算作操作系统的前身，而非现在人们所理解的操作系统。尽管如此，该系统比起人工操作方式的系统已有很大进步。由于系统对作业的处理都是成批地进行，且在内存中始终只保持一道作业，故称此系统为单道批处理系统。

（1）单道批处理系统原理

通常把一批作业以脱机方式输入磁带，并在系统中配上监督程序，在它的控制下使这批作业能一个接一个地连续处理。其自动处理过程是：首先，由监督程序将磁带上的第一个作业装入内存，并把运行控制权交给该作业。当该作业处理完成时，又把控制权交还给监督程序，再由监督程序把磁带（盘）上的第二个作业调入内存。

单道批处理系统是在解决人机矛盾以及CPU与I/O设备速度不匹配问题的过程中形成的，换言之，旨在提高系统资源的利用率和系统吞吐量。但这种单道批处理系统仍然不能很好地利用系统资源，故现已很少使用。

（2）单道批处理系统特点

1）自动性

在任务顺利执行的情况下，在磁带上的一批作业能自动地依次运行，而无需人工干预。

2）顺序性

磁带上的各道作业顺序地进入内存，各道作业的完成顺序与它们进入内存的顺序在正常情况下应完全相同，亦即先调入内存的作业先完成。

3）单道性

内存中仅有一道程序运行，即监督程序每次从磁带上只调入一道程序进入内存运行，当该程序完成或发生异常情况时，才换入其后继程序进入内存运行。

（3）单道批处理系统中的关键技术

单道批处理系统需使用作业控制语言来描述用户对作业运行的控制意图，并将控制信息和用户的程序、数据一起作为一个作业提交给操作员。操作员启动有关程序将一批作业输入计算机外存。由操作系统去控制、调度各作业的运行并输出结果。由于作业进入计算机系统后，用户不再对作业的运行进行人工干预，从而提高了系统的运行效率。

2. *多道批处理系统*

由于在单道批处理系统中，一个作业单独进入内存并独占系统资源，直到运行结束后下一个作业才能进入内存，当作业进行 I/O 操作时，CPU 只能处于等待状态，因此，CPU 利用率较低，尤其是对于 I/O 操作时间较长的作业。为了提高 CPU 的利用率，在单道批处理系统的基础上引入了多道程序（Multiprogramming）设计技术，这就形成了多道批处理系统。多道批处理系统在内存中可同时存在若干道作业，作业执行的次序与进入内存的次序无严格的对应关系，因为这些作业是通过一定的作业调度算法来使用 CPU 的，一个作业在等待 I/O 处理时，CPU 调度另外一个作业运行，因此 CPU 的利用率显著地提高了。

（1）多道批处理系统原理

现代计算机上的批处理系统大多都是多道批处理系统。其工作原理如下。

各用户使用操作系统提供的作业控制语言，描述作业运行时的控制意图以及对资源的需求。然后将程序、数据以及这些信息一并交给操作员，操作员可随时将批作业交给系统。在外存中存放大量后备作业，系统根据一定的调度原则从后备作业中选择搭配合理的若干作业调入内存。作业的选择既能充分利用系统各类资源，又能满足不同用户的响应时间要求。在内存中的作业按多道方式组织运行，即多个作业交替运行。某个作业运行完毕，系统输出它的运行结果并回收分配给它的资源，再从外存调入另一个作业。作业不断地流入系统，经处理后又退出系统，形成一个源源不断的作业流。这样，便提升了系统对资源的利用率，提高了作业吞吐量。

（2）多道批处理系统特点

1）脱机

用户脱机使用计算机，即用户提交作业之后直到获得结果之前几乎不再和计算机打交道。

2）多道

多道程序运行，即按多道程序设计的调度原则，从一批后备作业中选取多道作业调入内存并组织它们运行。

3）成批处理

操作员把用户提交的作业组织成一批，由操作系统负责每批作业间的自动调度。

（3）多道批处理系统中的关键技术

为提高处理机资源的利用率，需尽可能地使处理机与输入/输出设备并行工作，便相应地出现了多道技术。即在内存中同时存放若干道用户作业，允许用户作业在系统中交替地运行。多道技术是多道批处理系统的关键技术。另外，还需要通道和中断机构等硬件的支持。批处理系统自动化程度比较高，系统吞吐量大，资源利用率高，系统开销小，但各作业周转时间长，不提供用户与系统的交互手段，适合大的成熟的作业。

1.1.2 分时操作系统

批处理操作系统提供了一个可以充分利用各种资源（如 CPU、内存、外设等）的环境，但无法为用户提供与计算机系统直接交互的能力。随着用户对计算机能力要求的不断提升，分时操作系统（Time-Sharing Operating System，TSOS）应运而生。分时操作系统是多道批处理系统的自然延伸，提供快速的作业之间的切换，并提供用户与每个程序运行期间与之进行交互的功能。

分时操作系统利用分时技术，将系统处理机时间与内存空间按一定的时间间隔（划分时间片），采用轮转运行方式轮流地切换给各终端用户的程序使用，实现一种联机的多用户交互，每个用户可以通过自己的终端向系统发出各种操作控制命令，完成作业的运行，允许多用户同时共享计算机。

1. 分时操作系统原理

分时操作系统的核心原理在于将作业直接放入内存，并引入了时间片的概念，采用轮转运行的方式，规定每个作业每次只能运行一个时间片，然后就暂停该作业并立即调度下一个作业运行。在不长的时间内使所有的作业都执行一个时间片的时间，便可以使每个用户都能及时地与自己的作业进行交互，从而使用户的请求得到及时响应。这样就解决了在分时系统中最重要的及时接收、及时处理问题。

分时操作系统主要是针对小型机以上的计算机提出的，而单片机尽管 CPU 速度较低，但由于其任务的可预见性，作业调度和时间片的划分也就相对简单有效。单片机应用分时操作系统，尤其是多任务操作的情况下，可以避免底层重复性劳动，提高研制效率，缩短研发时间，同时也有利于多人的分工协作，产品的稳定性、可靠性也会得到提高。

常见的单片机分时操作系统划分的时间片一般都小于每一个任务执行所花费的时间，当时间片用尽，任务尚未执行完即被挂起，等待下一次获得时间片后再执行。这就是分时操作的原理，而任务被挂起后，需要将当前的一些运行参数，如断点、寄存器状态等保护起来，以便下次轮转到时间片时能继续执行下去，这种方式实现的操作系统代码量都不会太小，占用系统资源较多，从而影响到系统的及时性。

2. *分时操作系统特点*

分时操作系统一般采用时间片轮转的方式，使一台计算机为多个终端用户服务。与多道批处理系统相比，具有如下 4 个特点。

（1）多用户性

允许多个用户使用多台终端连接一台主机，共享其 CPU、内存等资源，系统按分时原则为每个用户提供资源和服务。这不仅提高了计算机资源利用率，降低了使用费用，还促进了计算机的广泛应用。

（2）独立性

每个用户独享终端，独立操作，互不干扰。用户彼此间感觉不到其他人也在使用该计算机，如同自己独占计算机一样。

（3）交互性

用户可通过终端与计算机系统进行人机对话，请求计算机系统为其提供数据处理、资源共享等多方面的服务，并可以在程序动态运行过程中对其加以控制。同时，分时操作系统可为用户之间的合作提供服务。

（4）及时性

对用户请求服务能在较短或可容忍的时间内得到响应和处理，通常仅为 1~3 s。

3. *分时操作系统中的关键技术*

为实现分时系统，最关键的是如何使用户与自己的作业进行交互，即当用户在自己的终端上键入命令时，系统应能及时接收并及时处理该命令，再将结果返回给用户。此后，用户可继续键入下一条命令，此即人—机交互。应强调指出，即使有多个用户同时通过自己的键盘键入命令，系统也应能全部地及时接收并处理这些命令。

由此可见，为实现人机交互，必须彻底地改变原来批处理系统的运行方式。首先，用户作业不能先进入磁盘，然后再调入内存。因为作业在磁盘上不能运行，当然用户也无法与机器交互，因此，作业应直接进入内存。其次，不允许一个作业长期占用处理机，直至它运行结束或出现 I/O 请求后，方才调度其他作业运行。为此，应该规定每个作业只运行很短的时间（例如 0.1 s，通常把这段时间称为时间片），然后便暂停该作业的运行，并立即调度下一个程序运行。如果在不长的时间（如 3 s）内能使所有的用户作业都执行一次（一个时间片的时间），便可使每个用户都能及时地与自己的作业交互，从而可使用户的请求得到及时响应。

1.1.3　实时操作系统

多道批处理系统、分时操作系统已获得令人较为满意的资源利用率和响应时间，从而使计算机的应用范围日益扩大。随着人们将计算机应用于实时控制与实时信息处理，实时操作系统逐渐发展起来。所谓“实时”，即“即时”，而实时操作系统（Real Time Operating System，RTOS）是指系统能即时响应外部事件的请求，在规定的时间内完成对该事件的处理，并控制所有实时任务协调一致地运行。

1. 实时操作系统原理

实时操作系统必须能在一定时间限制内解决实时任务，这些任务通常与某个外部设备有关，能反映或控制相应的外部设备，具有一定的紧迫性。实时任务从不同角度有着不同的分类。

按任务执行时是否呈现周期性变化来划分，可将实时任务分为周期性实时任务和非周期性实时任务。对于周期性实时任务，外部设备周期性地发出激励信号给计算机，要求它按照指定周期循环执行，以便周期性地控制某外部设备。对于非周期性实时任务，外部设备所发出的激励信号并无明显的周期性，但都必须联系着一个截止时间，这个截止时间可分为开始截止时间和完成截止时间。

按对截止时间的要求来划分，可将实时任务分为硬实时任务（Hard Real-time Task）和软实时任务（Soft Real-time Task）。硬实时任务是指系统必须满足任务对截止时间的要求，否则会出现错误，带来难以预测的后果（工业和武器控制系统常用）。软实时任务对截止时间的要求不那么严格，即使错过截止时间，对系统影响也不会太大（信息查询系统和多媒体系统等常用）。

2. 实时操作系统特点

（1）即时响应

系统能及时响应外部事件的请求，并在规定时间内完成对该事件的处理。以控制对象所要求的开始截止时间或完成截止时间来确定的，一般为秒级到毫秒级，甚至有的要低于 100 μs。

（2）高可靠性

往往都采取了多级容错措施来保障系统的安全性及数据的安全性，以确保其高度的可靠性，避免任何差错可能带来的巨大经济损失，甚至是无法预料的灾难性后果，如生产过程的实时控制、航空订票等实时事务系统，信息处理的延误或丢失往往会带来不堪设想的后果。

（3）多用户性

系统周期性地对多路现场信息进行采集，以及对多个对象或多个执行机构进行控制。

（4）独立性

每个终端用户在向实时系统提出服务请求时，是彼此独立的操作，互不干扰，对信息的采集和对对象的控制也都是互不干扰的。

（5）交互性

人与系统的交互仅限于访问系统中某些特定的专用服务程序。

3. 实时操作系统中的关键技术

实时操作系统的多任务处理是其关键技术。其基本结构包括一个程序接口、内核程序、器件驱动程序以及可供选择的服务模块。

（1）任务

任务（Task）是 RTOS 中最重要的操作对象，每个任务在 RTOS 的控制下由 CPU 分时执行。任务的调度主要有时间分片式（Time Slicing）、轮流查询式（Round-Robin）和优先抢占式（Preemptive）3 种，不同的 RTOS 可能支持其中的一种或几种，其中优先抢占式对实时性的支持最好，也是目前流行的 RTOS 采用的调度方式。

（2）任务切换

任务的切换有两种情况。当一个任务正常地结束操作时，它就把 CPU 控制权交给 RTOS，RTOS 则判断下面哪个任务的优先级最高，需要先执行。另一种情况是在一个任务执行时，一个优先级更高的任务发生了中断，这时 RTOS 就将当前任务的上下文保存起来，切换到中断任务。

（3）消息和邮箱

消息和邮箱是 RTOS 中任务之间数据传递的载体和渠道，一个任务可以有多个邮箱。通过邮箱，各个任务之间可以异步地传递信息。

（4）信号灯

信号灯相当于一种标志，通过预置，一个事件的发生可以改变信号灯。一个任务可以通过监测信号灯的变化来决定其行动，信号灯对任务的触发是由 RTOS 来完成的。

（5）存储区分配

RTOS 对系统存储区进行统一分配，分配的方式可以是动态的或静态的，每个任务在需要存储区时都要向 RTOS 内核申请，RTOS 在动态分配时能够防止存储区的零碎化。

（6）中断和资源管理

RTOS 提供一种通用的设计用于中断管理，效率高并且灵活，这样可以实现最小的中断延迟。RIDS 内核中的资源管理实现了对系统资源的独占式访问，完善的 RTOS 应具有检查可能导致系统死锁的资源调用设计。

1.2　通用操作系统

在第一代计算机时期，计算机运算速度慢，用户直接用机器语言编制程序，上机完全是手工操作，通过程序纸带把程序和数据送入计算机，通过控制台开关启动程序运行。计算完毕，打印输出。但是随着计算机的发展，手工操作很难适应其高速度。

20 世纪 50 年代末 60 年代初出现了批处理，批处理的出现促进了软件业的发展。

20 世纪 60 年代中期，由于计算机技术和软件技术的发展，CPU 速度不断提高和采用分时技术，一台计算机可同时连接多个用户终端，而每个用户可在自己的终端上联机使用计算机。由于计算机速度很快，作业运行轮转得很快，好像每个用户都独占了一台计算机。而每个用户可以通过自己终端向系统发出各种操作控制命令，完成作业的运行，UNIX 是最流行的一种多用户分时操作系统。

20 世纪 60 年代中期，计算机进入第三代，性能和可靠性有了很大提高，应用愈加广泛。此时出现了针对实时处理的实时操作系统，它在允许时间范围之内做出响应，其主要特点是提供即时响应和高可靠性。与批处理系统、分时系统相比，实时系统的资源利用率可能较低。它要求计算机对外来信息能以足够快的速度进行处理，并在被控对象允许时间范围内做出快速响应。近年来，实时操作系统正在得到越来越广泛的应用。特别是非 PC 机和 PDA 等新设备的出现，更加强了这一趋势。

批处理操作系统、分时操作系统和实时操作系统是操作系统的 3 种基本类型。随着多道批处理操作系统、分时操作系统的不断改进，实时操作系统的出现及应用的日益广泛，操作系统日益完善，发展了具有多种类型操作特征的操作系统，统称为通用操作系统，它可以同时兼容批处理、分时、实时处理和多重处理功能，此后的所有操作系统均具有这些功能。

20 世纪 80 年代，操作系统进一步发展，迎来了个人计算机时代，同时又向计算机网络、分布式处理等方向发展，出现了单机操作系统、网络操作系统和分布式操作系统。

单机操作系统是联机交互的单用户操作系统，常用于个人计算机。因个人专用，其对多用户和分时所要求的对处理机调度、存储保护等方面简单得多。常见的单机操作系统分为单用户单任务操作系统和单用户多任务操作系统，第 1.3 节将针对不同的单机操作系统展开描述。

20 世纪 90 年代，因计算机网络的出现，网络操作系统的通信设施将物理上分散的具有自治功能的多个计算机系统互联起来，实现信息交换、资源共享、可互操作和协作处理。网络操作系统在网络管理、通信、资源共享、系统安全和多种网络应用服务基础上进行研制开发，最主要的特征之一就是使现代操作系统具备上网功能。但除了在 20 世纪 90 年代初期，Novell 公司的 Netware 等系统被称为网络操作系统外，后期的操作系统等均具备网络连接和网络管理功能，网络即计算机，即指由具有独立功能的多台计算机组成，网络管理像一台计算机一样进行资源管理。在下面章节中仅对网络操作系统做简单说明，不做过多赘述。

21 世纪，分布式操作系统通过通信网络将物理上分布的多个计算机系统互联起来，提供共享计算任务，并向用户提供分布式处理系统资源管理、分布式程序运行控制、进程通信和系统结构等更为丰富的功能，进而实现信息交换与资源共享、多个计算机之间任务协作。

1.3　单机操作系统

1.3.1　单用户单任务操作系统

单用户单任务操作系统的含义是，只允许一个用户上机，且只允许用户程序作为一个任务运行。这是最简单的微机操作系统，主要配置在 8 位和 16 位微机上。最有代表性的单用户单任务微机操作系统是 CP/M 和 MS-DOS。

1. CP/M

1974 年第一代通用 8 位微处理机芯片 Intel 8080 出现后的第二年，Digital Research 公司就开发出带有软盘系统的 8 位微机操作系统。1977 年 Digital Research 公司对 CP/M 进行了重写，使其可配置在以 Intel 8080、8085、Zilog-Z80 等 8 位芯片为基础的多种微机上。1979 年又推出带有硬盘管理功能的 CP/M 2.2 版本。由于 CP/M 具有较好的体系结构，可适应性强，且具有可移植性以及易学易用等优点，在 8 位微机中占据了统治地位。

2. MS–DOS

1981 年 IBM 公司首次推出了 IBM-PC 个人计算机（16 位微机），在微机中采用了微软公司开发的 MS-DOS（Disk Operating System），该操作系统在 CP/M 的基础上进行了较大的扩充，使其在功能上有很大的增强。1983 年 IBM 推出 PC/AT（配有 Intel 80286 芯片），相应地，微软又开发出 MS-DOS 2.0 版本，它不仅能支持硬盘设备，还采用了树形目录结构的文件系统。1987 年又发布了 MS-DOS 3.3 版本。从 MS-DOS 1.0 到 3.3 的 DOS 版本都属于单用户单任务操作系统，内存被限制在 640 KB。1989—1993 年又先后推出了多个 MS-DOS 版本，它们都可以配置在 Intel 80386、80486 等 32 位微机上。20 世纪 80 年代到 90 年代初，由于 MS-DOS 性能优越而受到当时用户的广泛欢迎，成为事实上的 16 位单用户单任务操作系统标准，其用户界面仍使用字符型，通过命令语句与计算机进行交互，因此计算机使用门槛仍然很高。

1.3.2 单用户多任务操作系统

单用户多任务操作系统的含义是，只允许一个用户上机，但允许用户把程序分为若干个任务，使它们并发执行，从而有效地改善了系统的性能。目前在 32 位微机上配置的操作系统基本上都是单用户多任务操作系统，其中最有代表性的是由微软公司推出的 Windows。

1985 年和 1987 年微软公司先后推出了 Windows 1.0 版本和 Windows 2.0 版本操作系统，由于当时的硬件平台还只是 16 位微机，对 1.0 版本和 2.0 版本不能很好地支持。1990 年微软公司又发布了 Windows 3.0 版本，随后又宣布了 Windows 3.1 版本，它们主要是针对 386 和 486 等 32 位微机开发的，较之以前的操作系统有着重大的改进，引入了友善的图形用户界面，支持多任务和扩展内存的功能，从而成为 386 和 486 等微机的主流操作系统。

1995 年微软公司推出了 Windows 95，相比以前的 Windows 3.1 有许多重大改进，采用了全 32 位的处理技术，并兼容以前的 16 位应用程序，在该系统中还集成了支持 Internet 的网络功能。1998 年微软公司推出了 Windows 95 的改进版 Windows 98，它已是最后一个仍然兼容以前的 16 位应用程序的 Windows 系统，其最主要的改进是把微软公司自己开发的 Internet 浏览器整合到系统中，大大方便了用户上网浏览，另一个特点是增加了对多媒体的支持。2001 年微软又发布了 32 位版本的 Windows XP，同时提供了家用和商业工作站两种版本，它是当前使用最广泛的个人操作系统。2001 年还发布了 64 位版本的 Windows XP。

在开发上述 Windows 操作系统的同时，微软公司也推出了网络操作系统 Windows NT，它是针对网络开发的操作系统，在系统中融入了许多面向网络的功能。

1.4 网络操作系统

网络操作系统（Network Operateing System，NOS）为网络用户与计算机网络之间的接口，是专门为网络用户提供操作接口的系统软件，是多用户多任务操作系统，除管理计算机的软件和硬件资源、具备单机操作系统所有的功能外，还具有向网络计算机提供网络通信和网络资源共享功能的操作系统，并为网络用户提供各种网络服务，保证资源的排他访问和安全。由于网络操作系统运行在服务器上，所以有时也把它称为服务器操作系统。

1.4.1　网络操作系统的特征

网络操作系统的基本任务是用统一的方法管理各主机之间的通信和共享资源的利用，以实现网络特性最佳为目标，如共享数据文件、软件应用及共享硬盘、打印机、扫描仪等。为完成上述任务，网络操作系统必须具备网络通信、资源管理、网络服务、网络管理、互操作、提供网络接口等基本功能。

网络操作系统具有操作系统的基本特征，如并发性，包括多任务、多进程、多线程；共享性，包括资源的互斥访问、同时访问；虚拟性，把一个物理上的对象变成多个逻辑意义的对象。网络操作系统也具有硬件独立、网络特性、高安全性、可移植性、可集成性，支持 SMP 技术等。

网络操作系统的工作模式主要有 3 种：对等式网络、文件服务器模式、客户机/服务器模式。

网络操作系统除了具有单机操作系统所具有的作业管理、处理机管理、存储器管理、设备管理、文件管理外，还应具有高效、可靠的网络通信能力和多种网络服务功能，如文件服务与打印服务、数据库服务、分布式服务、Active Directory 与域控制器、邮件服务、DHCP 服务、DNS 服务、FTP 服务、Web 服务等。

1.4.2　常用网络操作系统

1. Windows 系列操作系统

（1）Windows 2000

Windows 2000 是微软公司发布于 2000 年的 32 位图形界面的操作系统，有 4 个版本：Professional、Server、Advanced Server 和 Datacenter Server，由于采用了图形界面和鼠标操作，为 PC 的广泛应用奠定了基础。

- Windows 2000 Professional 是桌面操作系统，适合移动家庭用户使用，也适用任何规模商务环境中的桌面操作系统以及网络应用的客户端软件。
- Windows 2000 Server 是服务器版本，包含了 Professional 版本所有的功能和特性，并提供了简单而有效的网络管理服务，是集成终端仿真服务器的服务器操作系统，可作为中小型企业内部网络服务器，也可应用到大型网络。
- Windows 2000 Advanced Server 是 Server 的企业版，增强了扩展性和系统可用性，支持多处理器，提供 Windows 集群和负载均衡功能，设计的目的是适用大型企业网络和较强数据库功能的场合。
- Windows 2000 Datacenter Server 包含了 Advanced Server 版所有的功能，支持更大的内存、CPU，是 Windows 2000 系列产品中功能最强的操作系统。

（2）Windows Server 2003

Windows Server 2003 是微软针对企业客户开发的服务器操作系统，与互联网充分集成，实现多功能、多任务。Windows Server 2003 为加强联网应用程序、网络和 XML Web 服务的功能，提供了一个高效的结构平台，集成了.NET 应用程序环境、Web 服务及企业解决方案，可以满足所有类型的企业网络。Windows Server 2003 有 4 个不同的版本。

- Standard Edition（标准版）：适用于小型商业环境的网络操作系统，为客户提供针对基本文件的打印、共享服务等的理想的解决方案。
- Enterprise Edtion（企业版）：适用于大中型企业，具备构建基础设施、应用程序、电子商务等功能。
- Web Edition（网络版）：专门为 Web 服务及主机的图案应用程序设计的版本。
- Datacenter Edition（数据中心版）：是功能最完善的版本，支持应用程序等。

（3）Windows Server 2008

Windows Server 2008 是专为强化下一代网络、应用呈现和 Web 服务功能而设计的。企业借此可开发、提供和管理丰富的用户体验及应用程序，提供高度安全的网络基础架构，提高和增加技术效率与价值。

Windows Server 2008 操作系统的功能和特点：为企业其他应用提供文档运行的平台、内建虚拟化技术、增强的 Web 服务平台、高安全性。

Windows Server 2008 主要有 4 个版本。

- Windows Server 2008 Standard（基础版）：包含了 Windows Server 2008 的大量专有功能，主要为中小型网络环境提供域名服务，支持多路和四路对 SMP 系统，在 32 位版本最多支持 4 GB 的内存、64 位版本支持 32 GB 的内存。
- Windows Server 2008 Enterprise（企业版）：适用大中型网络，在基础版的基础上，增加集群功能，最多可包含 8 个集群节点，通过超大规模内存技术，最大可支持 2 TB 系统。
- Windows Server 2008 Datacenter（数据中心版）：包含了 Enterprise 版所有功能，适合关键业务系统的解决方案，支持集群的节点数超过 8 个，处理器最少需要 8 颗，最大支持 64 颗。
- Windows Web Server 2008（网络版）：可提供 Web 基础架构功能，适合网络服务供应商，能够提供经济、高效的 Web 服务器操作系统解决方案。

2. UNIX 操作系统

UNIX 操作系统，是一个强大的多用户、多任务操作系统，支持多种处理器架构，最早由 Ken Thompson、Dennis Ritchie 和 Douglas McIlroy 于 1969 年在 AT&T 的贝尔实验室开发。目前它的商标权由国际开放标准组织所拥有，只有符合单一 UNIX 规范的 UNIX 系统才能使用 UNIX 这个名称，否则只能称为类 UNIX

（UNIX-like）。主要有以下几个特点。

- 安全稳定：采取多项安全措施，对文件、目录、用户、数据的权限进行严格的保护，为复杂的网络环境中的用户提供必要的安全的保障。服务器的宕机率很低，相对稳定。
- 多用户、多任务：多个用户可同时共享系统资源，每个用户对自己的资源有特定的权限且互不影响，计算机同时运行多个程序，各程序相互独立、互不干扰。
- 界面友好：UNIX 处理传统的基于文本的命令行界面，还向用户提供图形界面。
- 独立性：用户对设备的使用与实际的存储、位置相独立。UNIX 操作系统把设备当成文件来看待，只需要安装渠道程序，用户就可以使用。
- 可移植性：UNIX 操作系统可移植，可在各种大中小型计算机的任何环境、任何平台上运行。
- 网络功能丰富：与 Internet 之间通过使用 TCP/IP 作为主要的通信协议，进行联系。UNIX 服务器在互联网中的比例占到八成以上。支持所有常用的网络通信协议，以及各种局域网和广域网连接。

UNIX 也存在一些不足：对于一般用户难以掌握，特别是缺乏网络实施、维护经验的用户，需要较长的时间才能熟悉掌握。建议大型的高端网络应用领域应用 UNIX，在中小型的局域网中没必要使用。

3. Linux 操作系统

Linux 是基于 UNIX 的类 UNIX 操作系统，支持多用户、多任务、多线程和多 CPU。它能运行主要的 UNIX 工具软件、应用程序和网络协议。Linux 继承了 UNIX 以网络为核心的设计思想，是一个性能稳定的多用户网络操作系统。Linux 操作系统诞生于 1991 年 10 月 5 日。Linux 存在着许多不同的版本，可安装在各种硬件设备中，比如电脑、手机、服务器。

Linux 操作系统的诞生、发展和成长过程始终依赖着 5 个重要支柱：UNIX 操作系统、MINIX 操作系统、GNU 计划、POSIX 标准和 Internet。

Linux 是一个多任务的操作系统，安全性能高、性能强，可以与 UNIX 兼容，源码开放，便于定制和再开发，现有如下两个版本。

（1）核心版本

一般可从内核版本号来区分系统是稳定版还是测试版。核心版本的序号由 3 部分数字组成，其形式为：major.minor.patchlevel，其中 major 为主版本号，minor 为次版本号，两者构成当前核心版本号；patchlevel 对当前版本的修改次数。例如：3.4.17 表示对核心 3.4 版本的第 17 次修改。按照约定，次版本号为奇数时，表示该版本加入新内容，但不一定很稳定，相当于测试版；次版本号为偶数时，表示该版本是可以使用的稳定版本。

（2）发行版本

发行版本是各个公司推出的版本，与核心版本独立发展。通常是内附一个核心源码以及很多针对不同硬件设备的核心映像。目前常见的发行版本有 Red Hat、Ubuntu 等。

用户最熟悉的发行版本是 Red Hat。1995 年 1 月，Bob Young 创办了 Red Hat（红帽），以 GNU/Linux 为核心，集成了 400 多个源代码开放的程序模块。随着越来越多的用户接受了 Linux，Red Hat 逐渐深入企业级计算机中。目前分为两个系列：由 Red Hat 公司提供的收费版和由自由社区提供的 Fedor Core。

RedHat Enterprise Linux AS 是企业级 Linux 解决方案的旗舰产品，支持 x86 兼容的服务器，提供大量技术改进和新功能，包括新的安全性、服务器性能、扩展行及对桌面计算的支持。包括了最全面的技术支持，能够支持 16 个 CPU、64 GB 内存的最大服务器架构。RedHat Enterprise Linux AS 4.0 是基于 Linux 社区的 2.6.9 内核的系统，具有通用的逻辑 CPU 调度器、基于目标反向映射 VM、读复制更新、多 I/O 调度、增强的 SMP 和 NUMA 支持、网络终端缓和等特点。在数据存储方面，RedHat Enterprise Linux AS 4.0 提高了扩展性，最大支持 8 TB 的文件系统。

4. Netware 操作系统

Netware 是 Novell 公司推出的网络操作系统。Netware 最重要的特征是基于基本模块设计思想的开放式系统结构。Netware 是一个开放的网络服务器平台，可以方便地对其进行扩充。Netware 系统对不同的工作平台（如 DOS、OS/2、Macintosh 等）、不同的网络协议环境（如 TCP/IP 以及各种工作站操作系统）提供了一致的服务。该系统内可以增加自选的扩充服务（如替补备份、数据库、电子邮件以及记账等），这些服务可以取自 Netware 本身，也可取自第三方开发者。

Netware 操作系统对网络硬件的要求较低（工作站只要是 286 就可以了），而且兼容 DOS 命令，其应用环境与 DOS 相似，具有相当丰富的应用软件支持，技术完善、可靠。目前常用的版本有 3.11、3.12、4.10、4.11 和 5.0 等中英文版本。Netware 服务器对无盘工作站和游戏的支持较好，常用于教学网和游戏厅。目前这种操作系统的市场占有率呈下降趋势，这部分市场主要被 Windows NT/2000 和 Linux 系统瓜分了。

1.5 分布式操作系统

分布式操作系统（Distributed Operating System，DOS），是分布式软件系统的重要组成部分，负责管理分布式处理系统资源、控制分布式程序运行等。它和集中式操作系统的区别在于资源管理、进程通信和系统结构等方面。

分布式操作系统的特征如下。

- 资源共享：硬件资源、软件资源。
- 开放性：可伸缩性、可移植性、互操作性；数据是可以交换的，对外接口是公开的、系统提供统一的通信机制、统一的用户界面。
- 并发性：同时工作没有冲突；有冲突时，通过相应算法解决；支持并发控制。

云操作系统本质上是一种高级的分布式操作系统，或者叫作高级的分布式软件系统，具备以下特点：

- 云操作系统控制的数据中心的软硬件资源可以被用户充分共享；
- 云操作系统的开放框架具有充分的开放性，遵循“管理者+生产者”模型，采用 Plugin 框架可以支持异构的计算、存储、网络资源的封装和调度；
- 云操作系统大到架构、小到服务组件均为分布式设计，可以将系统任务进行细颗粒分解，提升并行处理能力，在系统并发到达瓶颈时，理论上可以将相关服务进行无限的横向扩展。

分布式的理念是云操作系统设计与实现的核心。从处理对象上，云操作系统将分布式操作系统管理的资源由面向单机扩展为面向整个数据中心，复杂度和并发量的提升更加需要从架构上拥抱分布式；从使用用户上，云操作系统将基础资源提供者、资源使用者、应用开发者、应用用户对于云计算服务的需求完全区分开，不同的使用者可以通过云操作系统的不同功能组件实现其需求功能。当然，分布式架构的广泛使用也提升了云操作系统本身的复杂度和入门门槛，从原理上降低入门门槛也是本书写作的原因之一。

第2章 云操作系统概述

云操作系统，又称云计算操作系统、云计算中心操作系统，是以云计算、云存储技术、网格技术以及分布式技术作为支撑的操作系统，是数据中心IT资源的“大脑”。通过对数据中心异构IT资源包括但不限于服务器、磁盘阵列、网络设备等物理资源和虚拟机、容器等虚拟资源的“标准化封装”，按需进行弹性调度，实现为业务应用提供混合资源的IT运行环境，保障企业集中式和分布式应用高效、稳定地运行。

2.1 云操作系统概述

云操作系统控制下层硬件，对外展现为应用服务，后端逻辑由云操作系统支撑。类比传统操作系统，都是对数据的存储、传输、处理。云操作系统体现的是更大的规模、更加异构的数据中心场景，解决的是超大规模以及异构数据的存储、传输、处理问题。

云操作系统的主要任务是为数据中心内的各类硬件资源的有序运行提供体系化的保障，保证用户对于云服务的需求能够有效快速地响应，最大程度地提高数据中心内各种资源的利用率并方便用户的使用。

云操作系统构架于服务器、存储、网络等基础硬件资源和单机操作系统、中间件、数据库等基础软件之上，管理海量的基础硬件、软件资源，是企业信息资源管理的核心。使用人员可以通过云操作系统，只运行在Web浏览器中，便可以快速启动主操作系统。典型操作系统的实现如图2-1所示。

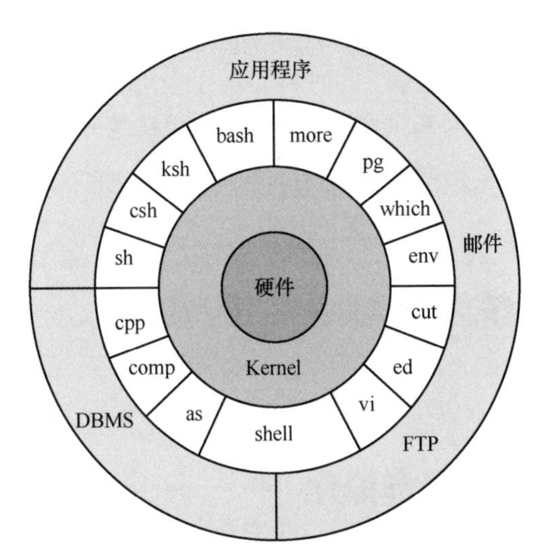

图 2-1　典型操作系统实现

云操作系统通常包含以下几个模块：大规模基础软硬件管理、虚拟计算管理、分布式文件系统、业务/资源调度管理、安全管理控制等。其中的关键技术，主要包括虚拟化技术、丰富的云存储技术（分布式文件存储、分布式数据库、分布式缓存、对象存储等）、灵活的资源管理技术。云操作系统的技术架构与关键技术将在本书第 3 章进行讲解，这里不再赘述。

与传统操作系统局限在驱动本地硬件资源、运行单机应用程序相比，云操作系统对下驱动整个数据中心资源，运行跨集群分布的应用程序。以分布式调度技术作为核心，整合和调度数据中心各类资源，使物理资源、虚拟资源及容器等混合资源对外展现为逻辑上的单机。云操作系统对上管理大批分布式的应用程序，提供单台操作系统无法比拟的计算能力、存储空间和网络吞吐带宽。针对数据中心资源环境的特殊性，又引入了分布式协同、负载均衡、容器等开源技术，为应用提供一个标准的运行环境。传统单机操作系统与云操作系统的对比见表 2-1。

表 2-1　传统单机操作系统与云操作系统的对比

分类项	传统操作系统	云操作系统
CPU 等资源管理	Windows/Linux Kernel	数据中心硬件驱动和内核
进程管理	Windows/Linux Kernel	容器编排管理
计划任务	Windows 计划任务工具/Linux cron 工具	工作流，任务和作业调度器
内部进程访问	Pipe、Socket	消息队列，标准接口
文件系统	Fat32、NTFS、ext3、ext4	分布式对象/块/文件存储

云操作系统通过整合数据中心中的所有资源，开放诸如CPU、内存和I/O等基本资源而不是物理机或者虚拟机，同时将容器化应用程序拆分成小的隔离任务单位，根据需求细颗粒度动态分配基本资源，就像操作系统为不同的进程协调分配和释放资源，云操作系统的概念由此而来。

2.2 云操作系统发展阶段

2.2.1 阶段一：分区虚拟化

分区虚拟化技术主要针对大型机、小型机的分区虚拟化技术和相应管理，目的在于提高计算资源的利用率和灵活性，但是受限于非通用型平台，仅面向UNIX系统，因此使用范围主要集中于HP、IBM等品牌生态圈内。

分区虚拟化技术主要分为物理分区、虚拟分区、虚拟机、资源分区，这几类不同的分区技术在安全隔离性、处理容量、资源动态调配、可用性等方面有其突出的优点，可以满足不同规模的应用负载及其相应的可靠性、安全隔离等需要。

1. 物理分区

物理分区是一种专属于中高端服务器的分区技术，已经有10多年的应用历史。其特点是分区以处理器单元板为资源单位。每个分区可以独立运行各自的操作系统，因此可以在一台大型服务器上混合运行多个不同类型或版本的操作系统。

物理分区的主要特点是具备最强的故障隔离能力，分区之间具备硬件电气隔离，因此一个分区无论出现何种故障，均不会影响其他分区中正在运行的应用，对故障分区进行硬件维修、软件升级等工作均不会打扰其他正常分区的运行，稳定性极强。另外，物理分区的所有CPU、内存、I/O资源均为物理资源，通过服务器固件进行配置，运行中没有任何系统开销，扩展能力大，可保持最高性能。

基于以上特点，物理分区往往被企业用于运行重要的核心应用，如核心数据库和应用服务。

2. 虚拟分区

虚拟分区又称为逻辑分区，可以构建在物理服务器或物理分区上，在物理服务器或物理分区上有一个硬件影射层称为虚拟分区监控器，虚拟分区监控器可以创建和承载多个虚拟分区，负责将底层的CPU、内存、I/O设备等影射到各个虚拟分区监控器上，每个虚拟分区监控器只能访问其对应的物理资源。

虚拟分区的技术特点是每个虚拟分区拥有的CPU、内存、I/O资源均为独占的物理资源，因此其实质仍然是硬件分区，性能与物理分区相当，虚拟化的性能消耗基本可以忽略。虚拟分区的扩展性可以从一个 CPU 内核，到整个服务器或物理分区。

虚拟分区能够提供 OS 和应用软件、部分硬件的故障隔离，也具备很高的稳定性，在实践中常常作为主要的企业级应用部署平台，并且由于虚拟分区具备在运行中动态调度处理器和内存资源的能力，对于提升资源利用率也有很大的好处。

3. 虚拟机

虚拟机是一种灵活的共享资源的分区技术，在物理服务器或者物理分区上运行一个虚拟机服务器，也就是通常所说的 Hypervisor，然后在虚拟机宿主机上定义多个不同规格的虚拟机。每个虚拟机可以被配置一定数量的虚拟处理器（vCPU）、内存和虚拟 I/O 设备，其中 vCPU 数量被指定为物理 CPU 一定比例的数量。

虚拟机的技术特点是由于虚拟机的主要资源是虚拟和共享的，因此可以最大程度地利用服务器物理资源，例如在某个虚拟机空闲时，分配给该虚拟机的 CPU 资源片可以被其他繁忙的虚拟机所使用。虚拟机实际使用到的 CPU 资源可以超过其名义的分配比例。虚拟机很容易实现资源动态调度，并且可以通过在线迁移，将整个虚拟机及其包含的应用迁移到其他服务器上，实现高度灵活的部署。另外结合高可用性方案使用时，虚拟机本身也可作为一个应用包实现故障切换，从故障机迁移到备用机上，实现自动故障恢复。

众所周知，虚拟机技术会带来一定的硬件开销，尤其在网络数据传送中虚拟 I/O 的性能往往比起物理设备 I/O 有差距，为提高性能，虚拟机也提供了采用物理 I/O 设备的方式。Direct I/O 是虚拟机在传送 I/O 数据时不通过虚拟设备所需要的各层次转换，而直接映射到物理设备上，从而大大简化 I/O 过程，显著提升 I/O 性能。

在实践中，由于虚拟机的管理简单、部署灵活、性能稳定，常用于应用开发、测试等环境变化频繁而负载规模中等的场合，随着虚拟机技术的不断提升和成熟，近年来也开始用于部署稳定的生产系统和核心系统。

4. 资源分区

资源分区是 UNIX 上最早的分区技术，与其他分区技术相比，物理分区、虚拟分区、虚拟机都是在一个分区中运行一个独立 OS 实例，而资源分区则是在一个 OS 实例中为多个应用划分出各自的资源空间，实现应用间资源和数据的隔离。

操作系统管理员可以通过创建多个资源分区，分配每个资源分区中应用软件可获得的系统资源，包括 CPU 资源、内存、IP 地址、命名空间。由于所有的资源分区都在一个 OS 实例中，因此系统管理是面向单一服务器，而不像其他分区技术那样每个分区都是一台独立服务器。

资源分区管理简便直观，性能良好，成熟可靠，有大量旧应用在使用，对于很多新应用，资源分区也具备良好的兼容性，因此适用面较为广泛。主要有以下两种不同类型的资源分区。

（1）工作量分区

这是最常用的资源分区，在工作量分区中，所有的资源分区共享一个统一的文件系统空间，具有相同的主机名和 IPC 命名，并且共享系统后台服务进程（比如 inetd、nfsd 等）。

（2）系统分区

这是一种功能强大的资源分区，可以实现相当部分在虚拟机中可以实现的隔离性。在系统分区中，有自己独立的 chroot 系统根文件系统，主机名、IPC 命名空间、系统后台服务进程均为私有。因此系统分区具备较完整的私有数据隔离性，其他的资源分区不能访问系统分区中的这些应用数据和命名空间。

分区虚拟化的主要问题为：基础架构利用率低，每台服务器上运行一个应用程序，避免一个应用程序中的漏洞影响同一个服务器上的其他应用程序，典型的 x86 服务器部署平均达到的利用率仅为总容量的 10%~15%；管理成本不断攀升，服务器数量太多难以管理，新服务器和应用的部署时间长，硬件维护需要数天甚至数周的变更管理准备和数小时的维护窗口；兼容性差，系统和应用迁移到新的硬件需要和旧系统兼容；故障切换和灾备实现困难，架构复杂。

综上所述，分区虚拟化在一定程度上提高计算资源的利用率和灵活性，但也存在兼容性和安全性等问题，典型代表为 HP 和 IBM。

2.2.2 阶段二：虚拟化+资源池管理

云操作系统发展的第二阶段主要是指 x86 服务器虚拟化技术（计算、存储、网络的虚拟化）+ 资源池资源的自动化管理技术，其目标是实现资源整合和一定程度的资源弹性化，提升管理效率，并有一定程度的 SOA 实现，但难以满足分布式应用的快速大规模部署及应用对资源的动态伸缩需求，难以解决软件运行对于系统环境的依赖性问题。

虚拟化技术是指计算元件在虚拟的基础上而不是真实的基础上运行，它可以扩大硬件的容量，简化软件的重新配置过程，减少软件虚拟机相关开销和支持更广泛的操作系统。通过虚拟化技术可实现软件应用与底层硬件相隔离，它包括将单个资源划分成多个虚拟资源的裂分模式，也包括将多个资源整合成一个虚拟资源的聚合模式。虚拟化技术根据对象可分成存储虚拟化、计算虚拟化、网络虚拟化等，计算虚拟化又分为系统级虚拟化、应用级虚拟化和桌面虚拟化。在云计算实现中，计算系统虚拟化是一切建立在“云”上的服务与应用的基础。虚拟化技术主要应用在 CPU、操作系统、服务器等多个方面，是提高服务效率的最佳解决方案。以下为虚拟化的主流产品，主要为 VMware vSphere、XenServer、Hyper-V、KVM 和 SG-VCS。

1. VMware vSphere

VMware vSphere 主要采用单片式管理程序设计，这就需要管理程序对设备驱动程序进行识别，并由“管理程序层”负责管理，如图 2-2 所示，可以直观地了解设备驱动程序属于“管理程序层”中的组成部分，相对微软 Hyper-V 所采用的内核式管理程序架构，虚拟化组件的控制工作无需借助操作系统来完成。这也是单片方案最突出的优势，而且无需为运行在“控制层”中的组件安装安全补丁，管理和维护更加方便高效。

VMware vSphere 主要采用分布式部署方式，在物理硬件设备之上首先部署的是 vSphere 虚拟化层，各项架构服务与应用服务都包含在 vSphere 的 ESXi 服务器中实现，这些资源与服务又统一由 VMware vCenter 进行统一管理和调度，总体架构如图 2-2 所示。

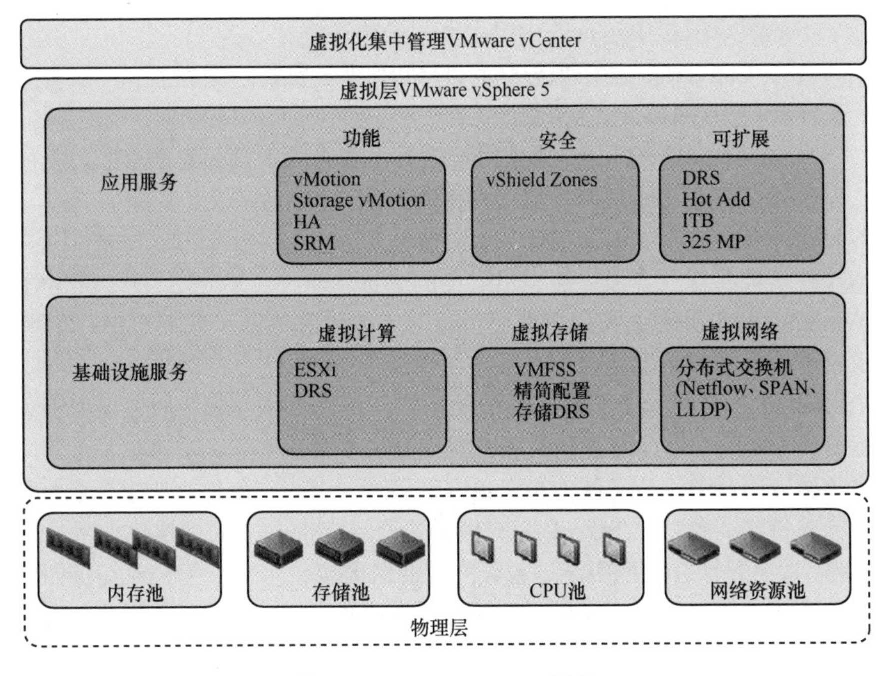

图 2-2　VMware vSphere 架构

ESXi 是 vSphere 的核心组件，它采用全虚拟化技术，把物理服务器虚拟化成多个虚拟机，用户通过在这些 VM 上安装不同的操作系统实现不同的网络应用服务功能。ESXi 可以对运行的 VM 进行管理和维护。

vSphere 架构的另外一个核心组件是 VMware vCenter Server，它用来集中管理多个 ESXi 服务器以及服务器上的虚拟机。vSphere 的许多高级功能，只有在 vCenter 下才可以配置实现，并且 vSphere 许多管理模块只能集成安装在 vCenter 环境中，无法独立安装运行。通过对 vCenter 的管理可以对一台或者多台 ESXi 进行管理配置，因此 VMware vCenter 是 VMware vSphere 的主要管理平台。

vSphere 的其他主要组件和功能还包括以下几方面。

- vSphere 虚拟对称多处理（SMP）：使用户使用拥有多达 4 个虚拟 CPU 的超强虚拟机。
- vSphere vStorage VMFS（Virtual Machine File System）：允许虚拟机访问共享存储设备（光纤通道、iSCSI 等），而且是其他 vSphere 组件（如 Storage vMotion）的关键促成技术。
- vSphere vStorage Thin Provisioning：提供共享存储容量的动态分配，允许 IT 部门实施分层存储战略，同时将存储开支削减多达 50%。
- vSphere vStorage API：可提供与受支持的第三方数据保护的集成能力。
- vCenter Update Manager：可自动跟踪、修补和更新 vSphere 主机以及 VMware 虚拟机中运行的应用程序和操作系统。
- vCenter Converte：工作量分区允许 IT 管理员将物理服务器和第三方虚拟机快速转换为 VMware 虚拟机。
- vSphere VMsafe API：支持使用与虚拟化层协同工作的安全产品，从而为虚拟机提供甚至比物理服务器级别更高的安全性。

2. XenServer

Xen 技术被看作业界最快速、最安全的虚拟化软件。XenServer 则是为了高效管理 Windows 和 Linux 虚拟服务器而设计的虚拟化服务器。它由 Citrix 公司设计，可提供经济高效的服务器整合和业务连续性能力/功能。

XenServer 本身就具备了操作系统的功能，是能直接安装在服务器上引导启动并运行的，可以将一台性能强劲的服务器划分成多台服务器，让这些服务器同时运行提供各种应用服务，节省硬件投资也方便管理。但对于硬件有一定要求，如：服务器必须支持 64 位的 CPU；BISO 里需要开启 Inter-VT（虚拟化技术）功能。XenServer 是在云计算环境中经过验证的企业级虚拟化平台，为企业提供创建和管理虚拟基础架构所需的所有功能，深得很多要求严格的企业信赖，已被大规模的云计算环境所采用。

而 XenServer 是从客户机安装管理工具 XenCenter 中进行管理的。XenCenter 采用基于图形用户界面的管理控制台，该控制台可安装在任何 Windows PC 或服务器上，需要.Net3.5 框架支持。XenServer 安装完成后，网络连通的 PC 使用浏览器直接访问 XenServer 的 IP 地址，下载 XenCenter。

XenCenter 提供了所有必需的管理员能够有效管理的 XenServer 主机。XenCenter 允许管理员管理多个 XenServer 服务器或池，并允许在 XenServer 中轻松创建 Guest 虚拟机、存储库、网络接口（绑定/ VIF）和其他更高级的功能。

3. Hyper-V

Hyper-V 是微软的一款虚拟化产品，是微软第一个采用类似 VMware 和 Citrix 开源 Xen 的基于 Hypervisor 的技术，能够实现桌面虚拟化。

在 Hyper-V 中，虚拟机监控器称为 Hypervisor，负责内存管理和 CPU 的管理，同时也负责虚拟机的创建、运行、调度。它是专为虚拟服务器的用户设计的，可提高硬件系统利用率、服务器的可用性，并能降低运作成本，是一种更熟悉、更经济、更高效的虚拟化基础架构软件。Hyper-V 的特点有：优异的网络支持和多变的许可策略，包括 NAP 策略（隔离）、NAT 及 VLAN；综合了服务器 64 位和 32 位工作负荷，64 GB 的内存和新的 I/O 架构是每个虚拟机都支持的；支持网络负载平衡集群及最小化服务器内核安装；具有微内核式的程序管理的架构、最小化的服务器内核安装及基于角色的通过 Active Direct 的安全性；虚拟机快照、卷影复制服务的集成；群集服务和迅速的迁移功能；实现了基于角色的安全性和授权管理器；可实现与微软跟第三方管理工具的集成；支持的客户操作系统具有丰富性和可扩展性，具有虚拟机快速照相等功能；客户操作系统多种多样。

4. KVM

KVM 是嵌入在 Linux 操作系统标准内核中的一个虚拟化模块，它能够将一个 Linux 标准内核转换成一个 VMM，嵌有 KVM 模块的 Linux 标准内核可以支持通过 KVM tools 加载的 Guest OS。所以在这样的操作系统平台下，计算机物理硬件层上直接就是 VMM 虚拟化层，而没有独立出来的是 Host OS 操作系统层。KVM 流程架构如图 2-3 所示。

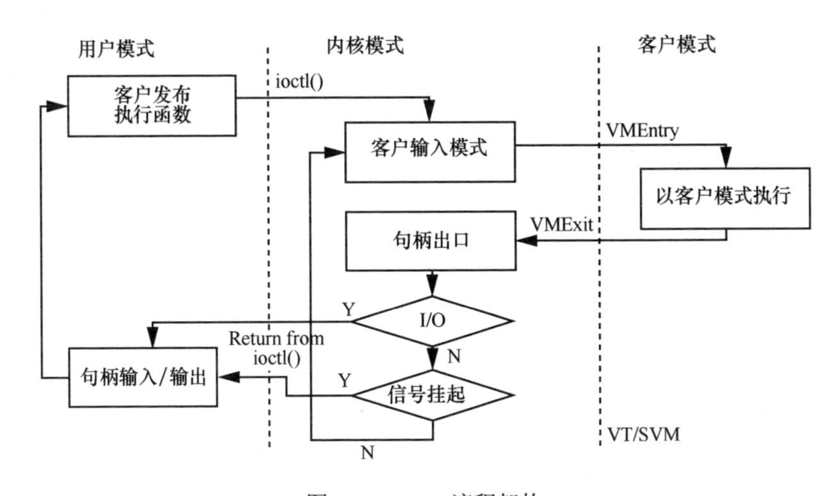

图 2-3　KVM 流程架构

KVM 内核模块为 Linux 标准内核引入了一种除现有的内核模式（Kernel Mode）和用户模式（User Mode）之外的新进程模式。这种新模式就称为客户模式（Guest

Mode）模式，顾名思义，它用来执行 Guest OS 的代码。

Linux 标准内核的执行模式可以针对不同的运行内容和目的进行定义。Guest Mode 的存在就是为了执行 Guest OS 的代码，但是只针对那些非 I/O 的代码。I/O 代码还需要 QEMU 支持。

Guest OS 可以在两种模式下运行：在 Guest Mode 中运行的 Guest OS 可以支持标准的内核；在 User Mode 下运行的 Guest OS 则支持自己的内核和 User-space（Application）。

相同的是，Guest OS 只能够在 User Mode 下执行 I/O 操作，而且这是由 QEMU-KVM 进行管理的。

5. SG–VCS

SG-VCS 是国网公司自主研发的虚拟化软件，是一款轻量级的 IaaS 软件，为企业快速搭建私有云，提供 IT 基础设施云服务能力，与 Linux 系统内核、KVM、各种类型存储、网络的深度定制和高度融合，解决传统 IT 基础设施与运维的成本过高、运维复杂、容灾性差的痛点。

通过虚拟化的手段将 IT 基础设施（物理服务器、存储设备、网络设备）抽象成虚拟资源，形成资源池。资源池通过资源共享、按需分配、统一管理、动态调度，按需提供资源服务。SG-VCS 架构如图 2-4 所示。

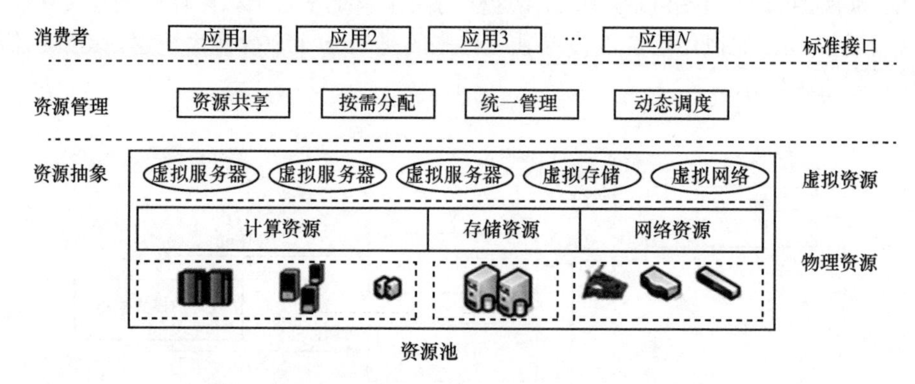

图 2-4　SG-VCS 架构

SG-VCS 具有的新特性具体如下。

- 业务负载弹性扩展：针对云应用本身的动态的扩展，在云应用运行期间实现支撑云应用的虚拟机实例个数的动态增加或者减少，实现资源按需分配，并通过 puppet 技术实现业务系统在线挂载集群和配置推送。
- 省电模式智能迁移：是在资源均衡迁移上基于省电的考虑基础上的改进算法，即在资源利用率较低的时候，将某些物理机关机，将这些物理机上的虚拟机迁移到其他物理机上，在资源利用率较高的时候，再启动物理机加入整体计算中，达到节能省电的目的。

- 虚拟资源在线伸缩：是在资源饱和或者空载的情况下智能调控虚拟机资源。即在虚拟机资源利用率高的时候，弹性扩展虚拟机资源，在虚拟机资源利用率低的时候，弹性收缩虚拟机资源，比如 CPU、内存等，以削峰填谷。
- 简易部署：通过全图形化的客户端简易部署宿主机基础软件与虚拟化资源控制台软件。运维人员只需要在宿主机上安装好星云虚拟化引擎 StarVE 系统 ISO 后，管理员只需在 PC 上装好客户端就可以完成对虚拟化资源控制台的部署，提高了基础软件的部署效率。
- 去中心化：通过将多个服务节点放入集群中，达到无中心节点的目的，将控制节点放到集群中宿主机上，一旦运行控制节点出现故障，可以瞬间切换到集群中其他宿主机上。
- 磁盘精简：通过写时分配技术为用户提供远大于实际物理容量的虚拟容量，虚拟机实际使用的存储空间量为实际分配的存储空间，没使用的空间可以继续分配。

2.2.3　阶段三：云操作系统

云操作系统发展的第三阶段主要是在虚拟化+资源池管理的基础上，增加了分布式资源编排技术、容器技术和应用调度技术等内容，从而实现分布式应用大规模快速部署、资源和应用的弹性伸缩、应用版本管理和快速发布、SOA 的深层次实现（应用驱动资源）等功能，同时分布式系统架构对网络有较高要求。这一阶段，云操作系统的概念正式成型并在市场上逐渐形成共识。

2.3　云操作系统主流产品

2.3.1　亚马逊云操作系统

亚马逊弹性计算云（Amazon Elastic Compute Cloud，简称 Amazon EC2）是 Amazon 公司 2006 年推出的云计算平台。在 EC2 平台中，用户可以通过 EC2 提供的各种接口，按照自己的需求随时创建、增加或删除实例。

1. Amazon EC2 技术特点

（1）灵活性

用户可以通过 EC2 接口来配置运行的实例类型和数量，还可以选择实例运行的地理位置，可以根据用户的需求随时改变实例的使用数量。

（2）易用性

用户可以基于 EC2 构建自己的应用程序，同时 EC2 还会对用户的服务请求自动进行负载平衡。

（3）容错性

利用系统提供的诸如弹性 IP 地址之类的机制，在故障发生时 EC2 能最大程度地保证用户服务仍能维持在稳定的水平。

（4）低成本

EC2 使得企业不必为暂时的业务增长而购买额外的服务器等设备。EC2 的服务都是按小时来收费的，而且价格非常合理。

（5）安全性

EC2 向用户提供了一整套安全措施，包括基于密钥对机制的 SSH 方式访问、可配置的防火墙机制等，同时允许用户对它的应用程序进行监控。

2. Amazon EC2 操作系统架构

Amazon EC2 操作系统架构如图 2-5 所示，各模块功能具体介绍如下。

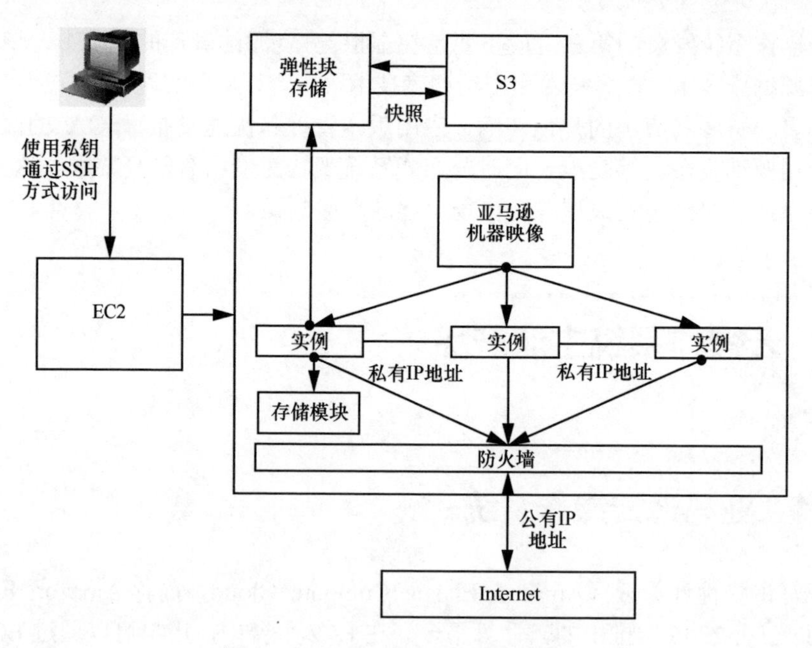

图 2-5 Amazon EC2 操作系统架构

（1）亚马逊机器映像（AMI）

AMI（Amazon Machine Image，亚马逊机器映像）是一个可以将用户的应用程序、配置等一起打包的加密机器映像。AMI 是云计算平台运行的基础，在使用时，用户要首先创建自己的 AMI。AMI 目前有以下 4 种类型。

- 公共 AMI：由亚马逊提供，可免费使用。
- 私有 AMI：用户本人和其授权的用户可以进入。
- 付费 AMI：向开发者付费购买的 AMI。
- 共享 AMI：开发者之间相互共享的一些 AMI。

用户初次使用 EC2 时，可以基于亚马逊提供的 AMI 来创建服务器平台，也可以使用 EC2 社区提供的脚本来创建新的 AMI。选定好 AMI 后需要将 AMI 打包压缩，然后加密并分割上传，最后再使用相关的命令将 AMI 恢复即可。

（2）弹性块存储（EBS）模块

对于需要长期保存或者比较重要的数据，用户需要专门的存储模块来完成，这个模块就是弹性块存储（Elastic Block Store，EBS）。亚马逊限制每个 EBS 最多创建 20 个卷，每一个卷可以作为一个设备挂载（Mounted as a Device）在任何一个实例上。挂载以后就可以像使用 EC2 的一个固有模块一样来使用它。当实例被终止时，EBS 上的数据会继续保存下去直到用户自己删除它。用户可以通过快照（Snapshot）功能来捕捉当前卷的状态。

（3）实例（Instance）

当创建好 AMI 后，实际运行的系统就称为一个实例，实例和平时用的主机很像。EC2 服务的计算能力是由实例提供的，因此可以说实例是 EC2 服务的核心内容之一。按照亚马逊目前的规定，每个用户最多可以拥有 20 个实例。按照计算能力来划分，实例可以被分成高 CPU 型和标准型。高 CPU 实例的 CPU 资源比内存资源要高，标准型实例的 CPU 和内存是按一定比例配置的。为了屏蔽底层硬件的差异，准确地度量用户实际使用的计算资源，EC2 定义了 CPU 计算单元。一个 EC2 计算单元被称为一个 ECU（EC2 Compute Unit）。

（4）区域（Zone）

区域（Zone）是 EC2 中独有的概念。亚马逊将区域分为两种：地理区域（Region Zone）和可用区域（Availability Zone）。其中地理区域是按照实际的地理位置划分的，而可用区域的划分则是为了隔绝各个区域之间的错误，这样某个可用区域的错误就不会影响到别的可用区域。

系统中包含多个地理区域，而每个地理区域中又包含多个可用区域。为了确保系统的稳定性，用户可以将多个实例分布在不同的可用区域和地理区域中。这样在某个区域出现问题时可以用别的实例代替，最大程度地保证了用户利益。

（5）通信机制

在 EC2 服务中，系统各模块之间以及系统和外界之间的信息交互是通过 IP 地址来进行的。EC2 中的 IP 地址包括三大类：公共 IP 地址（Public IP Address）、私有 IP 地址（Private IP Address）以及弹性 IP 地址（Elastic IP Address）。EC2 的实例一旦被创建就会自动分配两个 IP 地址，即公共 IP 地址和私有 IP 地址。公共 IP 地址和私有 IP 地址之间通过网络地址转换（Network Address Translation，NAT）技术来实现相互之间的转换。

在某个实例结束之前，公共 IP 地址会一直存在，实例通过这个公共 IP 地址和外界进行通信。私有 IP 地址也和某个特定的实例相对应，它通过 DHCP 生成。私有 IP 地址用于实例之间的通信流程。与公共 IP 地址和私有 IP 地址相对应的还有两个概念，那就是外部 DNS 名（Public DNS Name）和内部 DNS 名（Internal DNS Name）。外部 DNS 名用于实例和外部通信时域名的解析，内部 DNS 名用于对私有 IP 地址的解析。

2.3.2 阿里云操作系统

飞天开放平台（简称“飞天平台”或“飞天”）是由“阿里云”自主研发的公共云计算平台，该平台所提供的服务于 2011 年 7 月 28 日在 www.aliyun.com 正式上线并推出了第一个云服务——弹性计算服务。截至本书出版时，阿里云已经推出了包括弹性计算服务、开放结构化数据服务、关系型数据库服务、开放存储服务在内的一系列服务和产品。阿里云飞天开放平台是在数据中心的大规模 Linux 集群上构建的一套综合性软硬件系统，将数以千计的服务器联成一台“超级计算机”，并将这台超级计算机的存储资源和计算资源以公共服务的方式输送给互联网用户或应用系统。阿里云致力于打造云计算的基础服务平台，关注如何为中小企业提供大规模、低成本的云计算服务。阿里云的目标是通过构建飞天这个支持多种不同业务类型的公有云计算平台，帮助中小企业在云服务上建立自己的网站和处理自己的业务流程，帮助开发者向云端开发模式转变，通过方便且低廉的方式让互联网服务全面融入人们的生活中，将网络经济模式融入移动互联网，构建以云计算为基础的全新互联网生态链。在此基础上，实现阿里云成为互联网数据分享第一平台的目标。

如图 2-6 所示是飞天的体系架构。整个飞天平台包括飞天内核（图 2-6 中灰色组件）和飞天开放服务（图 2-6 中白色组件）两大组成部分。飞天内核可以为上层的飞天开放服务提供存储、计算、调度等方面的支持，对应于图 2-6 中的分布协调服务、远程过程调用、安全管理、任务调度、资源管理、分布式文件系统、集群部署和集群监控模块。

飞天开放服务为用户应用程序提供计算和存储两方面的接口和服务，包括弹性计算服务（Elastic Compute Service，ECS）、开放结构化数据服务（Open Table Service，OTS）、开放存储服务（Open Storage Service，OSS）、关系型数据库服务（Relational Database Service，RDS）和开放数据处理服务（Open Data Processing Service，ODPS），并基于弹性计算服务提供云服务引擎（Aliyun Cloud Engine，ACE），为第三方应用开发和 Web 应用提供运行和托管的平台。

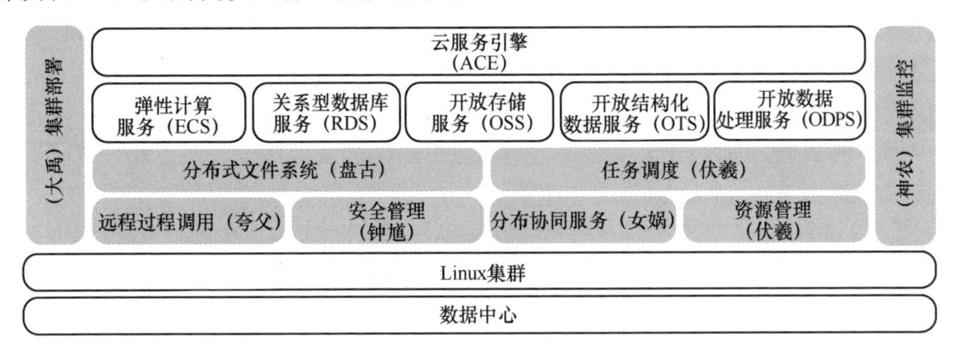

图 2-6　飞天体系架构

2.3.3　微软云操作系统

Windows Azure 是由微软开发的一套云计算操作系统，用来提供云计算服务所需要的操作系统与计算与存储平台。由微软首席软件架构师雷•奥兹在 2008 年 10 月 27 日在微软年度的专业开发人员大会中发布，并于 2010 年 2 月正式商业化运行（General Availability）。

Windows Azure 是专为微软管理所有服务器、网络以及存储资源所开发的一种特殊版本的 Windows Server 操作系统，它具有针对数据中心架构的自我管理（Autonomous）机能，可以自动监控划分在数据中心各个不同分区（微软将这些分区称为 Fault Domain）的所有服务器与存储资源，自动更新补丁，自动运行虚拟机部署与镜像备份（Snapshot Backup）等能力，Windows Azure 被安装在数据中心的所有服务器中，并且定时和中控软件（Windows Azure Fabric Controller）进行沟通，接收指令以及回传运行状态数据等，系统管理人员只要通过 Windows Azure Fabric Controller 就能够掌握所有服务器的运行状态，Fabric Controller 本身融合了很多微软系统管理技术，包含对虚拟机的管理（System Center Virtual Machine Manager）、对作业环境的管理（System Center Operation Manager）以及对软件部署的管理（System Center Configuration Manager）等，这些技术在 Fabric Controller 中被发挥得淋漓尽致，使得 Fabric Controller 具备管理在数据中心中所有服务器的能力。

在 Fabric Controller 之上的，就是分布在数据中心服务器内的虚拟机（Virtual Machine），每台虚拟机都安装 Windows Server 2008（同时会视版本更替而更新），并且内含一个 Fabric Agent 代理引擎软件，及时报送目前虚拟机的各项信息给 Fabric Controller，同时让应用程序可以利用事件处理的方式来判断与针对目前 Fabric Agent 控制虚拟机的状态做回应与控制。而依照不同的虚拟机的等级，其运行的

Windows Server 2008 操作系统也不一样。

Windows Azure 环境除了各式不同的虚拟机外，也为应用程序打造了分布式的巨量存储（Distributed Mass Storage）环境，也就是 Windows Azure Storage Services，应用程序可以根据不同的存储需求来选择要使用哪一种或哪几种存储方式，以保存应用程序的数据，而微软也尽可能地提供应用程序的兼容性工具或界面，以降低应用程序转移到 Windows Azure 上的负担。

Windows Azure 不仅是开发给外部的云应用程序使用的，它也作为微软许多云服务的基础平台，提供像 SQL Azure 或 Dynamic CRM Online 这类在线服务。Azure 架构如图 2-7 所示。

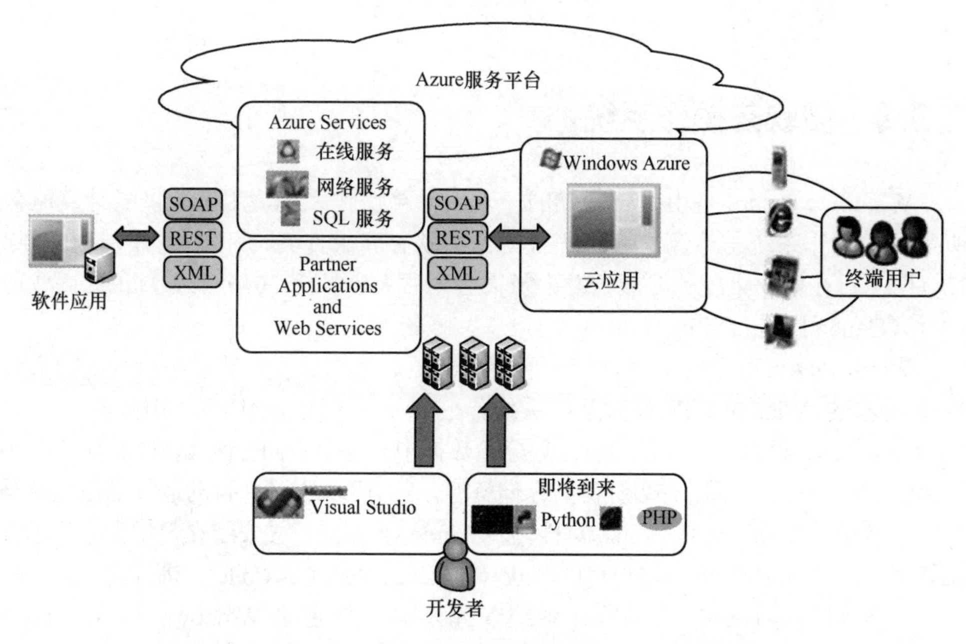

图 2-7 Azure 架构

2.3.4 华为云操作系统

FusionSphere 是华为公司面向多行业客户推出的云操作系统产品，基于 OpenStack 架构开发，整个系统专门为云设计和优化，提供强大的虚拟化功能和资源池管理、丰富的云基础服务组件和工具、开放的 API 等，可以帮助客户水平整合数据中心物理和虚拟资源，垂直优化业务平台，让企业的云计算建设和使用更加简捷。

FusionCompute 是云操作系统基础软件，主要由虚拟化基础平台和云基础服务平台组成，负责硬件资源的虚拟化以及对虚拟资源、业务资源、用户资源的集中管理。它采用虚拟计算、虚拟存储、虚拟网络等技术，完成计算资源、存储资源、网络资源的虚拟化；同时通过统一的接口，对这些虚拟资源进行集中调度和管理，从而降低业务的运行成本，保证系统的安全性和可靠性，协助运营商和企业客户构建安全、绿色、节能的云数据中心。

大容量大集群，支持多种硬件设备：FusionCompute 具有业界最大容量，单个逻辑计算集群可以支持 128 个物理主机，最大可支持 3 200 个物理主机。它支持基于 x86 硬件平台的服务器和兼容业界主流存储设备，可供运营商和企业灵活选择硬件平台；同时通过 IT 资源调度、热管理、能耗管理等一体化集中管理，大大降低了维护成本。

跨域自动化调度，保障客户服务水平：FusionCompute 支持跨域资源管理，实现全网资源的集中化统一管理，同时支持自定义的资源管理 SLA（Service-Level Agreement）策略、故障判断标准及恢复策略，具体如下。

- 分权分域：根据不同的地域、角色和权限等，系统提供完善的分权分域管理功能。不同地区分支机构的用户可以被授权只能管理本地资源。
- 跨域调度：利用弹性 IP 地址功能，支持在三层网络下实现跨不同网络域的虚拟机资源调度。自动检测服务器或业务的负载情况，对资源进行智能调度，均衡各服务器及业务系统负载，保证系统良好的用户体验和业务系统的最佳响应。FusionSphere 架构如图 2-8 所示。

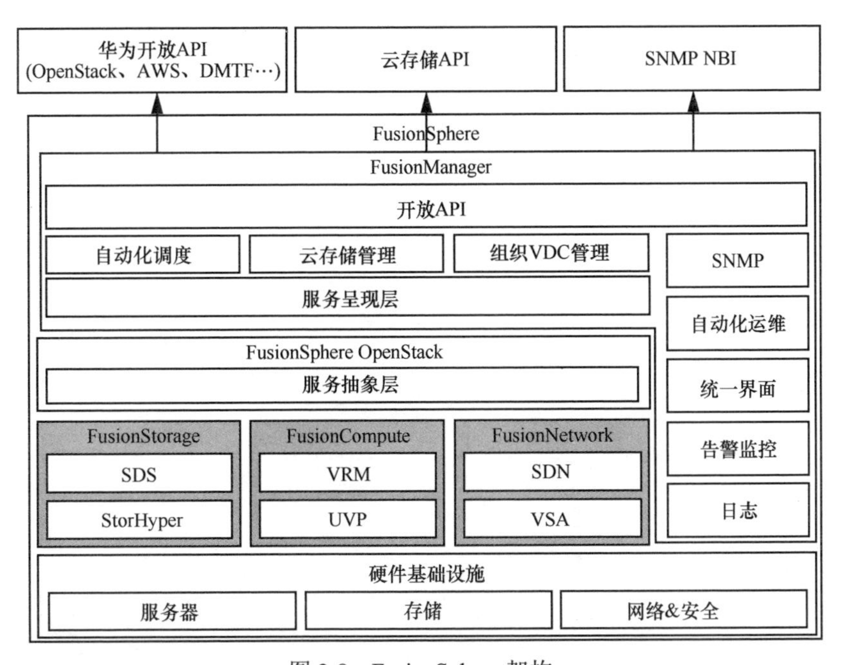

图 2-8　FusionSphere 架构

Part 2
第二部分

设计篇

本部分是云操作系统的技术架构篇，对云操作系统的组成及各部分组件进行介绍，阐述一个典型的云操作系统应该包括的 5 个组成部分：硬件抽象与封装、资源调度、资源编排、底层管理服务、对外接口。

其中，底层管理服务中的用户门户、认证、镜像、监控以及运维服务等组件均可扩展成章节阐述，考虑到这一部分的定制化程度较高，本书进行了归并处理。

为使读者对云操作系统的理解更为具象，在阐述相关技术原理后，本部分选用了目前开源生态较为全面的 OpenStack 作为案例，对其中的相关组件进行了技术性的引用和解构。

本部分还对云操作系统在企业级应用过程中涉及的高可用、安全性以及跨区管理等进行了介绍。

第 3 章

云操作系统技术架构

本章对云操作系统的组成及各部分组件进行介绍，阐述了一个典型的云操作系统所应该包括的 5 个组成部分：硬件抽象与封装、资源调度、资源编排、底层管理服务、对外接口。对每个部分应该具备的基本能力进行了阐述，其中底层管理服务中对于用户门户、认证、镜像、监控以及运维服务等组件或服务的内容均可扩展成章节，但考虑到这一部分的定制化程度较高，本书进行了归并处理。

3.1 一个最简单的云操作系统

在深入研究云操作系统技术细节之前，需要对云操作系统的体系框架有所了解。体系框架能够使用户站在全局的角度看清楚云操作系统的整体结构，避免在学习某一个具体技术的过程中进入细节而迷失方向、顾此失彼。

最直白的问题是：云操作系统应该具备的核心功能包括哪些？设计一个最简单的云操作系统，应该从哪几个方面着手？这里首先列一种最基本的资源调度和使用框架，如图 3-1 所示。

简单介绍一下基本框架中每个模块的作用。

1. 用户界面

这里的用户是指资源的管理员，只要给数据中心的管理员提供可操作界面实现关键指令的下发和主要流程的状态展现即可。

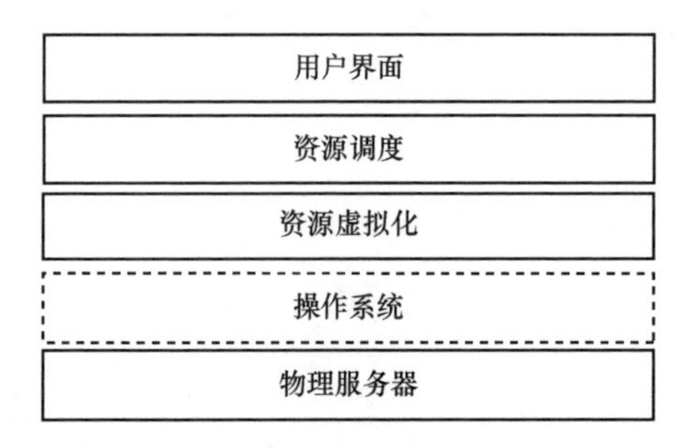

图 3-1　一个最简单的云操作系统框架

2. 资源调度

在基本框架中，主要将虚拟机作为调度的基本资源。对于它的调度和管理，需要做到用户和权限的管理、与存储状态类数据的数据库交互以及对于虚拟机资源的增/删/改/查和启/停等状态管理。

3. 资源虚拟化

虚拟化是云计算技术的基础。这一层面主要是指各类商用或开源的虚拟化管理软件，比如 Xen、VMware 的 ESXi、KVM 以及 SG-VCS、QEMU、libvirt 等管理工具。

4. 操作系统

直接安装在物理服务器上的操作系统，一般采用 Linux 的发行版。部分特殊的虚拟化方式，如 Xen、ESXi 的虚拟化管理层（Hypervisor）直接运行在基础硬件上，其本质上一般也是一种特殊定制的 Linux 系统。可以将它与资源虚拟化合并为一层。

5. 物理服务器

主要指数据中心内的物理服务器，一般为 x86 架构的 PC 服务器。

基本上，不考虑技术实现的繁简程度，只要能够稳定简便地实现上述 5 个层面的功能，便可以认为构成一个基本的云操作系统。从图 3-1 中引申可以看出以下内容。

（1）“不重复造轮子”

框架中，资源虚拟化层、操作系统层、物理服务器层目前市场上都已经存在极为稳定成熟的开源产品和商用产品，没有必要再设计一套类似 x86 架构的物理服务器，或者类似 Linux 的操作系统以及实现操作系统虚拟化的类似 KVM 的虚拟化软件。在一个新的云操作系统设计和实现过程中，关注点将集中到用户界面、资源调度层去开展工作。

（2）最核心的操作对象是虚拟机

虚拟化是整个云计算的基础，云计算系统中流通的最原始的资源是虚拟机，同样虚拟机目前仍旧是云计算系统中最主要的操作对象。对于云计算而言，各种物理资源（CPU、内存、硬盘）就类似于水电等资源，而虚拟机则相当于承载水电的管子和线，虚拟机的管理则相当于水电管理系统。因此对于云操作系统中，代码占比最大、结构最复杂、理解难度最高的就是对虚拟机的管理。随着云计算规模的扩大、技术需求的更新迭代以及企业实际应用过程中定制化需求的变化，云操作系统操作的对象可能扩展到物理机本身、容器以及其他各种多合一的资源，针对这些资源的操作，将在设计过程中予以考虑，但从调度和管控功能的最优覆盖角度，将重点关注虚拟机调度管理功能的设计和实现。

（3）最关键的资源调度层将会被拆分

资源调度层是云操作系统设计过程中最重要的一部分，同样也是最核心、最复杂的一层。围绕着虚拟机衍生出来的各类服务，包括虚拟机的存储、虚拟机的网络、虚拟机的权限、各组件各层次间的通信、配置信息的数据处理等功能，如果都在这一层中阐述，资源调度层将变得无比臃肿，事务逻辑将变得极为复杂，云操作系统的可用性和稳定性也将受到挑战。因此，需要从分布式的设计角度出发，将这一层次拆分得更加细致和明了。

3.2 云操作系统的主要功能

实际应用过程中的云操作系统必然比上文中的基本框架复杂得多，对比主要考虑以下内容。

（1）实际应用过程中需要考虑的资源种类更多：除了虚拟机之外，还需要考虑虚拟机的网络、虚拟机所需的存储等各类资源的虚拟化，也就是计算、存储、网络等各类硬件资源的抽象。

（2）相应地，对于各类资源的调度，从分布式的角度，也将其分为计算资源调度、存储资源调度和网络资源调度。

（3）对用户而言，其操作的内容主要还是虚拟机，因此增加一层资源编排层，重点从用户角度，将底层的计算、存储、网络进行横向的整理，使得用户对虚拟机的资源需求能够被底层快速地分类响应。

综合上述3点考虑，对基本框架进行扩展，如图3-2所示。

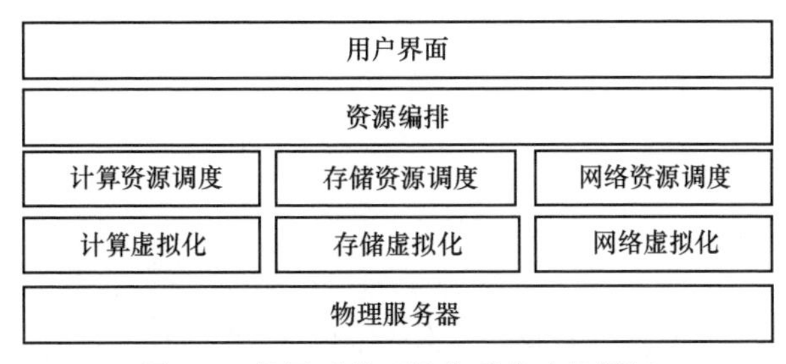

图3-2 扩展后的云操作系统功能框架

（4）对照上文提到的“不重复造轮子”的原则，将广泛复用市场上成熟的虚拟化技术。虚拟化技术的实现手段多种多样，计算虚拟化包括 KVM、ESXi、Xen 等，存储虚拟化包括 Ceph、各类商用存储，网络虚拟化包括 Open vSwitch、Cisco、Linux Bridge 等，如何从资源调度的角度实现对底层各类虚拟化软件的统一管理，需要考虑增加对于异构资源的统一封装。

（5）配合资源调度的其他基础服务：如针对资源的调度，从批量管理的角度，需要能够被用户定制化的界面、能够批量产生虚拟机的镜像、保障各服务正常运转的用户认证、消息传递、数据库等各类功能。

再综合（4）、（5）的考虑，对框架再次扩展，如图 3-3 所示，云操作系统的功能框架基本覆盖完全。

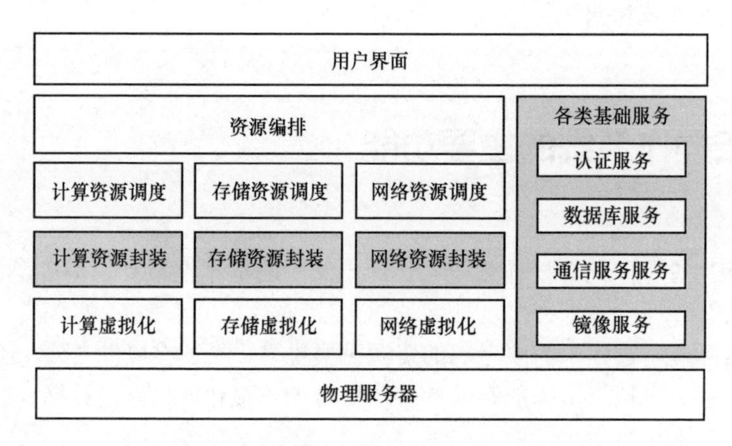

图 3-3　基本覆盖完全的云操作系统功能框架

实际设计过程中，还需要根据用户在生产环境下的定制化需求增加相应功能模块。

综上，从设计的角度出发，提出下列进阶式的功能框架。

（1）硬件抽象与封装：资源抽象主要指硬件的虚拟化，使之成为可被弹性利用的资源；资源封装主要指对抽象后的资源进行标准化。由于传统上，不将硬件虚拟化作为云操作系统的功能模块进行开发，但硬件虚拟化又是了解云操作系统的必备前提，因此将硬件抽象和硬件封装合并为一个层次。

（2）资源调度：对无属性的资源赋予共享和用户的属性，使其从用户的角度可被原子化调用。调度部分就相当于降低分布式架构下的模块耦合度。

（3）资源编排：横向对计算、存储、网络等资源进行整合，并对外展现为细粒度的多合一资源。

（4）基础服务：实现上述各层次在实现过程中必需的认证、通信、数据库、用户界面等基础服务。这里将定制化需求较高的用户界面也作为基础服务的一项进行阐述。

（5）对外服务接口：以标准形式对外暴露云操作系统的服务内容。

基本上，本书的第二部分就按照上述 5 个部分阐述每一部分的具体设计思路和实现过程。云操作系统的主要功能如图 3-4 所示。

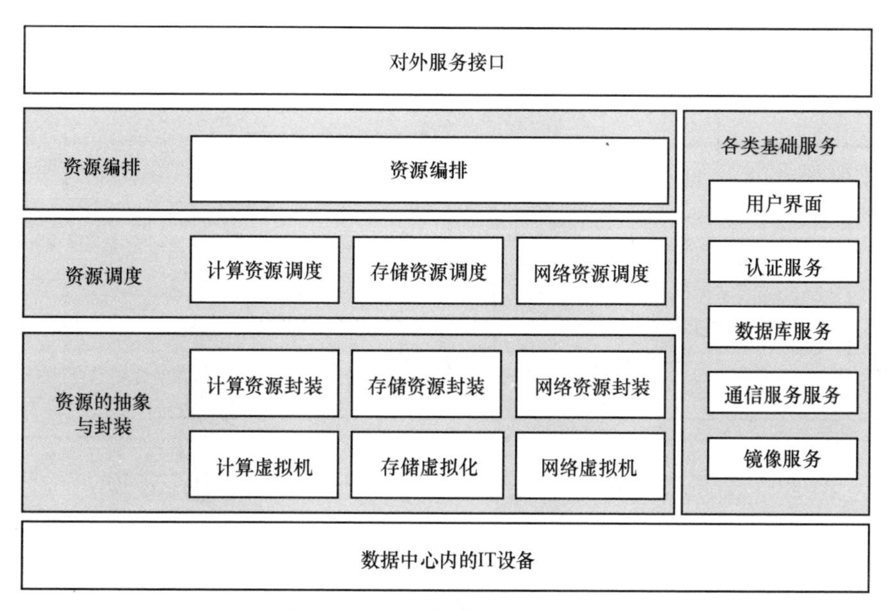

图 3-4　云操作系统的主要功能

3.3　云操作系统的逻辑架构

类似云操作系统这样大型而复杂的系统，为了能够正常工作并且快速迭代，必须按照逻辑分层的思路对其划分功能层次，开展模块化的设计实现。层次划分后在具体实现过程中，又考虑实现的完整性将其分成不同的系统模块。

分布式的实现方式始终是云操作系统设计过程中的核心理念。当某一项任务逐渐成为整个运转环节中的瓶颈或者它的功能足够重要、足够成熟时，就可以将它作为一个组件从其原有的实现内容中分离开。分布式的关键在于让不同的服务负责不同的工作，尽量减轻核心组件的工作内容。

在每个组件都是分布式设计的大前提下，就可以根据具体的操作流程灵活地组合云操作系统的各类服务，形成它的各个组件。譬如：在具体的系统调用过程中，计算、存储、网络等资源的操作往往贯穿了抽象、封装、调度、编排多个层次，因此在软件的开发实现和模块化使用上，云操作系统就可以将计算、存储、网络的服务打包形成相应的组件。

基于上述考虑，将图 3-4 中的功能拆分打包形成如图 3-5 所示逻辑架构。逻辑架构的形成过程中参考了 OpenStack 以及阿里飞天操作系统等目前的主流产品，读者可以对照阅读。

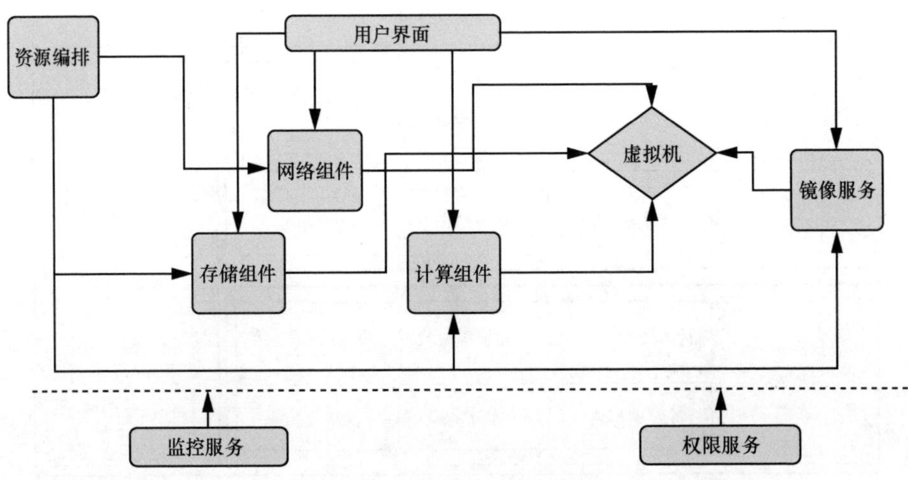

图 3-5　云操作系统的逻辑架构

云操作系统由几个关键服务组成，它们可以单独安装。这些服务根据需求工作在一起，包括计算服务、认证服务、网络服务、镜像服务、块存储服务、对象存储服务、计量服务、编排服务和数据库服务等。每个服务都可以独立安装、独自配置，多个服务可以通过接口连接成一个整体。

为什么要提出这样的逻辑架构？参考 OpenStack，2016 年，亚马逊的服务有 36 个，目前已经爆发式发展成为 141 个，OpenStack 目前有 29 个服务，每半年一个新的版本，各类服务爆发式发展。但是它们的设计原理离不开这些核心服务，或者说没有这些核心服务，云操作系统将无法正常运转。

拆分打包后的云操作系统不再由众多的过程直接构成，而是将其按照功能精心地划分为若干个具有一定独立性和大小的模块，使其具有更清晰的结构。每个模块具有某方面的管理功能，譬如对于硬件的抽象、资源的封装、资源的调度等，并规范各模块间的接口，从而各模块间能够通过该接口实现交互。模块内又再细分为若干个具有一定功能的子模块，如把资源封装细分为计算资源的子模块。

以典型的 OpenStack 为例，考虑其最核心的功能组件，云操作系统主要应该包括计算、存储、网络等资源组件以及权限管理、镜像管理、用户界面管理等管理类基础服务。OpenStack 功能组件如图 3-6 所示。

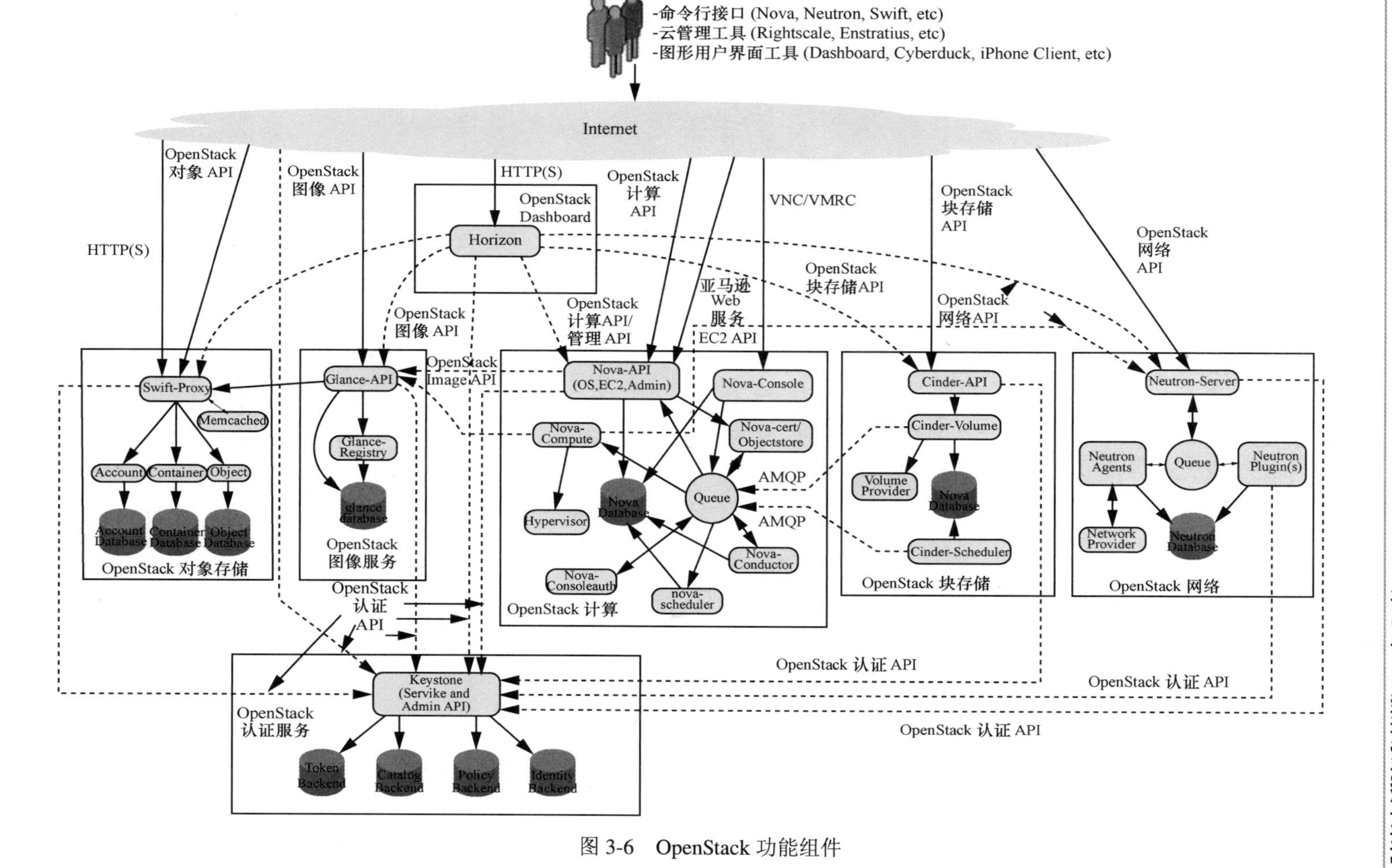

图 3-6　OpenStack 功能组件

OpenStack 逻辑体系结构显示了 OpenStack 中最常见的集成服务以及它们如何实现交互。

最终用户可以通过 Dashboard、CLI 和 API 等与 OpenStack 交互。所有服务都通过通用的身份识别服务（Keystone）进行身份验证，并且各个服务通过公共 API 相互交互，但需要特权管理员命令的情况除外。

本书云操作系统的具体描述方法是，理论上对标 AWS，技术举例使用 OpenStack，动手实验采用 DevStack。类似于操作系统课程对标 Windows，使用 Linux，实验用 Minix。对标“一只老鹰”，实践“一只麻雀”。麻雀虽小，五脏俱全。

3.4 典型服务的设计思想

云操作系统要实现其扩展性和高可用性，需要从基础的设计层面考虑组件的集成、交互以及功能实现的技术路线。本书提出两个云操作系统的基本模型：“管理者–生产者”模型和关键组件交互模型。接下来的各组件详细阐述中，我们会发现云操作系统中的很多组件在实现过程中都是基于两个模型开展的设计。有了这两个模型，再看市场上所有的云操作系统，对其工作机制就会有更快速的了解，也便于完善优化云操作系统。

3.4.1 “管理者–生产者”模型

“管理者–生产者”模型如图 3-7 所示。管理者主要负责接受任务，并把任务分配给合适的生产者；生产者主要负责完成管理者派发的任务内容，并将完成情况反馈给管理者。

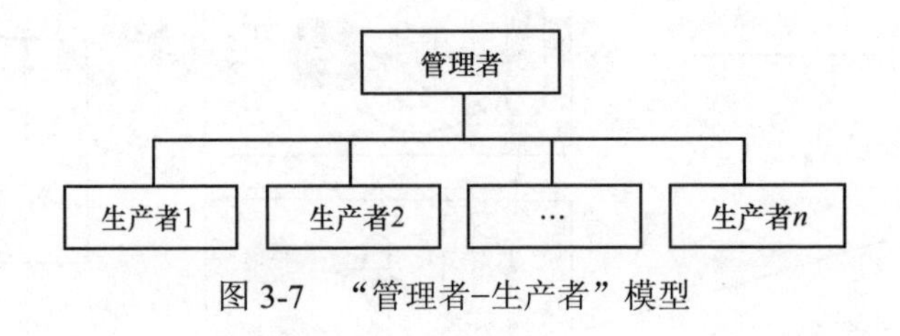

图 3-7　“管理者–生产者”模型

采用“管理者–生产者”模型有以下优点。

（1）扩展性更强

一般而言，生产者的工作更加复杂，一个管理者可以对应多个生产者。区分开，可以有更好的扩展性。当客户请求量太大时，只需增加管理者，当资源不够时，只需增加生产者。

（2）开放性更强

可以容纳不同技术路线，使得云操作系统始终保持技术先进性。生产者的技术框架更为底层，业界已经有很多优秀的技术实现，可能开源，可能闭源，可能选择不同技术路线。而分离的框架使得管理者可以管理多种异构的生产者。

以 OpenStack 中的计算组件 Nova 为例，如图 3-8 所示。

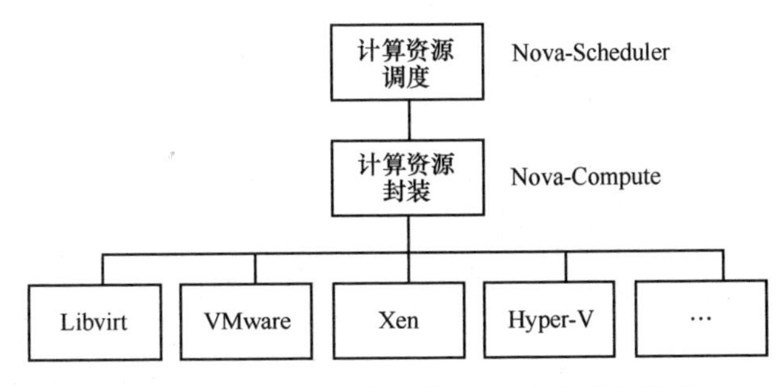

图 3-8 Nova 中体现的“管理者–生产者”模型

Nova-Scheduler 作为计算资源的管理者，对于用户发来的某项操作，如果有多个实体都能够完成任务，那么通常会有一个 Scheduler 负责从这些实体中挑选出一个最合适的来执行操作。

调度服务就好比是一个工厂的管理者，当接到新的生产任务时，管理者会评估任务的难度，考察工厂中所有人员的工作负荷和技能水平，然后将任务分配给最合适的生产者。

Nova-Compute 作为计算资源的生产者。调度服务只管分配任务，真正执行任务的是 Nova-Compute。Nova-Compute 又可以对接具体的虚拟化软件，如 VMware、Xen、Hyper-V 等，开展资源的抽象等工作。

除了计算，存储和网络的实现方式也存在类似的管理者和生产者，后面章节中将详细阐述。这里需要特别阐述“管理者–生产者”模型在云操作系统中的另一个衍生框架：Driver 框架。

依然以 OpenStack 为例，作为开放的架构，云操作系统要支持业界各种优秀的技术。这些技术可能是开源免费的，也可能是商业收费的。开放的架构使得 OpenStack 能够在技术上保持先进性，具有很强的竞争力，同时又不会造成厂商锁定。开发架构的实现基础就是 Driver 框架。

以 Nova 为例，OpenStack 的计算节点支持多种 Hypervisor，包括 KVM、Hyper-V、VMware、Xen、Docker、LXC 等。

Nova-Compute 为这些 Hypervisor 定义了统一的接口，Hypervisor 只需要实现这些接口，就能以 Driver 的形式即插即用到 OpenStack 中。图 3-9 是 Nova Driver 的架构示意图。在接下来的章节中，将有很多种类似的驱动框架案例。

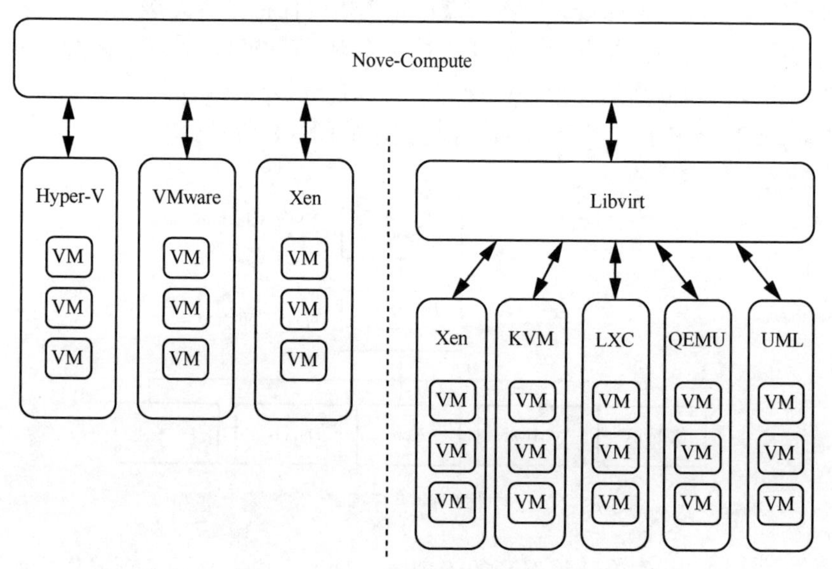

图 3-9 Nova 中体现的 Driver 框架

3.4.2 关键组件实现模型

作为分布式的框架，云操作系统内的组件实现逻辑基本按照如图 3-10 所示的关键组件交互模型开展设计。

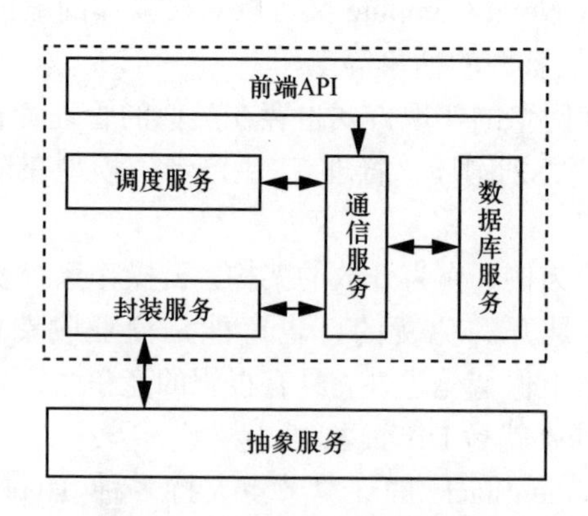

图 3-10 关键组件的实现模型

（1）前端接口

作为组件对外的唯一窗口，向客户暴露组件能够提供的功能，当客户需要执行对资源相关的操作时，能且只能向前端接口发送 REST 请求。这里的客户包括终端用户、命令行和 OpenStack 其他组件。

设计 API 前端服务的好处在于：

- 对外提供统一接口，隐藏实现细节；
- API 提供 REST 标准调用服务，便于与第三方系统集成；
- 可以通过运行多个 API 服务实例轻松实现 API 的高可用。

（2）通信服务

软件内一般的调用方式分为同步调用和异步调用两种，云操作系统采用异步调用方式。同步调用指的是接口直接调用相关组件，一直等待期响应后开展后续工作；异步调用指的是 API 发出请求后不需要等待，直接返回，继续做后面的工作。

云操作系统中采用异步调用的好处如下。

- 解耦各子服务：子服务不需要知道其他服务在哪里运行，只需要发送消息给通信服务组件就能完成调用。
- 提高性能：异步调用使得调用者无需等待结果返回。这样可以继续执行更多的工作，提高系统总的吞吐量。
- 提高伸缩性：子服务可以根据需要进行扩展，启动更多的实例处理更多的请求，在提高可用性的同时也提高了整个系统的伸缩性。而且这种变化不会影响到其他子服务，也就是说变化对别人是透明的。

（3）数据库服务

云操作系统中各组件都需要维护自己的状态信息，如资源的规格、状态等，因此针对每个组件都需要有自己的数据库服务。目前主流使用的是 MySQL 等开源数据库。

（4）调度服务

调度服务在第 3.1 节中已经基本阐述过，调度部分就相当于交警，降低分布式架构下的模块耦合度。其具体的实现方式一般是“过滤器+权重计算”，过滤器种类和权重计算方式将在各主要资源章节详细阐述。

（5）封装服务

主要指对抽象后的资源进行标准化。一般对应的是下层异构的抽象产品，主要实现方式是第 3.4.1 节中阐述的 Driver 框架。

（6）抽象服务

通过硬件的虚拟化，使之成为可被弹性利用的资源。抽象服务不是实现模型中的主体，但作为较为重要的辅助流程实现的内容，仍将其在图中展现了出来。

以 OpenStack 中的 Nova 组件为例，如图 3-11 所示，阐述了对应实现模型的具体技术实现。Cinder、Neutron 组件都是按照这一模型开展的设计和实现。

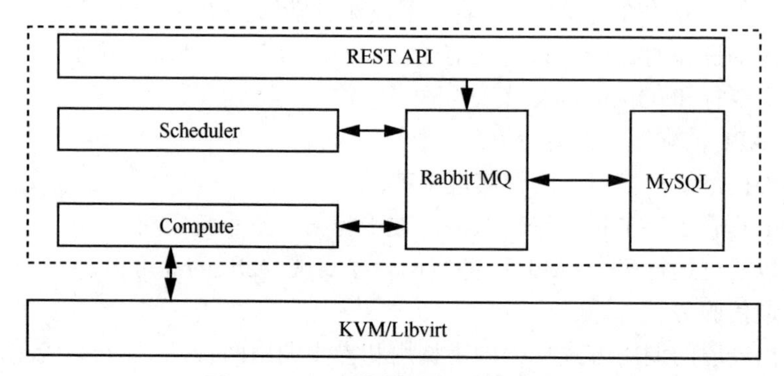

图 3-11　实现模型在 Nova 中的落地

第 4 章

硬件抽象与封装

本章按计算、存储、网络 3 种资源类型分别阐述。具体到每一种资源类型又按照基础硬件、硬件抽象、资源封装 3 个维度开展描述。在讲具体某一维度时，先勾勒其技术原理，再以开源技术解剖其关键代码并验证其实现思路。

为了不影响阅读的连贯性，计算、存储、网络的设备、抽象过程和封装过程都将在本章进行阐述。本章是理解云操作系统的基础。

4.1 计算资源

4.1.1 计算类硬件设备

目前市面上主流的云基础设施的计算类硬件包括 x86 服务器、小型机等，主要提供 CPU、内存等计算资源以及未来人工智能及其他技术对 GPU 图形计算的能力。其中，小型机是性能介于 PC 服务器与大型机之间的一种高性能 64 位精简指令处理器，其主要厂商包括 IBM、惠普、浪潮等。相比较于小型机，目前 x86 架构的服务器应用得相对广泛。因此下文将主要针对 x86 服务器进行详细的介绍，小型机等其他计算类硬件则不再赘述。

x86 服务器是采用 CISC（Complex Instruction Set Computer，复杂指令架构计算机）架构的服务器，也就是通常大家所理解的 PC 服务器。在 x86 服务器中，所有程序的指令都是按顺序串行执行的。x86 服务器适用于 Intel 或其他兼容 x86 指令集的处理器芯片和 Windows 操作系统、Linux 操作系统。

x86 架构服务器特点如下：

- 虚拟化和大型集中式数据库场景，使用计算型服务器，具有 I/O 性能较高、提供高性能处理计算和较大内存的能力；
- 大数据平台分析等场景，使用数据型服务器，具有大数据量存储、分布式架构的优点，提供较高 I/O 性能和存储能力；
- 分布式存储和分布式文件系统场景，使用存储型服务器，具有较大缓存和存储能力；
- 云计算、分析和管理等复合需求场景，使用融合性服务器，具有可承载云平台管理组件的能力，同时具有一定的计算和存储能力；
- 一体化硬件交付的场景，使用标准交付单元，具有同时包含合理的主机、存储、网络等设备的能力。

4.1.2 计算资源的抽象

计算资源的抽象事实上就是计算虚拟化。可简单地理解为在虚拟系统和底层硬件之间对 CPU、内存和 I/O 进行抽象，形成一个动态管理的“资源池”，供虚拟机使用，从而提高资源的利用率，简化系统管理，实现服务器整合，让 IT 对业务的变化更具有适应力。

4.1.2.1 CPU 虚拟化

CPU 虚拟化就是把物理状态下的 CPU 抽象成虚拟 CPU，以供 Guest OS（客户操作系统）使用。在 x86 服务器中，为了隔离不同程序间的访问权限，避免不同程序的内存数据产生交叉的情况，CPU 的虚拟架构提出了“执行状态”这一概念。这一概念保证了代码执行的独立性和安全性，使得操作系统能够正常工作。目前 CPU 虚拟化有软件、硬件、硬件辅助 3 种，本节重点介绍第一和第三种。

1. CPU 软件虚拟化

基于软件的 CPU 虚拟化，即通过软件的形式来模拟每一条指令，采用的虚拟化技术有两种：优先级压缩和二进制代码翻译。

x86 体系架构，提供了 4 个 CPU 特权级别，由高到低分别为 Ring 0、Ring 1、Ring 2、Ring 3。一般，操作系统由于要直接访问硬件和内存，代码运行级别为 Ring 0，应用程序的代码运行级别为 Ring 3。如需访问硬件和内存，CPU 的运行级别发生从 Ring 3 到 Ring 0 的切换。

虚拟化的实现基于上述思想，VMM 本质上是 Host OS，运行在 Ring 0 上，Guest OS 运行在 Ring 1 上，再往上是相应层次的应用程序运行在 Ring 2 和 Ring 3 上，如图 4-1 所示。

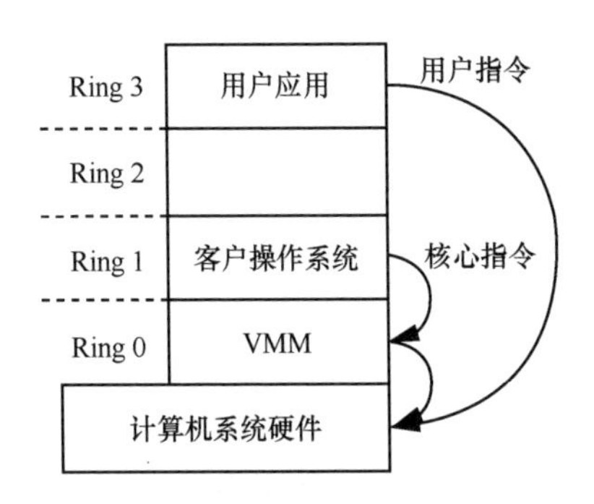

图 4-1　CPU 软件虚拟化

Guest OS 或上层应用在执行相关的特权指令时，就会发生越权访问，触发异常，这个时候 VMM 就截获（Intercept）这个指令，然后模拟（Virtualize）这个指令，返回给 Guest OS，让其以为自己的特权指令可以正常工作，继续运行。整个过程其实就是优先级压缩和二进制代码翻译的体现。

2. CPU 硬件辅助虚拟化

CPU 软件虚拟化效率较低，通过修改 Guest OS 中关于特权指令的相关操作，将其改为函数调用的方式，在 VMM 直接执行，借此提高性能。修改 Guest OS 代码，相当于定制，为提高通用性，硬件辅助虚拟化的概念被提出，如图 4-2 所示。

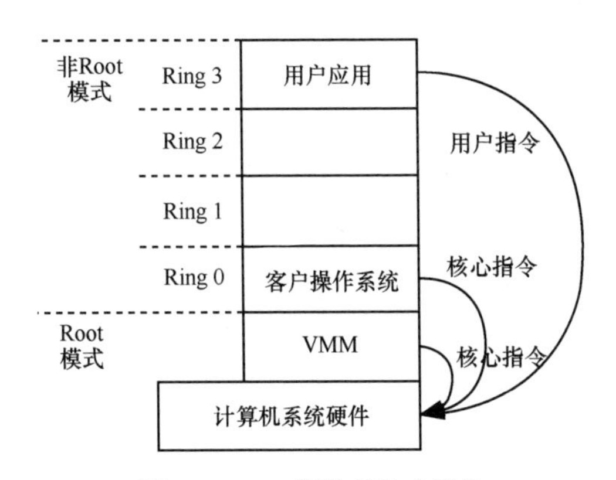

图 4-2　CPU 硬件辅助虚拟化

CPU 硬件辅助虚拟化在 Ring 模式的基础上引入了一种新的模式，叫 VMX 模式，包括根操作（VMX Root Operation）模式和非根操作（VMX Non-Root Operation）模式。这两种模式都有 Ring 0~Ring 3 的特权级。

4.1.2.2 内存虚拟化

内存虚拟化概念的提出提高了宿主机的内存利用率，解决了内存利用率低的问题。目前，内存虚拟化分为两种——基于软件的内存虚拟化和基于硬件辅助的内存虚拟化。

1. 基于软件的内存虚拟化

在虚拟化的环境下，虚拟机处于非根操作状态，无法直接访问根操作模式下的宿主机内存。因此，基于软件内存虚拟化的目的就是将虚拟机的虚拟地址（GVA），经过虚拟机的物理地址（GPA）和宿主机的虚拟地址（HVA）的转化，最终转化为宿主机的物理地址（HPA）。

在常规的软件内存虚拟化中引入了VMM，它可以截获虚拟机的内存访问指令，然后模拟出宿主机上的内存。这相当于在虚拟机的虚拟地址空间和宿主机的虚拟地址空间之间加入了虚拟机的物理地址空间。如图 4-3 所示，GVA 由客户机系统页表完成，到了 GPA 后，由 VMM 定义的映射表（kvm_memory_slot 记录）来完成，随后它将连续的虚拟机物理地址映射成非连续的宿主机虚拟地址，最后在宿主机系统页表的工作下，转换成 HPA。通过这样一系列的转化过程可以为虚拟机提供一个连续的物理内存空间，并且在各虚拟机之间有效隔离、调度和共享内存资源。

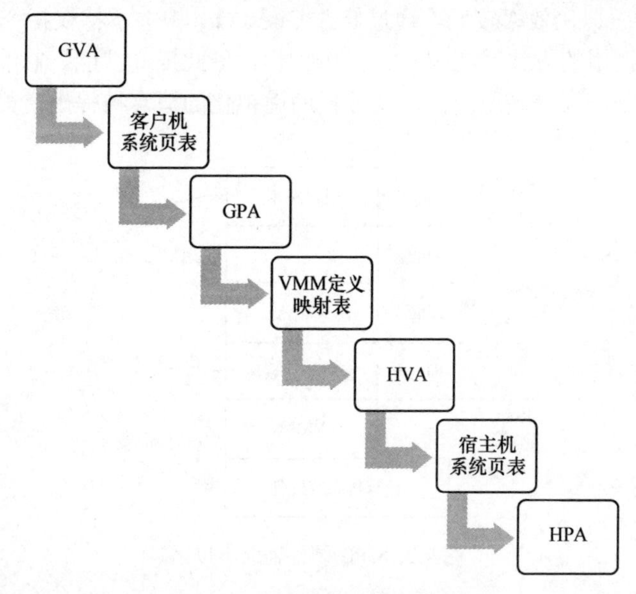

图 4-3 内存虚拟化转化路线

在常规的软件内存虚拟化的基础之上，人们引入了影子页表技术，它有效地简化了地址转换的过程，实现了 GVA 到 HPA 的直接映射。在转换过程中，VMM 为客户机的系统页表设计了一个对应的影子页表并装在宿主机的 MMU 中。当客户机访问宿主机的内存时，可以根据 MMU 中的影子页表的映射关系完成 GVA 到 HPA 的直接转换。

2. 基于硬件辅助的内存虚拟化

在基于软件的内存虚拟化中，地址转换都是由软件实现的，且 VMM 承担了许多影子页表的维护工作。因此，基于硬件辅助的内存虚拟化的提出可以将这些复杂的工作交由硬件来完成，提高了工作效率。

EPT 技术是硬件辅助内存虚拟化的代表。如图 4-4 所示，EPT 在原有 CR3 页表地址映射的基础上，引入了 EPT 页表来实现另一层映射。当客户机访问内存时，CPU 会先访问 CR3 页表来完成 GVA 到 GPA 的转换。若 GPA 不为空，则 CPU 接着访问 EPT 页表来实现 GPA 到 HPA 的转换；若 GPA 为空，则 CPU 发出缺页异常，在硬件实现的方式下产生缺页中断处理，Guest 退出，VMM 截获到该异常后，分配物理地址并建立 GVA 到 HPA 的映射，并保存到 EPT 中，这样在下次访问的时候就可以完成从 GVA 到 HPA 的转换了。此外，在转换到 HPA 后，若 HPA 为空，则 CPU 会反馈 EPT Violation 异常由 VMM 来处理。

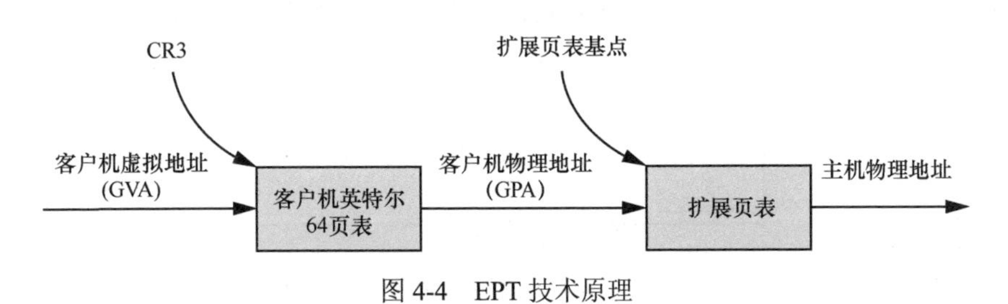

图 4-4　EPT 技术原理

4.1.2.3　I/O 虚拟化

普通服务器的单个 I/O 端口能够支撑单个应用的工作，然而当服务器的负载增多时，I/O 无法同时支撑，使得计算效率降低。因此提出了 I/O 虚拟化的概念，以在工作负载、存储以及服务器之间动态共享带宽，能够最大化地利用网络接口。

I/O 虚拟化有 3 种实现方式：I/O 全虚拟化、I/O 半虚拟化、I/O 硬件辅助虚拟化。

（1）I/O 全虚拟化

全虚拟化是通过 VMM 来模拟 I/O 设备。当 Guest OS 访问 I/O 设备时，VMM 会截获这个访问请求，然后通过软件来模拟真实的硬件。

（2）I/O 半虚拟化

半虚拟化是通过前端/后端模拟来实现虚拟化。前端是指 Guest OS 的驱动程序，后端是指 VMM 提供的 Guest 通信的驱动程序。前端驱动将 Guest OS 的请求通过与 VMM 间的特殊通信机制发送给 VMM 的后端驱动，后端驱动在处理完请求后再发送给物理驱动。

（3）I/O 硬件辅助虚拟化

硬件辅助虚拟化包含 VMDq 技术和 SR-IOV 技术。VMDq 技术是 VMM 在服务器的物理网卡中为每个虚拟机分配一个独立的队列，虚拟机出来的流量可直接经过软件交换机发送到指定队列上，软件交换机无需进行排序和路由操作。VMM 和虚拟交换机仍然需要将网络流量在 VMDq 和虚拟机之间进行复制。SR-IOV 技术是通过创建不同虚拟功能（VF）的方式，实现虚拟机直接跟硬件网卡通信，不再经过软件交换机，减少了 Hypervisor 层的地址转换。

4.1.2.4 虚拟化技术

虚拟化按照 Hypervisor（VMM）的实现方式和所在的位置分为：1 型虚拟化和 2 型虚拟化。

（1）1 型虚拟化

1 型虚拟化 Hypervisor 是直接部署在硬件服务器之上的，而多个虚拟机运行在 Hypervisor 之上，如图 4-5 所示。Hypervisor 的实现方式是一个特定的 Linux 系统，其典型的虚拟化技术包括：Xen、VMware 等。

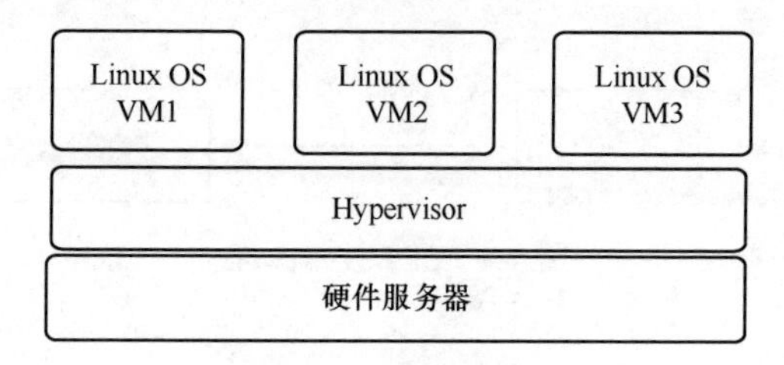

图 4-5　1 型虚拟化

（2）2 型虚拟化

2 型虚拟机是指在硬件服务器上安装常规的操作系统，而 Hypervisor 作为操作系统的一个程序模块运行，并对虚拟机进行管理，如图 4-6 所示。其典型的虚拟化技术包括 KVM、VirtualBox 等。

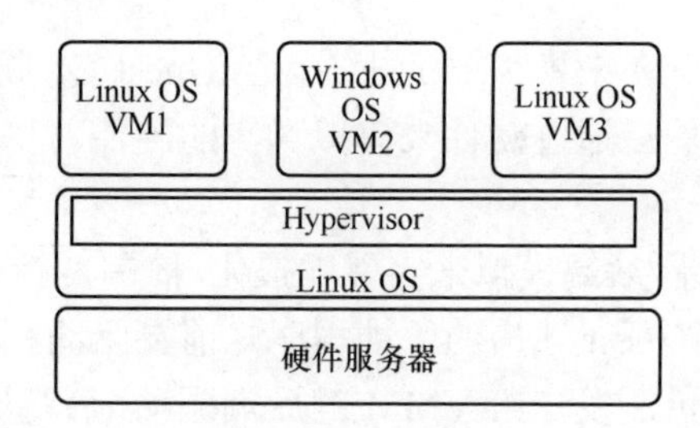

图 4-6　2 型虚拟化

在 1 型虚拟化和 2 型虚拟化基础之上，从虚拟化设计层面的实现方式看，其又可分为全虚拟化、准虚拟化、操作系统层虚拟化等。

- 全虚拟化

全虚拟化属于 1 型虚拟化，就是利用 Hypervisor 在虚拟服务器和硬件服务器之间建立一个抽象层。Hypervisor 能够捕获 CPU 指令，充当硬件控制器和外设访问的中介。因此，全虚拟化技术可以让所有操作系统不用改动就可以安装在虚拟服务器上。在全虚拟化里，Hypervisor 负责管理各个虚拟服务器，使它们能够彼此独立，如图 4-7 所示。

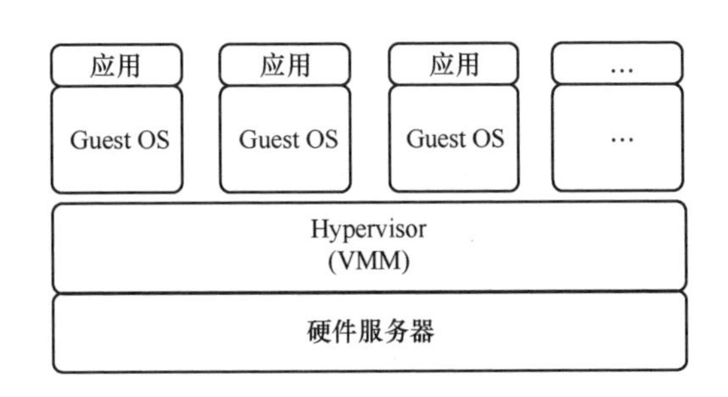

图 4-7　全虚拟化

- 准虚拟化

准虚拟化与全虚拟化的区别在于对操作系统的修改，使 Guest OS 知道自己运行在虚拟化环境中。在准虚拟化 VMM 上运行的 Guest OS 都需要修改内核代码，主要是修改 Guest OS 指令集中的敏感指令和核心态指令。让 Host OS 在捕抓到没有经过准虚拟化 VMM 模拟和翻译处理的 Guest OS 内核态指令或敏感指令时，Host OS 也能够准确地判断出该指令是否属于 Guest OS，如图 4-8 所示。

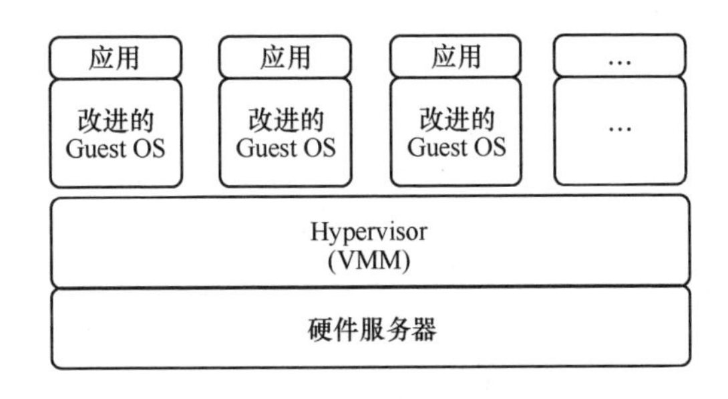

图 4-8　准虚拟化

- 操作系统层虚拟化

操作系统层虚拟化属于 2 型虚拟化，它在操作系统层面添加虚拟服务器功能，

Host OS 本身负责多个虚拟服务器之间的硬件资源分配，且所有虚拟服务器必须运行同一操作系统。

4.1.3 计算资源的封装

多种 Hypervisor 层如何被云操作系统管理？为解决这个问题，云操作系统提出了封装的概念，即通过上层计算组件固定 Driver 的方式实现，如图 4-9 所示（参考 Nova-Compute 的实现方式）。

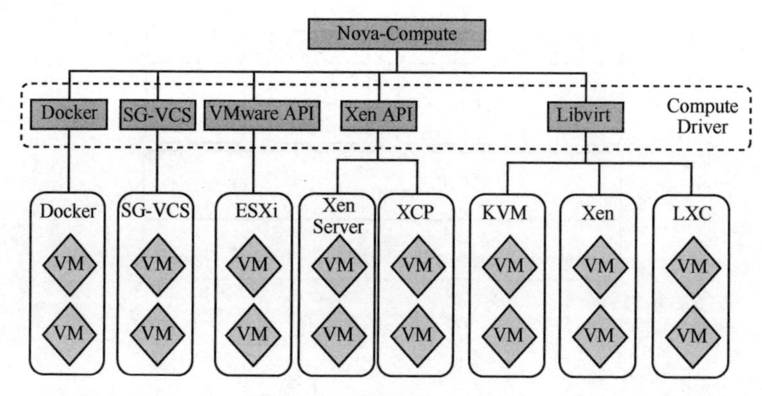

图 4-9　云操作系统封装

通过计算资源的抽象，将物理设备、虚拟资源、容器等计算资源进行封装和标准化抽象，依据上层资源需求，以标准接口方式提供标准化的计算资源。资源封装的意义就在于，底层硬件通过虚拟化层将计算资源进行抽象形成资源池之后，将抽象出来的资源池中的计算资源进行重新组合编排，形成具体计算资源实体（如虚拟机、容器等）。

底层硬件通过虚拟化层将计算资源抽象形成资源池之后，通过资源封装形成虚拟计算实体，经过封装形成的 3 种主要资源类型为虚拟机、物理机和容器。

1. **描述计算资源封装的功能定义**

从封装的角度区分计算资源，即虚拟机可以满足全部的封装功能需求，物理机可以满足基本的封装功能需求，容器的封装功能实现程度很差，仅将操作系统的一个进程封装成一个 App，所以此处对容器的描述主要阐述其形成的过程，并将其从云操作系统的内核态迁移至用户态进行描述。

2. **封装的具体开源实现：KVM**

KVM 基本结构包括 2 个部分：KVM 驱动，现在已经是 Linux Kernel 的一个模块了，主要负责虚拟机的创建、虚拟内存的分配、vCPU 寄存器的读写以及 vCPU

的运行；QEMU，用于模拟虚拟机的用户空间组件，提供 I/O 设备模型，访问外设的途径。

KVM 基本结构如图 4-10 所示。KVM 已经是内核模块，被看作一个标准的 Linux。

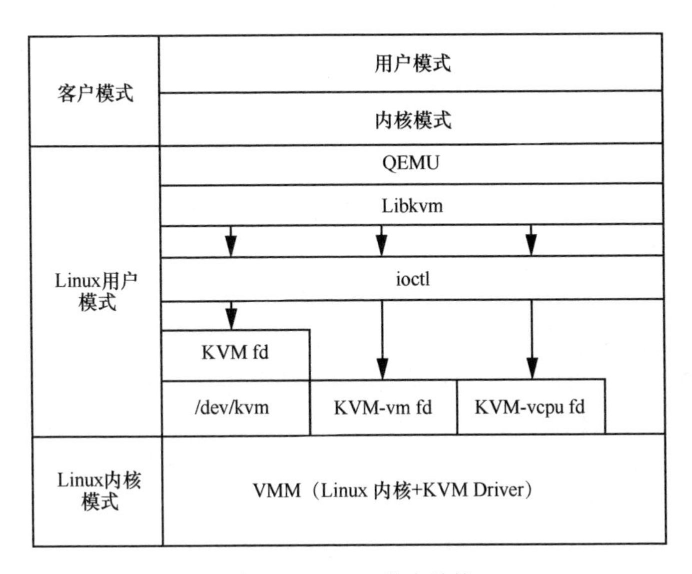

图 4-10　KVM 基本结构

在 KVM 基本结构中存在字符集设备（/dev/kvm）。QEMU 通过 Libkvm 应用程序接口，用 fd 通过 ioctl 向设备驱动发送创建、运行虚拟机命令。设备驱动 KVM 就会来解析命令（kvm_dev_ioctl 函数在 kvm_main.c 文件中）。

KVM 模块让 Linux 主机成为一个虚拟机监视器（VMM），并且在原有的 Linux 两种执行模式基础上，新增加了客户模式，客户模式拥有自己的内核模式和用户模式。在虚拟机运行时，3 种模式的工作分别为：客户模式，执行非 I/O 的客户代码，虚拟机运行在这个模式下；用户模式，代表用户执行 I/O 指令，QEMU 运行在这个模式下；内核模式，实现客户模式的切换，处理由 I/O 或者其他指令引起的从客户模式退出（VM_EXIT）。KVM 模块工作在内核模式下。

在 KVM 的模型中，每一个 Guest OS 都作为一个标准的 Linux 进程，都可以使用 Linux 进程管理命令进行管理。

这里假如 QEMU 通过 ioctl 发出 KVM_CREATE_VM 指令，创建了一个 VM 后，QEMU 需要发送一些命令给 VM，如 KVM_CREATE_VCPU。这些命令当然也是通过 ioctl 发送的，用户程序中用 ioctl 发送 KVM_CREATE_VM 得到的返回值就是新创建的 VM 对应的 fd（kvm_vm），fd 是创建的指向特定虚拟机实例的文件描述符，之后利用这个 fd 发送命令给 VM 进行访问控制。KVM 解析这些命令的函数是 kvm_vm_ioctl。

KVM 基本工作原理概述如下。

用户模式的 QEMU 利用 Libkvm 通过 ioctl 进入内核模式，KVM 模块为虚拟机创建虚拟内存，虚拟 CPU 执行 VMLAUCH 指令进入客户模式，加载 Guest OS 并执行。如果 Guest OS 发生外部中断或者影子页表缺页之类的情况，会暂停 Guest OS 的执行，退出客户模式进行异常处理，之后重新进入客户模式，执行客户代码。如果发生 I/O 事件或者信号队列中有信号到达，就会进入用户模式处理。

（1）CPU 虚拟化

x86 体系结构中 CPU 虚拟化技术称为 Intel VT-x 技术，引入了 VMX，提供了两种处理器的工作环境。VMCS 结构实现两种环境之间的切换，VM Entry 使虚拟机进入 Guest 模式，VM Exit 使虚拟机退出 Guest 模式。

VMM 调度 Guest 执行时，QEMU 通过 ioctl 系统调用进入内核模式，在 KVM Driver 中获得当前物理 CPU 的引用。之后将 Guest 状态从 VMCS 中读出，并装入物理 CPU 中。执行 VMLAUCH 指令使物理 CPU 进入非根操作环境，运行 Guest OS 代码。

当 Guest OS 执行一些特权指令或者外部事件时，比如 I/O 访问，对控制寄存器的操作、MSR 的读写等，都会导致物理 CPU 发生 VM Exit，停止运行 Guest OS，将 Guest OS 保存到 VMCS 中，Host 状态装入物理处理器中，处理器进入根操作环境，KVM 取得控制权，通过读取 VMCS 中 VM_EXIT_REASON 字段得到引起 VM Exit 的原因，从而调用 kvm_exit_handler 处理函数。如果由于 I/O 获得信号到达，则退出到用户模式的 QEMU 处理。处理完毕后，重新进入 Guest 模式运行虚拟 CPU，如图 4-11 所示。

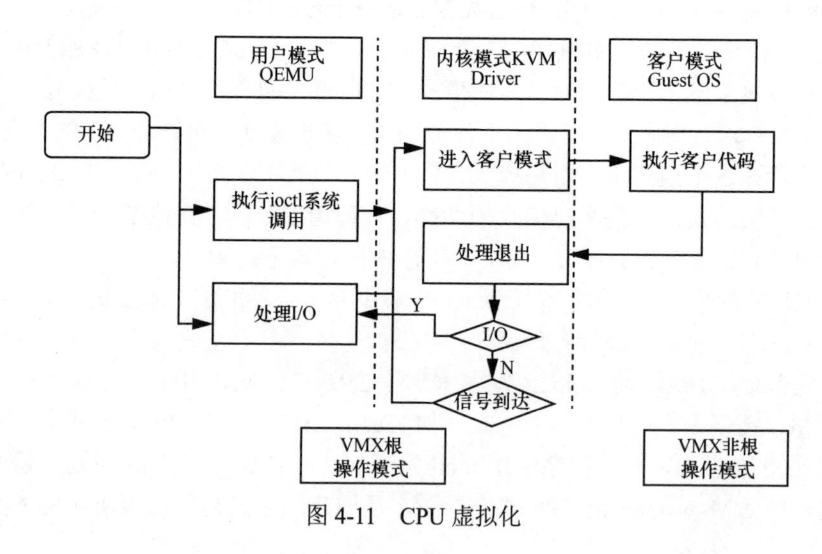

图 4-11　CPU 虚拟化

（2）内存虚拟化

OS 对于物理内存主要有两点认识：物理地址从 0 开始；内存地址是连续的。VMM 接管了所有内存，其负责页式内存管理，维护虚拟地址到机器地址的映射关系。因 Guest OS 本身也有页式内存管理机制，则 VMM 的整个系统就比正常系统多了一层映射：

- 虚拟地址（VA），指 Guest OS 提供给其应用程序使用的线性地址空间；
- 物理地址（PA），经 VMM 抽象的、虚拟机看到的伪物理地址；
- 机器地址（MA），真实的机器地址，即地址总线上出现的地址信号。

所以，映射关系如下：Guest OS:PA=f（VA）、VMM:MA=g（PA）VMM 维护一套页表，负责 PA 到 MA 的映射。Guest OS 维护一套页表，负责 VA 到 PA 的映射。实际运行时，用户程序访问 VA1，经 Guest OS 的页表转换得到 PA1，再由 VMM 介入，使用 VMM 的页表将 PA1 转换为 MA1。

4.2　存储资源

云操作系统通过接口对存储资源进行监控，屏蔽了底层各类硬件存储设备的差异，实现了分布式存储和集中式存储资源的统一纳管。按照应用类型将存储资源抽象为对象存储、块存储、文件系统存储 3 类，并在用户层将 3 类存储进行封装，实现代码调用、图形化操作等功能。

4.2.1　存储类硬件设备

虽然磁存储、相变存储、纳米晶浮栅存储等新型存储技术已取得巨大发展，但在工业界仍以机械式硬盘、固态硬盘为主体，其具体使用方式可分为集中式存储和分布式存储两大类。云操作系统可以同时支持分布式存储和集中式存储。

（1）分布式存储硬件选择

分布式存储的硬件可以选择不同厂商的 x86 服务器，选型需根据存储需求和使用场景进行，重点考虑的因素是磁盘类型和网络带宽。高性能场景：作为块存储或高 IOPS（Input/Output Operations Per Second）的工作负载使用，特点在于需要较高的 IOPS，硬盘全部使用 SSD 硬盘。通用场景：混合使用 SSD 硬盘与机械硬盘，通过 SSD 盘作为分布式存储的日志盘，机械盘作为数据盘；大容量场景：只使用大容量的机械硬盘来满足。所有场景网络带宽使用万兆网络都可满足。

分布式存储硬件的选择是提升分布式存储性能的手段之一，同时也要考虑操作系统层面、网络层面和分布式存储软件层面的优化才能达到最佳的性能。

（2）集中式存储硬件选择

云操作系统可以支持驱动形式的集中式存储设备作为后端存储，如 SAN 存储以及华为、浪潮、H3C 等厂商的存储设备。

集中式存储是指通过建立一个数据库，将各种信息存入其中形成信息库，再利用各种功能模块对信息库进行操作的存储方式。目前主流的存储技术主要有 3 种：直接附加存储（Direct Attached Storage，DAS）、网络附加存储（Network Attached Storage，NAS）和存储区域网络（Storage Area Network，SAN）。

- 直接附加存储（DAS）:是将存储设备通过 SCSI（Small Computer System Interface，小型计算机系统接口）电缆直接连到服务器，其本身是硬件的堆叠，存储操作依赖于服务器，不带有任何存储操作系统。由于是将存储设备直接连接到服务器上，这导致它在传输距离、连接数量、传输速率等方面受到限制，目前 DAS 基本上已经被 NAS 所代替。
- 网络附加存储（NAS）：存储设备通过网络接口与网络直接连接，类似专用的文件服务器，它去掉了通用服务器的大多数计算功能，仅提供文件系统功能，方便存储设备与网络间以最有效的方式发送数据，专门优化了系统软硬件体系结构。NAS 存储支持即插即用，基于 Web 管理，便于设备的安装、使用、管理，对于解决存储容量不足的问题性价比较高，但性能存在一定的不足。
- 存储区域网络（SAN）：通过专用交换机将磁盘阵列与服务器连接的高速专用子网，采用块级别存储。最大的特点是将存储设备从传统的以太网中分离出来，成为端粒的存储区域网络 SAN 的系统结构。按照数据传输过程采用的协议，其技术划分为 FC SAN、IP SAN 和 IB SAN 技术。

DAS、NAS、SAN 3 种技术的比较见表 4-1。

表 4-1　DAS、NAS、SAN 3 种技术对比

存储系统架构	DAS	NAS	SAN
安装难易度	不一定	简单	困难
数据传输协议	SCSI/FC/ATA	TCP/IP	FC
传输对象	数据块	文件	数据块
使用标准文件共享协议	否	是	否
异种操作系统文件共享	否	是	需转换设备
集中式管理	不一定	是	需管理工具
管理难易度	不一定	容易	不一定
提高服务器效率	否	是	是

（续表）

存储系统架构	DAS	NAS	SAN
灾难忍受度	低	高	高，专有方案
适合对象	中小企业服务器 捆绑磁盘（JBOD）	中小企业/SOHU 族/企业部门	大型企业/数据中心
应用环境	一般服务器	Web 服务器、 多媒体资料存储、 文件资料共享	大型资料库、 数据库等
档案格式复杂度	低	中	高
容量扩充能力	低	中	高

针对 Linux 集群对存储系统高性能和数据共享的需求，国际上已开始研究全新的存储架构和新型文件系统，希望能有效结合 SAN 和 NAS 系统的优点，支持直接访问磁盘以提高性能，通过共享的文件和元数据以简化管理，目前对象存储系统已成为 Linux 集群高性能存储系统的研究热点，如 Panasas 公司的 Object Base Storage Cluster System 系统和 Cluster File Systems 公司的 Lustre 等。

无论是分布式存储还是传统的集中式存储，在企业应用时所挂载的磁盘均按照应用场景而定。其重点考虑因素是磁盘类型和网络，目前常见的场景可以分为高性能场景、通用场景、大容量场景三大类，具体硬件选型如下。

- 通用场景：通用场景主要指各类计算需求并行存在，各计算组件异构并行使用，在硬盘选择方面通常会采用固态硬盘（SSD）和机械硬盘混合使用，具体搭配策略根据实际需求而定，但以计算效率和投资回报率作为主要衡量依据。
- 大容量场景：大容量存储主要适用于数据存入的频度高于读取频度的场景，此类场景在硬盘选择方面通常会全部采用高容量的机械硬盘，如 SAS、SATA 盘等。
- 高性能场景：高性能计算场景除了具备高性能的光纤网络环境、CPU、GPU 之外，还要有相应的大容量内存、高性能硬盘与之匹配，在硬盘选择方面通常会使用固态硬盘（SSD）以满足较高的 IOPS 工作负载需求。

4.2.2　存储资源的抽象

存储资源的抽象主要是利用存储虚拟化（Storage Virtualization）技术将各类物理存储设备虚拟成对用户可用的虚拟存储实体（Virtual Storage/Persistence Functionality），通常业界对虚拟存储实体划分为块存储（Block Storage）、文件存储

（File Storage）、对象存储（Object Storage）3 类。

（1）块存储

指在一个 RAID（磁盘阵列）集中，一个控制器加入一组磁盘驱动器，然后提供固定大小的 RAID 块作为 LUN（逻辑单元号）的卷。优点：采用 RAID 与 LVM 等手段，对数据提供保护；几块磁盘可以并行写入，读写效率显著提升；采用 SAN 架构组网，传输速度与读写速率得到提升。缺点：采用 SAN 架构组网时，需要额外购买光纤通道卡、光纤交换机，造价成本高；主机之间的数据无法共享；不同操作系统主机间的数据无法共享。块存储按照应用方式划分为两种：单机块存储和分布式块存储，DAS、SAN、Amazon EBS、阿里云磁盘都属于块存储。

（2）文件存储

也叫作文件级或者基于文件的存储，它以一种分层的结构存储数据。数据保存于文件和文件夹中，同样的格式可用于检索。对于 UNIX、Linux 系统，利用网络文件系统协议（NFS）能够访问这些数据，而对于 Windows，使用服务器消息块协议（SMB 协议）可进行访问。典型设备如 FTP、NFS 服务器。大多数 NAS 系统都支持 NFS 和 SMB 协议，被公认为通用互联网文件系统。优点：造价低，方便文件共享。缺点：读写速率低，传输速率慢。

（3）对象存储

采用扁平数据组织形式并通过基于 HTTP 的 RESTful 接口访问的分布式存储系统，不支持随机读写操作，只能全读全写，其面向的是一次写入、多次读取的非结构化数据存储的需求场景，支持海量用户并发访问，是对外提供高扩展（Scalability）、高持久（Durability）和高可用（Availability）的分布式海量数据存储服务。典型设备如内置大容量硬盘的分布式服务器。优点：融合了块存储与文件存储的优点，即文件存储读写快，利于共享。缺点：部分应用是需要存储直接裸盘映射的，例如数据库，文件存储无法满足，更适合使用块存储；成本比普通的文件存储高，需要购买专门的对象存储软件以及大容量硬盘。数据量较小且需文件共享的时候，建议直接用文件存储，性价比高。3 种存储方式的存储性能对比见表 4-2。

表 4-2　存储特性对比

特性	块存储	对像存储	文件系统存储
用途	作为持久性存储提供给虚拟机实例使用	存储数据，包括虚拟机的镜像	提供给虚拟机实例使用
访问方式	块设备，进行分区、格式化和被挂载	API 调用	共享的文件系统服务，可进行分区、格式化和被挂载

（续表）

特性	块存储	对像存储	文件系统存储
访问途径	虚拟机实例中	任何有调用需求的	虚拟机实例中
管理者	Cinder 块存储组件	Swift 对像存储组件	Manila 共享文件系统
数据持久性	永久	永久	永久
容量大小	按需	按需	按需
使用方式	大容量磁盘	超大容量存储	按需

以下通过分别举例的方式对每类存储进行原理剖析，以使读者能够更好理解 3 类常见的存储方式。

4.2.2.1 块存储实现原理

块存储主要是将裸磁盘空间整个映射给主机使用，例如磁盘阵列里面有 5 块硬盘（为方便说明，假设每个硬盘 1 GB），然后可以通过划逻辑盘、做 RAID 或者 LVM（逻辑卷）等方式划分出 N 个逻辑的硬盘。假设划分完的逻辑盘也是 5 个，每个也是 1 GB，但是这 5 个 1 GB 的逻辑盘已经与原来的 5 个物理硬盘意义完全不同了。例如第一个逻辑硬盘 A 里面，可能第一个 200 MB 来自物理硬盘 1，第二个 200 MB 来自物理硬盘 2，所以逻辑硬盘 A 是由多个物理硬盘逻辑虚构出来的硬盘。块存储会采用映射的方式将这几个逻辑盘映射给主机，主机上面的操作系统会识别到有 5 块硬盘，但是操作系统是区分不出到底是逻辑还是物理的，它认为只是 5 块裸的物理硬盘而已，跟直接拿一块物理硬盘挂载到操作系统没有区别，至少操作系统感知上没有区别。

以 Amazon EBS（Elastic Block Store）解释具体的块存储对于数据及上层应用提供服务的实现原理。

Amazon EBS 是专门为 Amazon EC2 虚拟机设计的弹性块存储服务。Amazon EBS 可以为 Amazon EC2 的虚拟机创建卷（Volume），Amazon EBS 卷没有格式化的类似外部卷设备。卷有设备名称，同时也提供了块设备接口。用户可以在 Amazon EBS 卷上驻留自己的文件系统，或者直接作为卷设备使用，用户还可以将虚拟机的数据以快照的方式存储到 Amazon 的 S3 存储服务中。

一般可以创建多达 20 个 Amazon EBS 卷，卷的大小可从 1 GB 到 1 TB。在相同 Avaliablity Zone 中，每个 Amazon EBS 卷可以被任何 Amazon EC2 虚拟机使用。如果用户需要超过 20 个卷，则需要提出申请。

同时，Amazon EBS 提供了快照功能。可以利用快照功能保存 Amazon EBS 卷到 Amazon S3 中，其中第一个快照是全量快照，随后的快照都是增量快照。可以使用快照作为新的 Amazon EBS 卷的起始点，这样当虚拟机数据受到破坏时用户可以选择回滚到某个快照来恢复数据，从而提高了数据的安全性与可用性。

下面介绍 Amazon EBS 容错处理和使用快照加载新的卷。

Amazon EBS 可以将任何的实例（即运行中的虚拟机）关联到卷。当一个实例失效时，Amazon EBS 卷可以自动地解除与失效节点的关联，从而可以将该卷关联到新的实例。步骤如下：

（1）运行中的 Amazon EC2 实例被关联到 Amazon EBS 卷，而这个实例突然失效或者出现异常；

（2）为了恢复该实例，解除 Amazon EBS 卷和实例的关系（如果没有自动解除），加载一个新的 Amazon EC2 实例，将其关联到 Amazon EBS 卷；

（3）在 Amazon EBS 卷失效的情况下（概率极低），可以根据快照创建一个新的 Amazon EBS 卷。

下面介绍快照的使用。

可以使用 Amazon EBS 快照作为一个起点来加载若干个新卷。加载过程如下：

（1）现在有个大数据量的 Web services 服务正在运行；

（2）当数据都正常的时候，可以为卷创建快照，并将这些快照存储在 Amazon S3 上；

（3）当服务数据剧增时，需要根据快照加载新的卷，然后再启动新的实例，再将新的实例关联到新的卷；

（4）当服务下降时，可以关闭一个或多个 Amazon EC2 实例，并删除相关的 EBS 卷。推断 EBS 的实现细节：

- 快照需要上传到 S3 中，当需要恢复到某个快照时则需要将快照从 S3 下载下来；
- EBS 官方文档指出，EBS 为了提高可靠性，EBS 卷会有一个后台任务将其数据备份到同一个 Zone 的另一台硬件上；
- EBS 官方文档同时指出，即使 EBS 有了卷的备份，还不是足够的高可靠，为此引入了快照功能，将快照存储到 S3 上，且第一个快照是全备份，随后的快照是增量备份，同时不同 Zone 间可以从 S3 上下载快照；
- EC2 与 EBS 必须处于同一个 Zone，即 EC2 实例只能挂载处于同一个 Zone 的 EBS 卷，且同一个 EBS 卷不能同时被挂载两次，即只能挂载给一个 EC2 实例。

4.2.2.2 文件存储实现原理

文件存储即采用文件系统管理数据。通常是指采用 NFS 或 CIFS 命令集访问数据，以文件为传输协议，通过 TCP/IP 实现网络化存储，可扩展性好、价格便宜、用户易管理的存储方法。以 HDFS 为例对文件系统存储进行实现原理的介绍。

HDFS 文件系统主要由 NameNode、DataNode、Client 3 部分组成。其中 NameNode 作为分布式文件系统的管理节点，负责整体调用 DataNode，而 DataNode 则是具体存放数据的节点，Client 节点负责客户端程序的发起。一般一个大型文件分散地存储在每个 DataNode 节点上，在每个 DataNode 节点上实际存储的单位是一个小的文件块，目前 HDFS1.x 版本默认的大小为 64 MB，HDFS2.0 以上版本默认的大小为 128 MB，具体依据实际应用场景而自行确定。HDFS 作为一个分布式存储系统，每个文件的每一块必然有多个副本存放在不同的 DataNode 上，当 Client 把某个文件写入 HDFS 时，首先将按照固定的块大小（BlockSize）将文件切成若干块，然后分布式地存储在若干台 DataNode 上，一般默认为 3 台。DataNode 通过心跳信息定期地向 NameNode 汇报自身保存的文件块信息。

以客户端向 HDFS 写数据的流程为例，客户端先和 NameNode 通信，NameNode 检查目标文件是否已存在，父目录是否存在，检查通过以后 NameNode 通知客户端可以写入，客户端向 NameNode 请求上传文件的第一个块（block1），询问 NameNode 应该把 block1 上传到哪些 DataNode 主机上。客户端每传一个块都要向 NameNode 请求。当 Name Node 把 3 台 DataNode 服务器信息返回给客户端。基于可靠性的考虑，每个文件块都有副本，每个副本分别存放在不同的 DataNode 服务器上。一般副本存放的 DataNode 选择策略是首选在本地机架的一个节点上存放副本，第二个副本在本地机架的另一个不同节点，第三个副本在不同机架的不同节点上。正式上传之前，客户端请求与 3 台 DataNode 中的其中一台（DataNode1）建立传输通道，DataNode1 又和 DataNode2 主机建立传输通道，DataNode2 又和 DataNode3 建立传输通道。整个传输通道建立完成后，客户端把 block1 从磁盘读出来放到本地缓存，开始向 DataNode1 上传 block1，上传时以分组（Package）为单位进行传输，Package 默认大小 64 KB。DataNode1 每收到一个 Package 就会复制一份传给 DataNode2，DataNode2 再复制一份传给 DataNode3。当 block1 传输完成后，客户端再次向 NameNode 申请上传此文件的第二个块 block2。

4.2.2.3 对象存储实现原理

对象存储是将数据通路（数据读或写）和控制通路（元数据）分离，并且基于对象存储设备（Object-based Storage Device，OSD）构建存储系统。每个对象存储设备具有一定程度的智能性，能够自动管理其上的数据分布。对象存储结构组成部分（对象（Object）、对象存储设备、元数据服务器（Metadata Server，MDS）、对象存储系统的客户端），如图 4-12 所示。

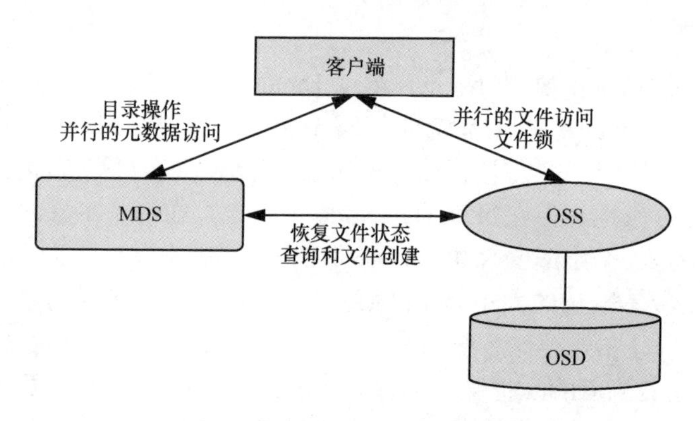

图 4-12　对象存储引用实现原理

1. 对象

系统中数据存储的基本单位，一个对象实际上就是文件的数据和一组属性信息（元数据）的组合，这些属性信息可以定义基于文件的 RAID 参数、数据分布和服务质量等，而传统的存储系统中用文件或块作为基本的存储单位，在块存储系统中还需要始终追踪系统中每个块的属性，对象通过与存储系统通信维护自己的属性。在存储设备中，所有对象都有一个对象标识，通过对象标识 OSD 命令访问该对象。通常有多种类型的对象，存储设备上的根对象标识存储设备和该设备的各种属性，组对象是存储设备上共享资源管理策略的对象集合等。

2. 对象存储设备

对象存储设备具有一定程度的智能性，它有自己的 CPU、内存、网络和磁盘系统，OSD 同块设备的不同不在于存储介质，而在于两者提供的访问接口。OSD 的主要功能包括数据存储和安全访问。目前国际上通常采用刀片式结构实现对象存储设备。OSD 提供 3 个主要功能。

- 数据存储。OSD 管理对象数据，并将它们放置在标准的磁盘系统上，OSD 不提供块接口访问方式，客户端请求数据时用对象 ID、偏移进行数据读写。
- 智能分布。OSD 用其自身的 CPU 和内存优化数据分布，并支持数据的预取。由于 OSD 可以智能地支持对象的预取，从而可以优化磁盘的性能。
- 每个对象元数据的管理。OSD 管理存储在其上对象的元数据，该元数据与传统的 inode 元数据相似，通常包括对象的数据块和对象的长度。而在传统的 NAS 系统中，这些元数据是由文件服务器维护的，对象存储架构将系统中主要的元数据管理工作由 OSD 来完成，降低了客户端的开销。

3. 元数据服务器

MDS 控制客户端与 OSD 对象的交互，主要提供以下几个功能。

- 对象存储访问：MDS 构造、管理描述每个文件分布的视图，允许客户端直接访问对象。MDS 为客户端提供访问该文件所含对象的能力，OSD 在接收到每个请求时将先验证该能力，然后才可以访问。
- 文件和目录访问管理：MDS 在存储系统上构建一个文件结构，包括限额控制、目录和文件的创建和删除、访问控制等。
- 客户端与缓存一致性：为了提高客户端性能，在对象存储系统设计时通常支持客户端方的缓存。由于引入客户端方的缓存，带来了缓存一致性问题，MDS 支持基于客户端的文件缓存，当缓存的文件发生改变时，将通知客户端刷新缓存，从而防止缓存不一致引发的问题。

4. *对象存储系统的客户端*

为了有效支持客户端支持访问 OSD 上的对象，需要在计算节点实现对象存储系统的客户端。现有的应用对数据的访问大部分都是通过 POSIX 文件方式进行的，对象存储系统提供给用户的也是标准的 POSIX 文件访问接口。接口具有和通用文件系统相同的访问方式，同时为了提高性能，也具有对数据的缓存功能和文件的条带功能。同时，文件系统必须维护不同客户端上缓存的一致性，保证文件系统的数据一致。文件系统读访问流程如下。

（1）客户端应用发出读请求；

（2）文件系统向元数据服务器发送请求，获取要读取的数据所在的 OSD；

（3）直接向每个 OSD 发送数据读取请求；

（4）OSD 得到请求以后，判断要读取的对象，并根据此对象要求的认证方式，对客户端进行认证，如果此客户端得到授权，则将对象的数据返回给客户端；

（5）文件系统收到 OSD 返回的数据以后，读操作完成。

关键技术的实现通过分布式元数据与并发数据两方面实现。

分布元数据传统的存储结构元数据服务器通常提供两个主要功能。

- 为计算节点提供一个存储数据的逻辑视图（Virtual File System，VFS），文件名列表及目录结构。
- 组织物理存储介质的数据分布（inode 层）。对象存储结构将存储数据的逻辑视图与物理视图分开，并将负载分布，避免元数据服务器引起的瓶颈（如 NAS 系统）。元数据的 VFS 部分通常是元数据服务器的 10%的负载，剩下的 90%工作（inode 部分）是在存储介质块的数据物理分布上完成的。在对象存储结构，inode 工作分布到每个智能化的 OSD，每个 OSD 负责管理数据分布和检索，这样 90%的元数据管理工作分布到智能的存储设备，从而提高了系统元数据管理的性能。另外，分布的元数据管理，在增加更多的 OSD 到系统中时，可以同时增加元数据的性能和系统存储容量。

对象存储体系结构定义了一个新的、更加智能化的磁盘接口 OSD。OSD 是与网络连接的设备，它自身包含存储介质，如磁盘或磁带，并具有足够的智能可以管理本地存储的数据。计算节点直接与 OSD 通信，访问它存储的数据，由于 OSD 具有智能性，因此不需要文件服务器的介入。如果将文件系统的数据分布在多个 OSD 上，则聚合 I/O 速率和数据吞吐率将线性增长，对绝大多数 Linux 集群应用来说，持续的 I/O 聚合带宽和吞吐率对较多数目的计算节点是非常重要的。对象存储结构提供的性能是目前其他存储结构难以达到的，如 ActiveScale 对象存储文件系统的带宽可以达到 10 Gbit/s。

4.2.3 存储资源的封装

云操作系统通过对各类存储资源统一进行抽象封装，通过细颗粒度的资源管理手段，以弹性伸缩的方式对外提供服务。

4.2.3.1 块存储封装

块存储封装：云操作系统中的 Cinder 为虚拟机提供了块存储设备，也为管理块存储提供了方法。块存储服务由以下进程组成。

- 块接口进程：接收 API 请求，并将请求转发到卷服务。
- 卷交互进程：与块存储直接进行交互通信，处理一些任务，同时通过消息队列与这些任务进行交互通信。同时也维护块存储的状态，通过驱动与各种类型的存储进行交互通信。
- 调度守护进程：选择最佳存储节点创建卷。
- 备份守护进程：担任任意类型卷的备份。
- 消息队列服务：负责在各进程间传递信息。

块存储的核心是对卷的管理，允许对卷、卷的类型、卷的快照进行处理，它本身并没有实现对块设备的管理和实际服务，而是为后端不同的存储结构提供了统一的接口。本章以 Cinder 为例对块存储进行实现原理的介绍。

Cinder 是在虚拟机和具体存储设备之间引入了一层“逻辑存储卷”的抽象，通过调用不同后端类型的驱动接口来管理相应的后端存储，为用户提供统一的卷相关操作的存储接口。Cinder 主要由 Cinder-API、Cinder-Scheduler、Cinder-Volume 以及 Cinder-Backup 等核心服务组成，它们之间通过消息队列进行通信，如图 4-13 所示。

Cinder-API：该服务的作用是为用户提供 RESTful 风格的接口，接收客户端的请求，在该服务中可以对用户的权限和传入的参数进行提前检查，无误后才将请求信息交给消息队列，由后续的其他服务根据消息队列信息进行处理。

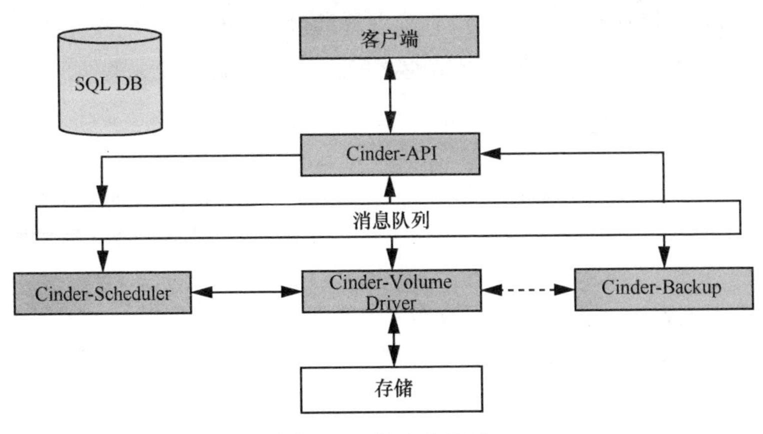

图 4-13　块存储架构

Cinder-Scheduler：该服务是一个调度器，用于选择合适的存储节点，该服务中包含过滤器算法和权重计算算法，Cinder 默认的过滤算法有 3 个。

- AvailabilityZoneFilter 过滤算法：判断 Cinder Host 的 Availability Zone 是否与目标 Zone 一致，否则过滤掉该节点。
- CapacityFilter 过滤算法：判断 Host 的可用存储空间是否不小于要分配卷的大小，否则过滤掉该节点。
- CapabilitiesFilter 过滤算法：检查 Host 的属性是否和 Volume Type 中的 Extra Specs 相同，不相同则过滤掉该节点。

通过指定的过滤算法可能会得到一系列的 Host，这时还需使用权重计算算法来计算各节点的权重值，权重值最大的会认为是最优节点，Cinder-Scheduler 会基于消息队列服务的 rpc 调用来让最优节点对请求进行处理，以下列出几个计算权重的算法。

- Allocated Capacity Weigher 算法：存储空间使用最小的节点为最优节点。
- Capacity Weigher 算法：可用存储空间最大的节点成为最优节点。
- Chance Weigher 算法：随机选择一个节点作为最优节点。

Cinder-Volume：该服务是部署在存储节点上的服务，Cinder-Volume 的主要功能是对后端存储进行一层抽象封装，为用户提供统一的接口，Cinder-Volume 通过调用后端存储驱动 API 来进行存储相关的操作。具体包括卷操作、虚拟机从操作、卷—快照操作、卷—镜像操作，其中卷操作包括创建卷、克隆卷、扩展卷、删除卷；卷虚拟机从操作包括挂载卷到虚拟机、从虚拟机中分离出卷；卷—快照操作包括创建卷快照、从已有卷快照创建卷、删除快照；卷—镜像操作包括从镜像创造卷、从卷创建镜像。

Cinder-Backup：该服务的功能是将 Volume 备份到别的存储设备上，在需要时可以通过 restone 操作恢复。该备份是独立存放的，具体依据 backup 自有的备份方案进行实现，因为该服务具有容灾功能，但因此往往需要较大的空间。

4.2.3.2 文件系统封装

文件系统封装：文件系统存储是一个远端的、可以被挂载的文件系统。是共享的系统，通过挂载到虚拟机实例上，可以供多个租户使用，并且支持多种后端存储协议，包括 NFS、CIFS、GlusterFS、HDFS 等。用户操作包括：

- 创建指定容量大小的文件和文件系统协议；
- 创建文件可以分布在一个或多个服务器上；
- 指定访问规则和安全协议；
- 支持快照；
- 通过快照恢复一个文件系统。

文件系统通常是指采用 NFS 或 CIFS 命令集访问数据，以文件为传输协议，通过 TCP/IP 实现网络化存储，可扩展性好、价格便宜、用户易管理。

4.2.3.3 对象存储封装

对象存储封装：对象存储通过支持多租户，成本低，适合具有高扩展性和大量非结构化数据的存储需求。Swift 对象存储包括以下进程。

- 代理服务：接收对象存储的 API 和 HTTP 请求，修改元数据、创建容器；在 Web 图形界面上提供文件或者容器列表，使用 memcache 提供缓存功能，提高性能。
- 账户服务：管理对象存储内的用户。
- 容器服务：管理对象存储内的容器和文件夹之间的映射。
- 对象服务：管理真正的对象数据，如文件等。
- 周期管理服务：执行日常事务。其中复制服务能够保证数据连续性和有效性，还包括审核服务、更新服务和删除服务。
- 认证管理：处理认证相关问题，与 Keystone 身份认证服务通信。
- 块存储客户端：允许各种具有权限的用户在该客户端上提交命令执行操作。
- 块存储初始化：初始化 Ring 文件的脚本，需要守护进程名字作参数，并提供操作命令。
- 块监听服务：CLI 工具，用于检索集群各种性能指标和状态信息。
- Ring 重建服务：创建和重平衡 Ring 工具。

Swift 主要由 Proxy Server（代理服务）、Storage Server（存储服务）、Consistency Server（一致性服务）3 个部分组成，其中 Storage 和 Consistency 服务允许同时存在于 Storage 节点上。Swift 总体功能架构如图 4-14 所示。

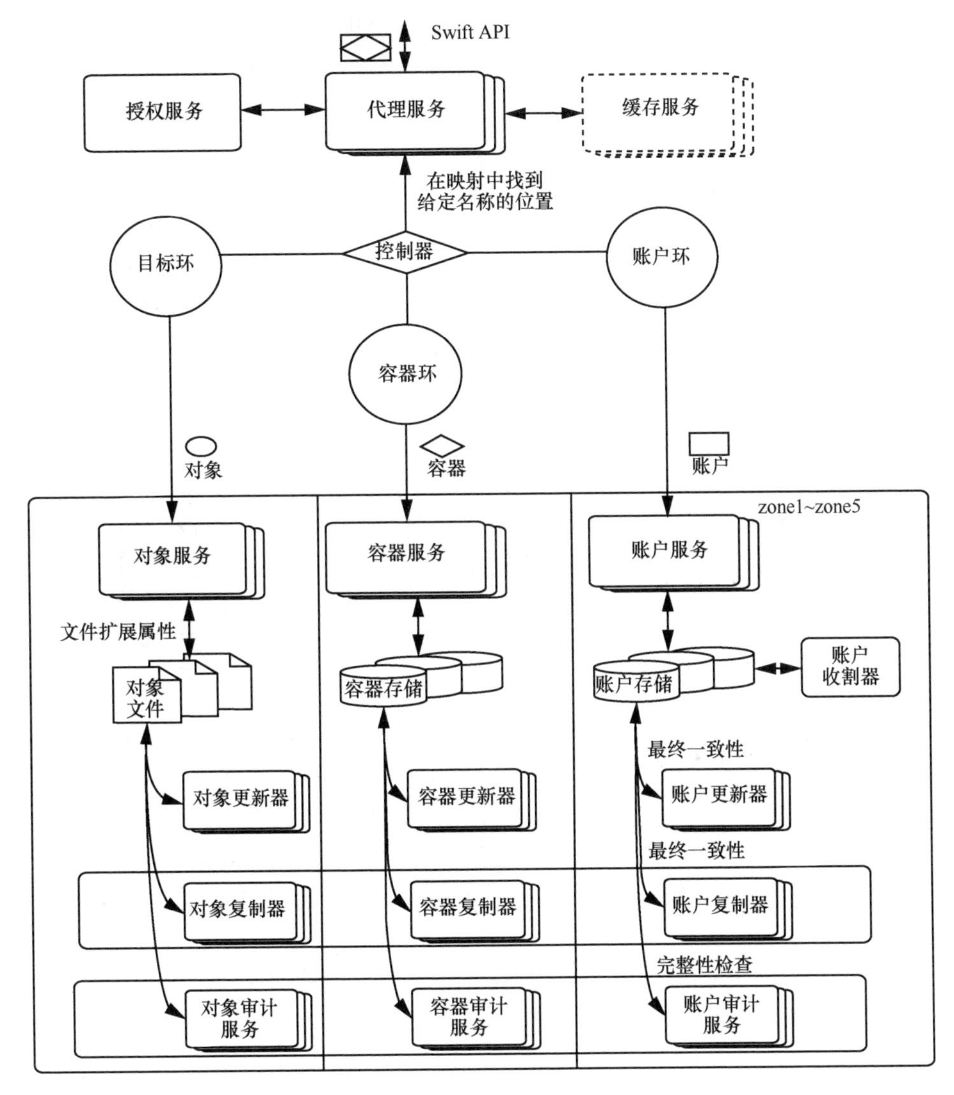

图 4-14 Swift 总体功能架构

存储服务（Storage Service）提供了磁盘设备上的存储服务，具体包括 Account、Container 和 Object，其中 Container 服务器负责处理 Object 的列表，但 Container 服务器并不知道对象存在的位置，只知道指定 Container 里存的那些 Object。这些 Object 信息以 Sqlite 数据库文件的形式存储。Container 服务器也做一些服务跟踪，例如 Object 的总数、Container 的使用情况。

代理服务（Proxy Service）是提供 Swift API 的服务器进程，负责 Swift 其余组件间的相互通信。对于每个客户端的请求，它将在 Ring 中查询 Account、Container

或 Object 的位置，并且相应地转发请求。Proxy 提供了 RESTful API，符合标准的 HTTP 协议规范，这使得开发者可以快捷构建定制的 Client 与 Swift 交互。

一致性服务（Consistency Service）在磁盘上存储数据并向外提供 RESTful API，同时通过查找并解决由数据损坏和硬件故障引起的错误，支撑 Swift 的故障处理。其具体存在 Auditor、Updater 和 Replicator 3 个服务。Auditor 运行在每个 Swift 服务器的后台持续地扫描磁盘来检测对象、Container 和账号的完整性；如果发现数据损坏，Auditor 就会将该文件移动到隔离区域，然后由 Replicator 负责用一个完好的副本来替代该数据；当系统高负荷或者发生故障的情况下，Container 或账号中的数据不会被立即更新，如果更新失败，该次更新在本地文件系统上会被加入队列，然后 Updater 会继续处理这些失败了的更新工作，其中由 Account Updater 和 Container Updater 分别负责 Account 和 Object 列表的更新；Replicator 的功能是处理数据的存放位置是否正确并且保持数据的合理副本数，它的设计目的是 Swift 服务器在面临如网络中断或者驱动器故障等临时性故障情况时可以保持系统的一致性。

映射服务（Ring）是 Swift 最重要的组件，用于记录存储对象与物理位置间的映射关系。在涉及查询 Account、Container、Object 信息时，就需要查询集群的 Ring 信息。Ring 使用 Zone、Device、Partition 和 Replica 来维护这些映射信息。Ring 中每个 Partition 在集群中都（默认）有 3 个 Replica。每个 Partition 的位置由 Ring 来维护，并存储在映射中。Ring 文件在系统初始化时创建，之后每次增减存储节点时，需要重新平衡一下 Ring 文件中的项目，以保证增减节点时，系统因此而发生迁移的文件数量最少。

审计服务（Auditor）：检查对象，容器和账户的完整性，如果发现比特级的错误，文件将被隔离，并复制其他的副本以覆盖本地损坏的副本；其他类型的错误会被记录到日志中。

账户清理服务（Account Reaper）：移除被标记为删除的账户，删除其所包含的所有容器和对象。

4.3 网络资源

4.3.1 网络类硬件设备

云操作系统在驱动数据中心网络时有软件设计方案和硬件设计方案。软件设计方案主要采用传统的交换机设备进行组网，通过云操的网络控制组件实现网络的二层到七层的网络功能。硬件设计方案主要采用支持 SDN 功能的交换机、SDN 控制器、负载均衡和安全设备与云操作系统网络控制组件通过 API 对接的方式实现网络的二层到七层的功能。云操作系统网络架构如图 4-15 所示。

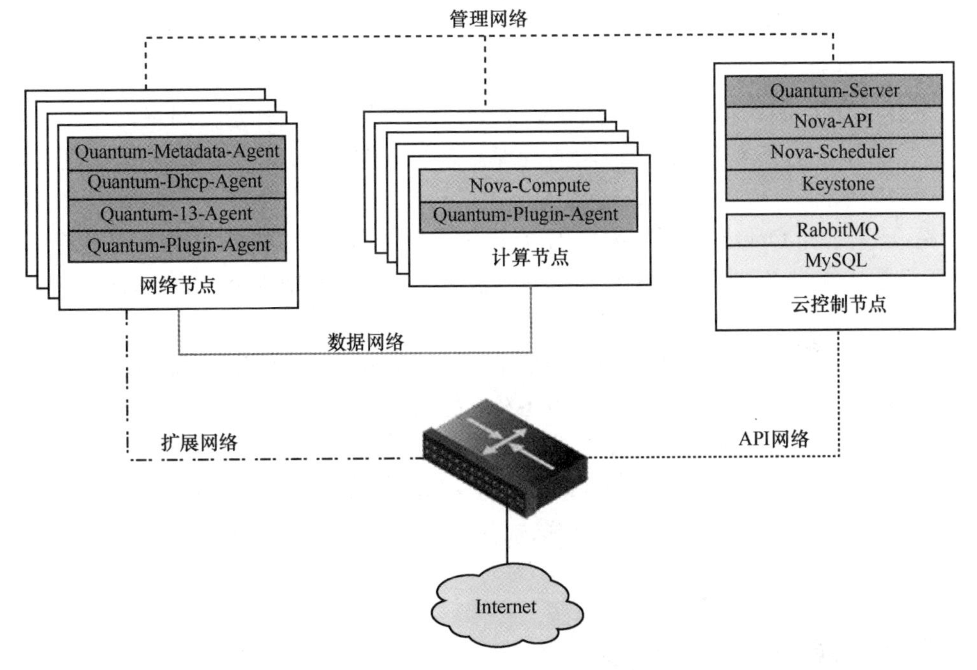

图 4-15　云操作系统网络架构

1. 软件设计方案（组网方式）

云操作系统通过网络控制组件实现整套虚拟机的网络设备，并配合传统的网络设备实现整套网络功能，具体网络控制组件主要是 Linux 中的 TAP（二层网络设备）、TUN（三层网络设备）、Bridge（网桥）等虚拟网络设备，涉及的硬件主要有二层、三层交换机及传统路由器。

二层交换机：主要作为接入层交换机，实现与服务器网卡之间的连接。工作于数据链路层，识别数据分组中的 MAC 地址信息，根据 MAC 地址进行转发，并将这些 MAC 地址与对应的端口记录在自己内部的一个地址表，在组网应用中一般需要启动 LACP（Link Aggregation Control Protocol）。

三层交换机：作为汇聚层或核心层的交换机，与接入层交换机的上联口进行连接，同时其与数据中心的出口路由器或者安全设备进行连接。三层交换技术是二层交换技术+三层转发技术，其最重要目的是加快大型局域网内部的数据交换，所具有的路由功能也是为该目的服务的，做到一次路由、多次转发。对于数据分组转发等规律性的过程由硬件高速实现，而路由信息更新、路由表维护、路由计算、路由确定等功能由软件实现。

路由器：其下联与核心交换机或安全设备，其作为数据中心出口与专线或运营商网络进行互联。其工作于网络层，通过路由功能实现不同网络互相通信，用于连接多个逻辑上分开的网络，实现多网络的互联环境及分组转发、优先级、加密、压缩、流量控制等功能。

2. 硬件设计方案（网络架构）

SDN 交换机：通过 SDN 或 NFV 技术，实现大规模软件定义网络，通过将网络的控制和转发分离，由集中控制的管理器来统一控制管理，屏蔽底层网络设备差异。SDN 控制器软件定义网络（SDN）中的应用程序，负责流量控制以确保智能网络，是基于如 OpenFlow 等协议的，允许服务器告诉交换机向哪里发送数据分组。

负载均衡设备：遵循云操作系统网络控制组件中 LBBAS 控件的 API 以支持封装与调用。

网络安全设备：包括 IP 协议密码机、安全路由器、线路密码机、防火墙等，广义的信息安全设备除了包括上述设备外，还包括密码芯片、加密卡、身份识别卡、电话密码机、传真密码机、异步数据密码机、安全服务器、安全加密套件、金融加密机/卡、安全中间件、公开密钥基础设施（PKI）系统、授权证书（CA）系统、安全操作系统、防病毒软件、网络/系统扫描系统、入侵检测系统、网络安全预警与审计系统等。

4.3.2 网络资源的抽象

4.3.2.1 软件抽象方式

云计算中网络设备硬件 SDN 交换机可以用软件形式实现，如 OVS，也可以通过 Linux 内核实现，主要是 TAP、TUN、网桥、路由器等。

SDN 在应用中大体上可以划分为三层体系结构：应用层（Application Layer）、控制层（Control Layer）、基础设施层（Infrastructure Layer）。不同层次之间通过接口通信：北向接口（Northbound Interface）、南向接口（Southbound Interface）。其核心实现原理控制与转发平面分离、网络状态集中控制、支持软件编程等理念，也即软件形式实现的本质。

控制与转发分离：转发平面由受控转发的设备组成，转发方式以及业务逻辑由运行在分离出去的控制面上的控制应用所控制；控制平面与转发平面之间的开放接口：SDN 为控制平面提供开放可编程接口，通过这种方式，控制应用只需要关注自身逻辑，而不需要关注底层更多的实现细节；网络状态集中控制：逻辑上集中的控制平面可以控制多个转发面设备，也就是控制整个物理网络，因而可以获得全局的网络状态视图，并根据该全局网络状态视图实现对网络的优化控制。

4.3.2.2　硬件抽象方式

云计算硬件设备负载均衡从 DNS、数据链路层、IP 层、HTTP 层 4 个层面进行实现。

DNS 域名解析负载均衡：每次域名解析请求都会根据负载均衡算法计算一个不同的 IP 地址返回，这样记录中配置的多个服务器就构成一个集群，并可以实现负载均衡。DNS 域名解析负载均衡的优点是将负载均衡工作交给 DNS，省略掉了网络管理的麻烦，缺点就是 DNS 可能缓存的记录，不受网站控制。

数据链路层负载均衡：数据链路层负载均衡是指在通信协议的数据链路层修改 MAC 地址进行负载均衡。这种数据传输方式又称作三角传输模式，负载均衡数据分发过程中不修改 IP 地址，只修改目的 MAC 地址，通过配置真实物理服务器集群所有机器虚拟 IP 地址和负载均衡服务器 IP 地址一样，从而达到负载均衡，这种负载均衡方式又称为直接路由方式（DR）。

IP 负载均衡：即在网络层通过修改请求目标地址进行负载均衡。用户请求数据分组到达负载均衡服务器后，负载均衡服务器在操作系统内核进行获取网络数据分组，根据负载均衡算法计算得到一台真实的 Web 服务器地址，然后将数据分组的 IP 地址修改为真实的 Web 服务器地址，不需要通过用户进程处理。真实的 Web 服务器处理完毕后，相应数据分组回到负载均衡服务器，负载均衡服务器再将数据分组源地址修改为自身的 IP 地址发送给用户浏览器。

HTTP 重定向负载均衡：HTTP 重定向服务器是一台普通的应用服务器，其唯一的功能就是根据用户的 HTTP 请求计算一台真实的服务器地址，并将真实的服务器地址写入 HTTP 重定向响应中（响应状态码 302）返回给浏览器，然后浏览器再自动请求真实的服务器。这种负载均衡方案的优点是比较简单，缺点是浏览器需要每次请求两次服务器才能完成一次访问，性能较差；使用 HTTP 302 响应码重定向，可能是搜索引擎判断为 SEO 作弊，降低搜索排名。重定向服务器自身的处理能力有可能成为瓶颈。

4.3.3　网络资源的封装

4.3.3.1　软件资源封装

1. Open vSwitch

Open vSwitch（下面简称 OVS）是一个高质量的、多层虚拟交换机。OVS 遵循开源 Apache2.0 许可，通过可编程扩展，OVS 可以实现大规模网络的自动化配置、管理和维护，OVS 同时提供对 OpenFlow 协议的支持，可使用任何支持 OpenFlow 协议的控制器对 OVS 进行远程管理控制，同时支持现有标准管理接口和协议，比如 NetFlow、sFlow、SPAN（本地端口镜像）、RSPAN（远程端口镜像）、CLI、LACP、IEEE802.1ag 等。此外 OVS 支持多种 Linux 虚拟化技术，包括 Xen/XenServer、KVM 和 VirtualBox 等，在虚拟化平台上，OVS 可以为动态变化的端点提供二层交换功能，很好地控制虚拟网络中的访问策略、网络隔离、流量监控等。Open vSwitch 系统架构如图 4-16 所示。

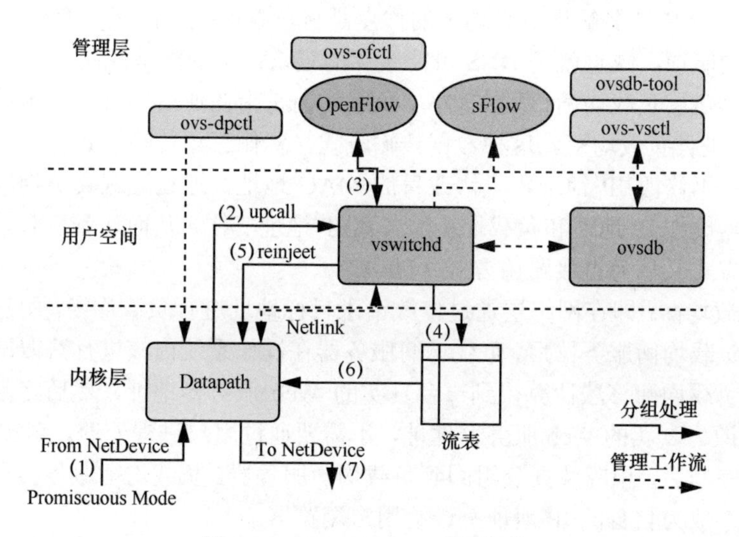

图 4-16　Open vSwitch 系统架构

（1）Open vSwitch 的组成

• OVS 内核空间（包含 Datapath 等）

Datapath：主要负责实际的数据分组处理，把从接收端口收到的数据分组在流表中进行匹配，并执行匹配到的动作。它同时与 vswitchd 和流表保持关联，使 OVS 上层可以对数据分组处理进行控制。

流表：流表中存储着分组处理的依据即流表项，每个 Datapath 都和一个流表关联，当 Datapath 接收到数据之后，OVS 会在流表中查找可以匹配的 flow 流表项，执行对应的操作，如转发数据到另外的端口。同时与 vswitchd 进程上下关联，是 OVS 上层对底层分组处理过程进行管理的接口。

• OVS 用户空间（vswitchd 和 ovsdb）

vswitchd：守护程序，实现交换功能，和 Linux 内核模块一起，实现基于流的交换，负责检索和更新数据库信息，并根据数据库中的配置信息维护和管理 OVS。vswitchd 可以配置一系列特性：基于 MAC 地址学习的二层交换、支持 IEEE802.1Q VLAN、端口镜像、sFlow 监测、连接 OpenFlow 控制器等。vswitchd 也可以通过

Netlink 协议与内核模块 Datapath 直接通信。

ovsdb-server：轻量级的数据库服务，主要保存了整个 OVS 的配置信息和数据流信息，ovsdb-server 直接管理 ovsdb，与 ovsdb 通信进行数据库的增/删/改/查操作。vswitchd 可以通过 socket 与 ovsdb-server 进行通信，用于查询和更新数据库信息，或者在检索数据库信息后做出首个数据分组的转发策略。

• OVS 管理工具

ovs-dpctl：管理 OVS Datapath 的实用工具，用来配置交换机内核模块，控制数据分组的转发规则。可以创建、修改和删除 Datapath。

ovs-vsctl：查询和配置 OVS 数据库的实用工具，用于查询或修改 vswitchd 的配置信息，该工具会直接更新 ovsdb 数据库。

ovs-appctl：主要是向 OVS 守护进程发送命令的工具，一般用不上。

ovs-ofctl：用来控制 OVS 作为 OpenFlow 交换机工作时的各种参数，它是 OVS 提供的命令行工具。在没有配置 OpenFlow 控制器的模式下，用户可以使用 ovs-ofctl 命令通过 OpenFlow 协议去连接 OVS，创建、修改或删除 OVS 中的流表项，并对 OVS 的运行状况进行动态监控。

ovs-pki：OpenFlow 交换机创建和管理公钥框架。

ovs-tcpundump：tcpdump 的补丁，解析 OpenFlow 的消息。

（2）Open vSwitch 的功能

- 网络隔离：Open vSwitch 通过在主机上虚拟出一个软件交换机，等于在物理交换机上级联了一台新的交换机，所有 VM 通过级联交换机接入，让管理员能够像配置物理交换机一样把同一台主机上的众多 VM 分配到不同 VLAN 中。
- QoS 配置：在共享同一个物理网卡的众多 VM 中，为每台 VM 配置不同的速度和带宽，以保证核心业务 VM 的网络性能。通过在 Open vSwitch 端口上，给各个 VM 配置 QoS，可以实现物理交换机的 traffic queuing 和 traffic shaping 功能。
- 流量监控：通过 xxFlow 技术对数据分组采样，记录关键域，发往 Analyzer 处理，进而实现包括网络监控、应用软件监控、用户监控、网络规划、安全分析、会计和结算以及网络流量数据库分析和挖掘在内的各项操作。NetFlow 流量统计可以采集的数据非常丰富，包括数据流时戳、源 IP 地址和目的 IP 地址、源端口号和目的端口号、输入接口号和输出接口号、下一跳 IP 地址、信息流中的总字节数、信息流中的数据分组数量、信息流中的第一个和最后一个数据分组时戳、源 AS 和目的 AS 及前置掩码序号等。
- 数据分组分析：Open vSwitch 支持 SPAN、RSPAN 和 GRE-tunneled mirrors 等功能，当对某一端口的数据分组感兴趣时，可以配置各种 span，把该端口的数据分组复制转发到指定端口，通过抓取分组工具进行分析。

（3）数据分组处理流程

OVS 的主要功能是数据分组的处理，它对数据分组的处理分以下两个步骤：第一步是由内核空间的 Datapath 尝试直接对数据分组进行转发操作；第二步是由用户空间和内核空间协同工作对数据分组进行处理。数据分组处理流程如图 4-17 所示。

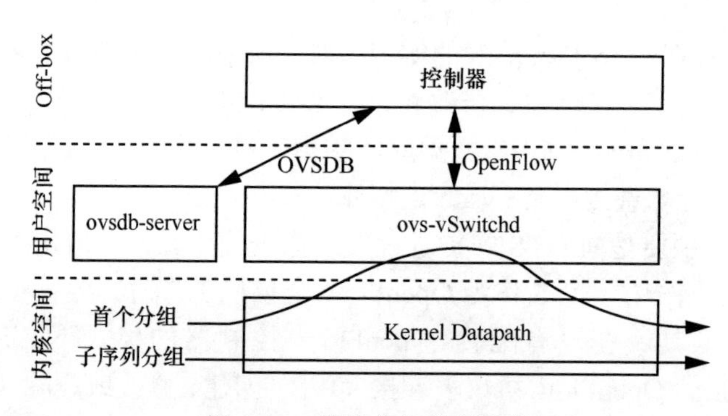

图 4-17　数据分组处理流程

OVS 对数据分组处理的第一步：当数据分组到达内核时，内核模块提取数据分组的关键信息查找流表存储的流表项，若存在匹配的流表项则执行对应的流表项中的动作。如果流表中查找不到对应的流表项，OVS 就无法在第一步中完成转发的处理，OVS 将执行第二步操作，第二步的步骤是：当数据分组到达 Datapath 时，流表中查找不到对应的流表项，则将数据分组从内核空间发送到用户空间进行处理。vswitchd 进程检索 ovsdb 获取数据分组处理的相关 flow 信息，制定转发策略并通知给内核模块，同时 vswitchd 会设置流表项用于后续数据分组的规则处理。当第一个数据分组转发成功后内核模块会更新流表项，这样后续相同的数据分组会按照相同的处理规则进行转发，避免再次发送到用户空间处理提高转发性能。

2. Linux 网桥

网桥是一个虚拟网络设备，具有网络设备的特性，可以配置 IP 地址、MAC 地址等；且网桥也是一个虚拟交换机，和物理交换机设备功能类似。网桥是一种在链路层实现中继，对帧进行转发的技术，根据 MAC 分区块，可隔离碰撞，将网络的多个网段在数据链路层连接起来的网络设备。

对于普通的物理设备来说，只有两端从一段进来的数据会从另一端出去，比如物理网卡从外面网络中收到的数据会转发到内核协议栈中，而从协议栈过来的数据会转发到外面的物理网络中。而网桥不同，网桥有多个端口，数据可以从任何端口进来，进来之后从哪个口出去原理与物理交换机类似，取决于 MAC 地址。

网桥是用于连接两个不同网段的常见手段，不同网络段通过网桥连接后就如同在一个网段一样，工作原理很简单，就是 L2 数据链路层进行数据分组的转发。网桥数据架构如图 4-18 所示。

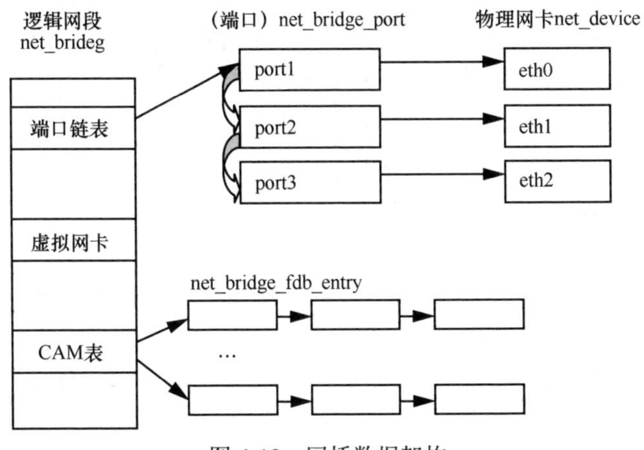

图 4-18　网桥数据架构

网桥最主要的数据结构有 3 个：struct net_bridge、struct net_bridge_port、structnet_bridge_fdb_entry，它们之间的关系如图 4-19 所示。

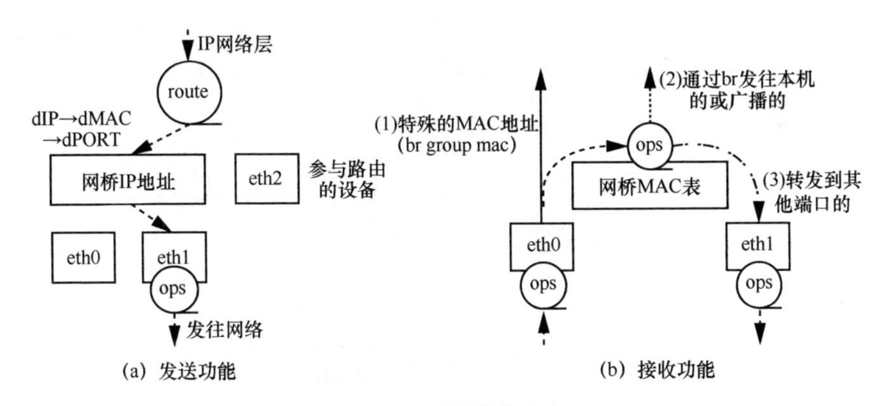

图 4-19　网桥数据流向

网桥和路由比较相似，都可以用来分发网络数据分组。它们的本质不同在于路由在 L3 网络层，使用路由协议；网桥在 L2 数据链路层，通过学习和缓存在链路上传输的数据分组中的源地址以及物理层的输入端口。

（1）收到新数据分组时，记录源 MAC 地址和输入端口；

（2）根据数据分组中的目的 MAC 地址查找本地缓存，如果能找到对应的 MAC 地址记录；

（3）若发现记录不在本地网络，直接丢弃数据分组；

（4）若发现记录存在对应的端口，则将数据分组直接从该端口转发出去；

（5）如果本地缓存中不存在任何记录，则在本网段中进行广播。

Linux 网桥功能如下。

（1）MAC 学习：每发送一个数据，它都会关心数据分组的来源 MAC 地址，通过学习建立地址—端口的对照表即 CAM 表。

（2）报文转发：每发送一个数据分组，网桥都会提取其目的 MAC 地址，从自己的地址—端口对照表（CAM 表）中查找由哪个端口把数据分组发送出去。

4.3.3.2 硬件资源封装

服务器负载均衡根据 LB 设备处理到的报文层次，分为四层服务器负载均衡和七层负载均衡，四层处理到 IP 分组的 IP 头，不解析报文四层以上载荷（L4 SLB）；七层处理到报文载荷部分，比如 HTTP、RTSP、SIP 报文头，有时也包括报文内容部分（L7 SLB）。

1. 四层服务器负载均衡技术

客户端将请求发送给服务器群前端的负载均衡设备，负载均衡设备上的虚拟服务器接收客户端请求，通过调度算法，选择真实服务器，再通过网络地址转换，用真实服务器地址重写请求报文的目标地址后，将请求发送给选定的真实服务器；真实服务器的响应报文通过负载均衡设备时，报文的源地址被还原为虚拟服务的 VSIP，再返回给客户，完成整个负载调度过程。报文交互流程如图 4-20 所示。

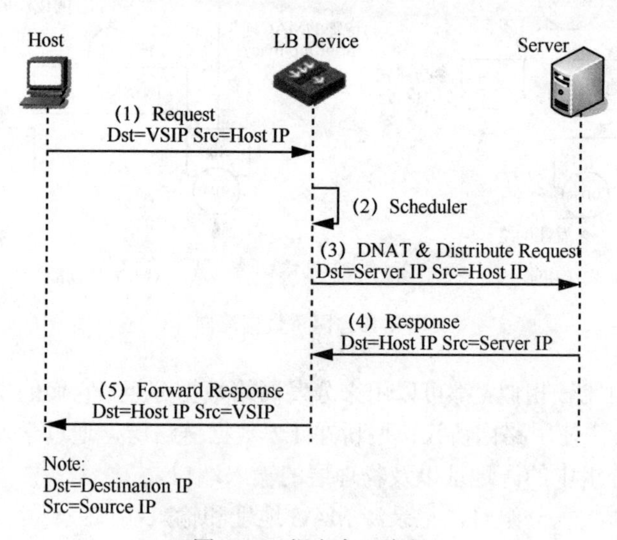

图 4-20　报文交互流程

NAT 方式的服务器负载均衡报文交互流程说明：

（1）Host 发送服务请求报文，源 IP 地址为 Host IP、目的 IP 地址为 VSIP；

（2）LB Device 接收到请求报文后，借助调度算法计算出应该将请求分发给哪台 Server；

（3）LB Device 使用 DNAT 技术分发报文，源 IP 地址为 Host IP、目的 IP 地址为 Server IP；

（4）Server 接收并处理请求报文，返回响应报文，源 IP 地址为 Server IP、目的 IP 地址为 Host IP；

（5）LB Device 接收响应报文，转换源 IP 地址后转发，源 IP 地址为 VSIP、目的 IP 地址为 Host IP。

2. 七层服务器负载均衡技术

七层负载均衡和四层负载均衡相比，只是进行负载均衡的依据不同，而选择确定的实服务器后，所做的处理基本相同，下面以 HTTP 应用的负载均衡为例来说明。

由于在 TCP 握手阶段，无法获得 HTTP 真正的请求内容，因此也就无法将客户的 TCP 握手报文直接转发给服务器，必须由负载均衡设备先和客户完成 TCP 握手，等收到足够的七层内容后，再选择服务器，由负载均衡设备和所选服务器建立 TCP 连接。

七层负载均衡组网和四层负载均衡组网有一个显著的区别：四层负载均衡每个虚服务对应一个实服务组，实服务组内的所有实服务器提供相同的服务；七层负载均衡每个虚拟服务对应多个实服务组，每组实服务器提供相同的服务。根据报文内容选择对应的实服务组，然后根据实服务组调度算法选择某一个实服务器。

七层负载均衡报文交互流程如图 4-21 所示，说明如下：

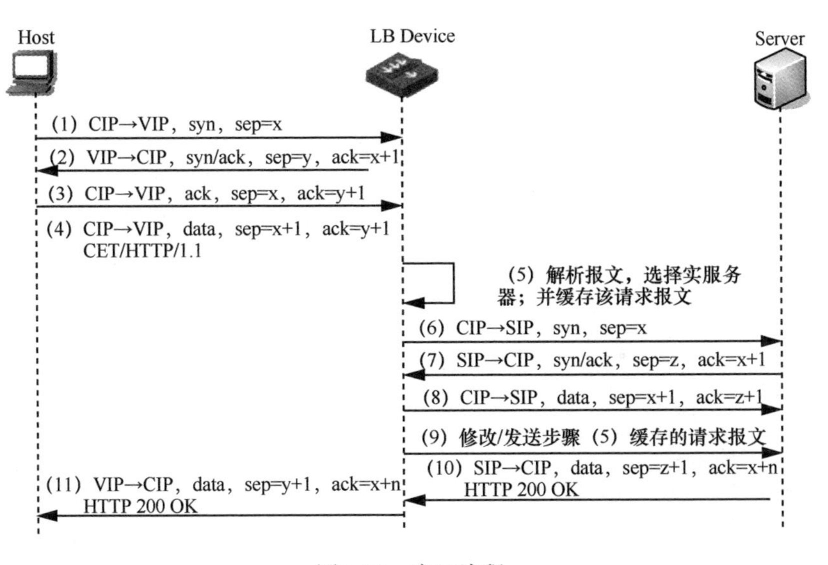

图 4-21　交互流程

（1）~（3）Client 和 LB Device 建立 TCP 连接；

（4）Client 发送 HTTP 请求，目的 IP 地址为虚拟 IP 地址；

（5）LB Device 设备分析报文，根据调度算法选择实服务器，注意此时会缓存该报文；

（6）LB Device 设备向实服务器发 Syn 报文，序列号为 Client 的 Syn 报文序列号；

（7）Server 发送 Syn/Ack 报文，目的 IP 地址为 Client；

（8）LB Device 接收 Server 的 Syn/Ack 报文后，回应 Ack 报文；

（9）修改步骤（5）中缓存的报文目的 IP 地址和 TCP 序列号，然后发给 Server；

（10）Server 发送响应报文到 LB Device；

（11）LB Device 修改步骤（9）中的报文的源地址和 TCP 序列号后转发给 Client。

第 5 章 资源调度

封装好的计算、存储、网络资源本身没有租户或用户的概念，而调度就是为资源在封装的基础上引入共享和用户的概念。资源封装过程中抽象出来的各类接口事实上是调度可以做的各类动作。

5.1 计算资源的调度

云操作系统中的云主机（Instance）生命周期的所有活动都由其核心资源调度服务来处理，其计算资源的获得通过核心资源调度服务进行调度。

以 OpenStack 为例，其核心资源调度 Nova-Scheduler 作为守护进程运行，把 Nova-API 调用映射为 OpenStack 组件，通过恰当的调度算法从可用资源池获得一个计算服务，实现了一个插入式的结构。调度算法对负载、内存、可用域的物理距离、CPU 构架等均有考虑。调度算法见表 5-1。

表 5-1 调度算法

序号	名称	作用	备注
1	随机算法	计算主机在所有可用域内随机选择	目前 Nova 默认的调度算法
2	可用域算法	跟随机算法相仿，但是计算主机在指定的可用域内随机选择	
3	简单算法	选择负载最小的主机运行实例，负载信息可通过负载均衡器获得	负载最小：运行实例最少、容量最小、网络负载最小

调度算法原理本质上就是“过滤”和“称重”的过程，通过 Filter Scheduler 即 Nova-Scheduler 默认的调度器进行的实现。调度过程分为两步：首先，通过过滤器（Filter）选择满足条件的计算节点（运行 Nova-Compute），其次，通过权重计算（Weighting）选择在最优（权重值最大）的计算节点上创建 Instance。

具体的调度过程如图 5-1 所示。最开始有 6 个计算节点 Host 1～Host 6；通过多个过滤器层过滤，Host 2 和 Host 4 没有通过，被刷掉了；Host 1、Host 3、Host 5、Host 6 计算权重，结果 Host 5 得分最高，最终入选。

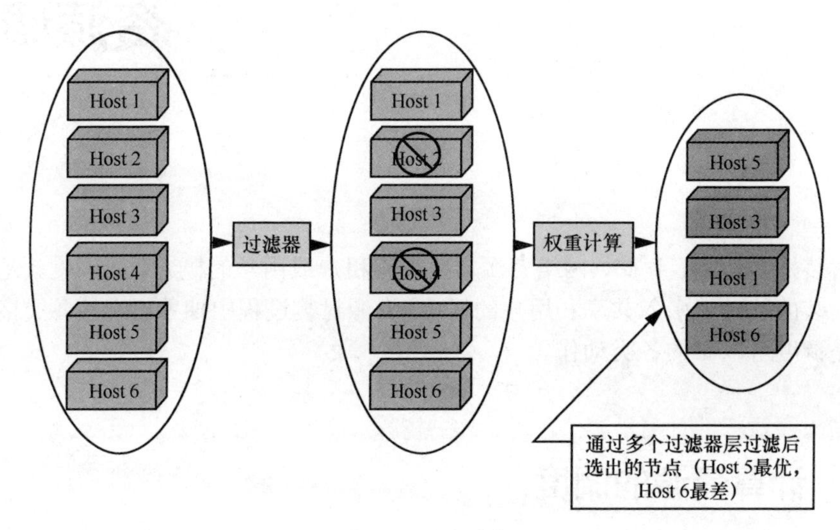

图 5-1　调度过程

Scheduler 可以使用多个过滤器依次进行过滤，过滤之后的节点再通过计算权重选出最适合的节点。过滤器见表 5-2。

表 5-2　过滤器

序号	名称	作用	备注
1	RetryFilter	刷掉之前已经调度过的节点	通常作为第一个过滤器
2	AvailabilityZoneFilter	为提高容灾性和提供隔离服务，可以将计算节点划分到不同的 Availability Zone 中	创建 Instance 时，需要指定将 Instance 部署到哪个 Availability Zone
3	RamFilter	将不能满足 Flavor 内存需求的计算节点过滤掉	为了提高系统的资源使用率，在计算节点分配内存时允许超过实际可用值
4	DiskFilter	将不能满足 Flavor 磁盘需求的计算节点过滤掉	为了提高系统的资源使用率，在计算节点分配硬盘时，可允许超过实际可用值

（续表）

序号	名称	作用	备注
5	CoreFilter	将不能满足 Flavor vCPU 需求的计算节点过滤掉	为了提高系统的资源使用率，在计算节点分配 vCPU，可允许超过实际可用值
6	ComputeFilter	保证只有 Nova-Compute 服务正常工作的计算节点才能够被调度	
7	ComputeCapabilitiesFilter	根据计算节点的特性筛选	
8	ImagePropertiesFilter	根据所选 Image 的属性筛选匹配的计算节点	
9	ServerGroupAntiAffinityFilter	尽量将 Instance 分散部署到不同的节点上	
10	ServerGroupAffinityFilter	会尽量将 Instance 部署到同一个计算节点上	

经过过滤器的过滤，Nova-Scheduler 选出了能够部署 Instance 的计算节点。在存在多个节点符合过滤器的要求时，需要比较其对各计算节点的分值，得分最高的获胜。打分的过程就是计算权重值，目前 Nova-Scheduler 的默认实现是根据计算节点空闲的内存量计算权重值，空闲内存越多，权重越大，Instance 将被部署到当前空闲内存最多的计算节点上。

5.2　存储资源的调度

云操作系统的存储资源，最初由 Nova-Volume 等负责，经过一段时间的版本迭代，相应的存储服务独立出来，形成单独的模块，本节重点讲述其调度过程，并且与前文一致，从块、文件、对象 3 部分分别举例进行阐述。

5.2.1　块存储

1. Folsom 版 Cinder-Scheduler

目前仅实现简单算法，首先获取到 Cinder-Volume 服务节点列表，其次计算列表中每个节点已创建卷的总大小，并根据总大小对列表从小到大进行排序，最后考察第一个是否满足磁盘配额限制，并考察其服务是否正常，满足则将在该 Host 上建卷。

2. Grizzly 版 Cinder-Scheduler

调度策略与计算资源基本一致，算法基于“过滤”和“称重”，调度过程同上。

用到的过滤器略有不同，具体见表 5-3。

表 5-3 过滤器

序号	名称	作用	备注
1	RetryFilter	刷掉之前已经调度过的节点	通常作为第一个 Filter
2	AvailabilityZoneFilter	为提高容灾性和提供隔离服务，可以将计算节点划分到不同的 Availability Zone 中	创建 Instance 时，需要指定将 Instance 部署到哪个 Availability Zone
3	JsonFilter	允许应用写出比较复杂的查询 Host 表达式，以 JSON 形式	
4	CapabilitiesFilter	在 Multi-Backend 中选择某种存储类型系统	
5	CapacityFiter	容量过滤，只选择那些 Free-Size 大于所要创建的卷的大小的 Host	

存储资源在过滤器选择完后，根据权重确定最终的节点。在挑选出最优的 Host 后，将创建卷消息发给 Host，由该 Host 的 Cinder-Volume 服务来处理。权重见表 5-4。

表 5-4 权重

序号	名称	作用	备注
1	Reserved_percettage	每个存储节点可以设置的空闲存储容量的底限	
2	Free_capacity_gb	每个存储节点周期性上报该数据给所有的 Scheduler	
3	Capacity_weigth_multiplier	容量权重因子，即空闲空间大小在计算最终得分中所占的比重	

存储资源与计算资源相比，调度环节有重试机制。即如果在 Cinder-Volume 处理过程中由于某些条件不满足，导致失败，则该 Cinder-Volume 服务将重新调用 Scheduler 模块选择次优的 Host，最大重试次数默认为 3 次，可配置。

5.2.2 文件存储

文件系统中常用的系统封装技术其中一种是 Hadoop，其资源调度架构 YARN。YARN 总共提供了 3 种调度策略：Capacity Scheduler、FIFO Scheduler、Fair Scheduler，具体见表 5-5。

表 5-5　调度策略

序号	名称	策略	备注
1	FIFO Scheduler	即所有的应用程序将按照提交顺序来执行，这些应用程序都放在一个队列里，只有在执行完了一个之后，再执行下一个	耗时长的任务会导致后提交的一直处于等待状态，资源利用率不高；如果集群多人共享，显然不太合理
2	Capacity Scheduler	（1）多个用户可以共享集群资源，然后集群资源按照队列为单位进行划分的调度器；（2）可控制每一个队列资源最低保障和最高使用限制；（3）每一个队列内部也是按照先进先出的原则调度资源	每一个队列有严格的访问控制，只有那些被允许的用户才可以查看该队列应用程序的状态
3	Fair Scheduler	Capacity Scheduler 的策略全部具备，另外提供一个基于任务数目负载均衡机制，该机制尽可能将系统的任务均匀分配到各个节点上	资源共享时采用的是先等待再抢占

5.2.3　对象存储

对象存储 Swift 是常用的资源抽象封装策略，资源的调度采用一致性 Hash 算法加虚实映射的节点策略，并引入权重，保证数据的迁移量与存储均衡性。Hash 算法应用见表 5-6。

表 5-6　Hash 算法应用

序号	应用	策略	备注
1	简单	（1）找 10 个存储节点，按照编号排列好；（2）对存储的文件名对 10 取余，得出的结果就是要存储的节点，然后在节点上按照目录进行二次位置设定	当新增一个节点的时候，按照同样的算法，数据必须迁移才能将正确的存储与取回数据。而且会涉及多个节点的数据迁移
2	中级	（1）找 10 个存储节点，按照环形排列，每两个节点之间设定存储文件的范围；（2）对存储的文件、服务器取得 Hash 值，将 Hash 值取模，映射到圆环中，这样按照顺时针选择节点存储即可；（3）新增节点时，只需要以新增服务器为节点，逆时针出发，将遇到的存储数据迁移到新节点上，直到遇到其他存储节点，大大规避了大量数据迁移	各节点存储文件的大小不可控，有可能不是均匀分布
3	高阶	（1）继承环形的 Hash 算法，打造一层虚拟节点；（2）通过虚拟节点映射实体存储节点	数据到虚拟节点的路径很少发生变化，但是虚拟节点到实际节点的映射经常变化，有效地降低了数据迁移量及数据的存储均衡性
4	扩展	（1）一般会对数据存储采用 3 份的方式，防止单点故障的产生，保障系统性能；（2）将存储节点的大小转化为权重，按照权重的方式划分区间	

5.3 网络资源的调度

5.3.1 路由算法

1. **链路状态路由算法**（Link State Routing）

链路状态算法以图论作为理论基础，用图来表示网络拓扑结构，并利用图论中的最短路径算法来计算网络间的最佳路由，因此链路状态算法又被称作最短路径优先算法 SPF。

链路状态选路算法的工作原理如下：在参与链路状态选路的路由器集合中，每个路由器都需要通过某种机制来了解自己所连接的链路及其状态。各路由器都能够将其所连接的链路的状态信息通知给网络中的所有其他路由器，这些链路信息包括链路状态、费用以及链路两端的路由器等。链路状态信息的通过链路状态分组（LSP）来向整个网络发布。一个 LSP 通常包含源路由器的标识符、相邻路由器的标识符。每一个 LSP 都将被网络中的所有的路由器接收，并用于建立网络整体的统一拓扑数据库。由于网络中所有的路由器都发送 LSP，经过一段时间以后，每一个路由器都保持了一张完整的网络拓扑图，在这个拓扑图上，利用最短通路算法（例如 Dijkstra 算法等），路由器就可以计算出从任何源点到任何目的地的最佳通路。

2. **距离向量路由算法**（Distance Vector Routing）

每个路由器维护一个距离矢量（通常是以时延作变量的）表，然后通过相邻路由器之间的距离矢量通告进行距离矢量表的更新。

链路状态路由算法背后的思想非常简单，可以用 5 个基本步骤加以描述。（1）发现邻接点，并知道其网络的地址。（2）测量到各邻接点的时延或开销。（3）构造一个分组，分组中包含所有刚刚收到的信息。（4）将这个分组发送给其他的路由器。（5）计算到每一个其他路由器的最短路径。例如，每个路由器运行 Dijkstra 算法就可以找从它到每一个其他路由器的最短路径。

5.3.2 负载均衡的算法

随机算法：按权重设置随机概率。在一个截面上碰撞的概率高，但调用量越大分布越均匀，而且按概率使用权重后也比较均匀，有利于动态调整提供者权重。

轮询及加权轮询：轮询（Round Robbin）当服务器群中各服务器的处理能力相同时，且每笔业务处理量差异不大时，最适合使用这种算法。轮询，按公约后的权重设置轮询比率。存在慢的提供者累积请求问题，比如：第二台机器很慢，但没挂，当请求调到第二台时就卡在那，久而久之，所有请求都卡在第二台上。加权轮询（Weighted Round Robbin）为轮询中的每台服务器附加一定权重的算法。

最少连接及加权最少连接：最少连接（Least Connection）在多个服务器中，与处理连接数（会话数）最少的服务器进行通信的算法。即使在每台服务器处理能力各不相同、每笔业务处理量也不相同的情况下，也能够在一定程度上降低服务器的负载。加权最少连接（Weighted Least Connection）为最少连接算法中的每台服务器附加权重的算法，该算法事先为每台服务器分配处理连接的数量，并将客户端请求转至连接数最少的服务器上。

Hash 算法：普通 Hash 一致性，相同参数的请求总是发到同一提供者。当某一台提供者发生故障时，原本发往该提供者的请求，基于虚拟节点，平摊到其他提供者，不会引起剧烈变动。

IP 地址散列：通过管理发送方 IP 地址和目的地 IP 地址的散列，将来自同一发送方的分组（或发送至同一目的地的分组）统一转发到相同服务器的算法。当客户端有一系列业务需要处理而必须和一个服务器反复通信时，该算法能够以流（会话）为单位，保证来自相同客户端的通信能够一直在同一服务器中进行处理。

URL 散列：通过管理客户端请求 URL 信息的散列，将发送至相同 URL 的请求转发至同一服务器的算法。

第6章

资源编排

云编排是云环境中部署服务过程的端到端自动化，用于管理云基础架构，分配云资源，涉及资源编排、工作负载编排、服务编排3个方面。其中，资源编排是云计算的核心，包括计算、存储、网络等的横向编排与调度。本章围绕这部分内容重点展开介绍。

6.1 通用化的编排方式

云环境中的资源编排最终目标是向用户提供和分配需要的云资源，比如创建虚拟机、分配存储容量、管理网络资源以及授予云软件访问权。通过使用合适的编排机制，用户可在云主机上部署和开始使用服务。

云操通过Heat、Kubernetes、Mesos等技术，实现IaaS层计算、网络、存储和安全等基础资源的编排及管理，方便PaaS层的构建。本文通过虚拟机及容器两种典型的资源编排应用案例，讲述编排技术。

6.2 虚拟机的编排

在云计算的概念里，IaaS 编排的范围包括：管理 VM 所需要的各个资源要素和操作系统本身及安装完后的配置，能够接入 PaaS 和 SaaS 编排的框架。

云操作系统最初提供了命令行和 Horizon 来管理 IaaS 层资源，用户直接通过 REST API 编写程序，不易于维护和扩展，使用也较为复杂。为解决上述问题，Heat 应运而生。

Heat 是一个基于模板来编排复合云应用的服务。它目前支持亚马逊的 CloudFormation 模板格式，也支持 Heat 自有的 Hot 模板格式。模板的使用简化了复杂基础设施、服务和应用的定义和部署。模板支持丰富的资源类型，不仅覆盖了常用的基础架构，包括计算、网络、存储、镜像，还覆盖了像 Ceilometer 的警报、Sahara 的集群、Trove 的实例等高级资源。

Heat 采用业界流行使用的模板方式来设计或者定义编排，需要用编辑器进行编写。手动修改的方式容易产生错误，随着 DevOps 的流行，大量配置管理工具的产生，Heat 与之进行集成。因配置管理工具，针对大量的中间件和软件部署提供了可以灵活配置和引用的脚本，用户通过简单的配置即可实现部署。

Heat 从 4 个方面来支持编排。一是云操作系统自己提供的基础架构资源，包括计算、网络和存储等资源。通过编排这些资源，用户就可以得到最基本的 VM。二是用户可以通过 Heat 提供的 Software Configuration 和 Software Deployment 等对 VM 进行复杂的配置。三是 Heat 提供了 Auto Scaling 和 Load Balance 对资源自动伸缩、配置管理工具进行编排。四是与 IBMUCDP/UCD 集成。

Heat 架构如图 6-1 所示。

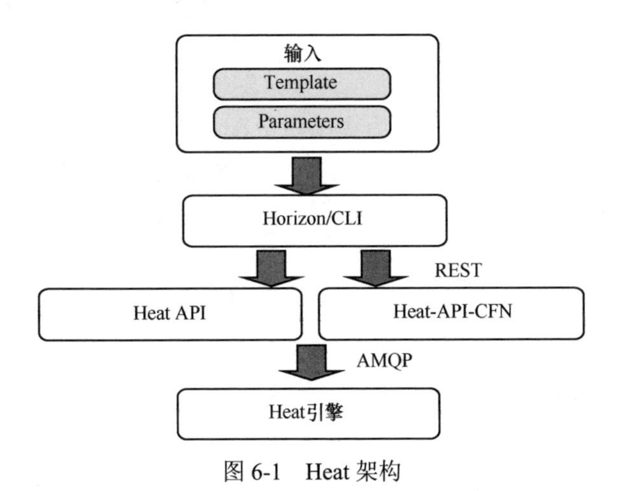

图 6-1 Heat 架构

- Heat-API 组件实现 OpenStack 天然支持的 REST API。该组件通过把 API 请求经由 AMQP 传送给 Heat 引擎来处理 API 请求。
- Heat-API-CFN 组件提供兼容 AWS CloudFormation 的 API，同时也会把 API 请求通过 AMQP 转发给 Heat 引擎。

- Heat 引擎组件提供 Heat 最主要的协作功能。

工作原理：用户在 Horizon 中或者命令行中提交包含模板和参数输入的请求，Horizon 或者命令行工具会把请求转化为 REST 格式的 API 调用，然后调用 Heat-API 或者 Heat-API-CFN。Heat-API 和 Heat-API-CFN 会验证模板的正确性，然后通过 AMQP 异步传递给 Heat 引擎来处理请求。

当 Heat 引擎拿到请求后，会把请求解析为各种类型的资源，每种资源都对应 OpenStack 其他的服务客户端，然后通过发送 REST 的请求给其他服务。通过如此的解析和协作，最终完成请求的处理。

Heat 引擎在这里的作用分为三层：第一层处理 Heat 层面的请求，就是根据模板和输入参数来创建 Stack，这里的 Stack 由各种资源组合而成。第二层解析 Stack 里各种资源的依赖关系，Stack 和嵌套 Stack 的关系。第三层就是根据解析出来的关系，依次调用各种服务客户段来创建各种资源。

Heat 引擎架构如图 6-2 所示。

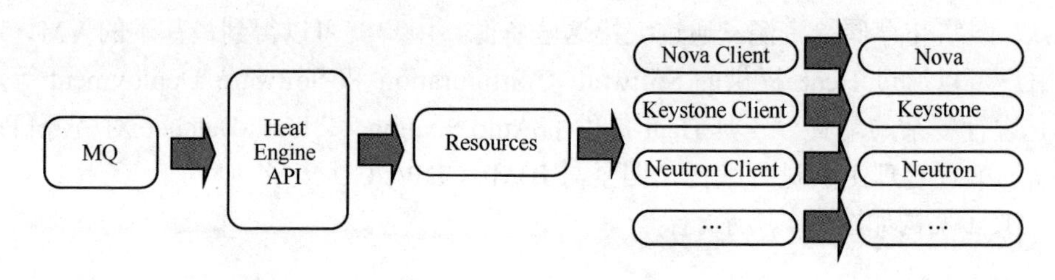

图 6-2　Heat 引擎架构

为提高资源的利用率，Heat 为虚拟机分配完资源后，通过提供自动伸缩组 OS::Heat::AutoScalingGroup 和伸缩策略 OS::Heat::ScalingPolicy，结合基于 Ceilometer 的 OS::Ceilometer::Alarm 实现了可以根据各种条件，比如负载，进行资源自动伸缩的功能。

6.3　容器的编排

PaaS 层的资源主要面向应用，容器的高可靠、可伸缩、启动迅速，是应用在云中部署依赖的重要特性，容器集群的大规模部署通过编排来实现。

目前业界常用的容器编排工具有 Swarm、Kubernetes、Mesos&Marathon。按照技术特性，三者分别适用于不同的应用场景，见表 6-1。

表 6-1　容器编排

序号	工具名称	集群规模	优点	缺点
1	Swarm	中等规模集群	架构简单，使用标准的 Docker API，启动速度快	定制化的接口的调度较为困难，网络通信男，可靠性低
2	Kubernetes	万节点集群，多定制	提供服务发现和复制，正确使用可提供一个可容错和可扩展的系统，管理完善，健康机制完善，可应对复杂的网络环境	需重新设计一些现有的应用程序，配置、搭建复杂，学习成本高，启动速度慢
3	Mesos&Marathon	万节点集群，多定制	Mesos 底层级的调度器，支持多种 Frameworks，稳定性高	不适合小集群

6.3.1　Swarm

Swarm 是 Docker 发布的一套管理工具，用以管理 Docker 集群。Swarm 使用标准的 Docker API 作为其前端访问入口，Docker Client 可以直接与 Swarm 通信。Swarm 与 Docker 并非紧耦合，同时 Swarm 中的调度模块可以定制化，用户可以按照自己的需求，将其替换为更为强大的调度模块。

Swarm 作为 Docker 集群的管理工具，可单独部署于一个节点。具体的 Swarm 架构可以参照图 6-3。

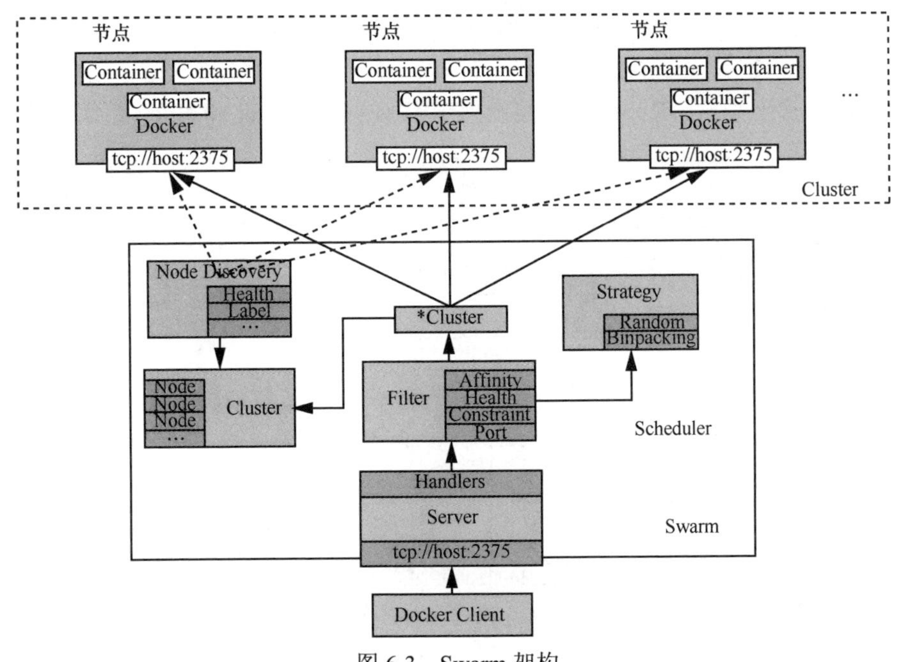

图 6-3　Swarm 架构

Swarm 架构中最主要的是 Swarm 节点，Swarm 管理的对象是 Docker Cluster，Docker Cluster 由多个 Docker Node 组成，而负责给 Swarm 发送请求的是 Docker Client。大体的工作流程：Docker Client 发送请求给 Swarm；Swarm 处理请求并发送至相应的 Docker Node；Docker Node 执行相应的操作并返回响应。

Swarm 工作原理主要包括两个方面：集群创建、集群管理。

- 集群创建：用户通过“Security Group”设置 SSH、HTTP 等的安全规则，然后创建 Manager（Handler）、Discovery、Cluster 管理部分（最新的版本，将上述内容分别设置成一个节点，Manager 两个节点高可用）。
- 集群管理：主要涉及启动、接收并处理 Docker 集群管理请求两个方面。启动过程：发现（Discovery）Docker 集群中的各个节点，收集节点状态、角色信息，并监视节点状态的变化；内部的调度（Scheduler）模块被初始化，发现所有注册的 Docker Node，收集相关信息。按照 Docker 管理请求，Swarm 需要对请求进行处理，并通过所有 Docker Node 的信息，筛选（Filter）决策满足要求的节点，并按照策略（Strategy）将请求转发至具体的节点；Swarm 创建并初始化 API 监听服务模块。Swarm Manager 通过内部多个模块协同接收并处理 Docker 集群的管理请求。

6.3.2 Kubernetes

Kubernetes 是 Google 大规模容器管理系统 borg 的开源版本实现，是容器编排的一项重要工具。Kubernetes 提供应用部署、维护、扩展机制等功能，是一个开放的容器调度管理平台。Kubernetes 系统按节点功能由 Master 和 Node 组成，具体的架构可参照图 6-4。

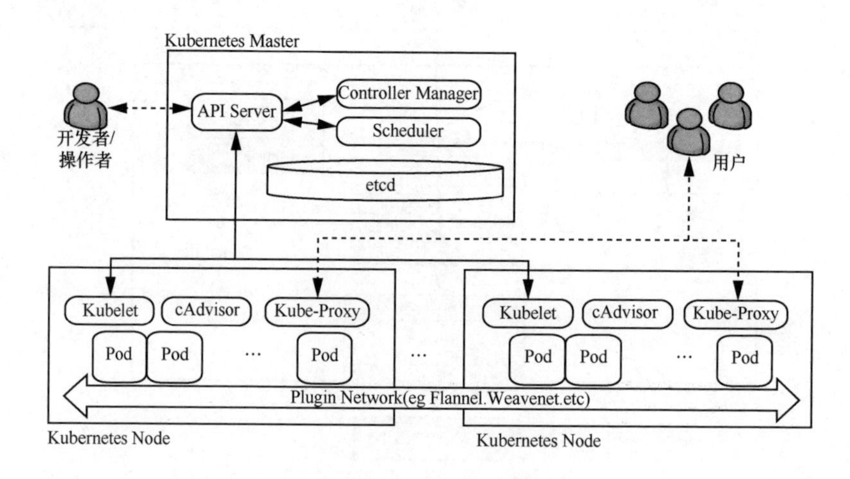

图 6-4　Kubernetes 架构

Kubernetes 采用了主从架构。Kubernetes 的组件分为 Kubernetes Node 和 Kubernetes Master。

Kubernetes Master：主要是在不同系统之间负责管理工作负载和指导通信的控制单元。Kubernetes 的控制平面由不同的组件组成，它们自己的进程可以运行在一个单独的 Master 节点上，或者运行在由多个 Master 所支持的高可用集群中。包括如下组件。

- etcd：是一个由 CoreOS 开发的轻量级的、分布式的 key-value 数据存储器。它能够可靠地存储集群的配置数据和展现整个集群在某一时间点的状态。其他的组件监视着这个存储器的变化情况以便更新所需的状态。
- API Server：是一个关键组件，它在 HTTP 协议上使用 JSON 为 Kubernetes 对内外提供 Kubernetes API 服务。API Server 处理和验证 REST 请求和更新 etcd 中 API 对象的状态，因此，这使得客户端能够在各个 Worker 节点上配置工作负载和容器。
- Scheduler：是一个可插拔的组件，它能够根据资源的可用性决定一个还没被调度的 Pod 应该运行在哪个节点上。Scheduler 追踪每个节点的资源使用情况，确保将调度的资源不超出剩下可用的资源。为了达到这个目的，Scheduler 必须知道可用资源的情况和在各个服务器上已经分配的资源情况。
- Controller Manager：是核心 Kubernetes 控制器（比如 DaemonSet 控制器、复制控制器）所运行的进程。这些控制器跟 API 服务器通信来创建、更新和删除它们所管理的资源（Pod、Service 端点等）。

Kubernetes Node：节点（Node）（也叫 Worker 或者 Minion）是部署着容器的单个机器（或者虚拟机）。集群中的每一个节点必须运行着容器运行时（runtime）（比如 Docker）以及下面所提到的组件，用来和 Master 通信以便让这些容器进行网络配置。包括如下组件。

- Kubelet 负责每个节点的运行状态，也就是说确保节点中的所有容器正常运行。它会按照控制平面（Plane）的指示启动、停止和维护容器（组织成 Pods）。监视一个 Pod 的状态，如果没有看到想要的状态，那么这个 Pod 会被重新部署到同一个节点上。节点的状态依赖于每几秒所发送给 Master 的心跳信息。当 Master 侦测到一个节点失败了，复制控制（Replication Controller）就会知道这个状态改变了，然后会在另一个正常的节点上启动相应的 Pod。
- Kube-Proxy 是网络代理和负载均衡的实现。它和其他的网络操作提供了服务抽象。它负责根据 IP 地址和端口号来路由外部请求到相应的容器。
- cAdvisor 是监听和收集资源使用情况和性能指标（比如每个节点中容器的 CPU、内存和网络使用情况）的代理者。

工作原理：用户通过 kubectl 提交需要运行的 Docker Container（Pod），API Server

把请求存储在 etcd 里面，Scheduler 扫描，分配机器，Kubelet 找到需要运行的Container，在本机运行。用户使用过程中，Replication Controllver 监视集群中的容器并保持数量，用户提交 Service 描述文件，由 Kube-Proxy 负责具体的工作流量转发。

6.3.3 Mesos&Marathon

Mesos 收集节点上的计算资源，提供给一个通用资源管理平台，主要辅助上层应用框架（如 Spark、Marathon，甚至 Kubernetes），目标是在不同的框架之间高效地共享硬件资源，保证在大规模集群使用环境下的顽健性和对各种可能的运算框架的普遍适用性。Marathon 是一个 Mesos 框架，支撑着一切基于容器应用程序的部署工作。Mesos 架构如图 6-5 所示。

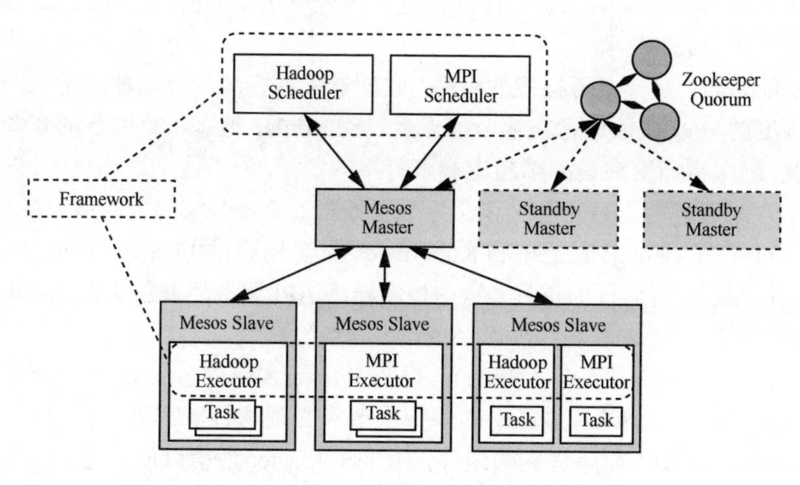

图 6-5　Mesos 架构

核心组件介绍如下。

- Mesos Master：协调全部的 Slave，并确定每个节点的可用资源，聚合计算跨节点的所有可用资源的报告，然后向注册到 Master 的 Framework 发出资源邀约。
- Mesos Slave：向 Master 汇报自己的空闲资源和任务的状态，负责管理本节点上的各个 Mesos Task，在 Framework 成功向 Master 申请资源后，收到消息的 Slave 会启动相应 Framework 的 Executor。
- Framework：是指外部的计算框架，如 Hadoop 等，这些计算框架可通过注册的方式接入 Mesos，以便 Mesos 进行统一管理和资源分配。主要包括调度器（Scheduler）和执行器（Executor）。

Mesos通过Zookeeper实现了高可用。调度采用两级架构，可以管理多种类型的应用程序。第一级调度是Master的守护进程，管理Mesos集群中所有节点上运行的Slave守护进程。第二级调度由被称作Framework的“组件”组成。Framework包括调度器和执行器进程，其中每个节点上都会运行执行器。调度执行：首先由Mesos主服务器查询可用资源给调度器，第二步调度器向主服务器发出加载任务，主服务器再传达给从服务器，从服务器向执行器命令加载任务执行，执行器执行任务以后，将状态反馈上报给从服务器，最终告知调度器。Mesos调度如图6-6所示。

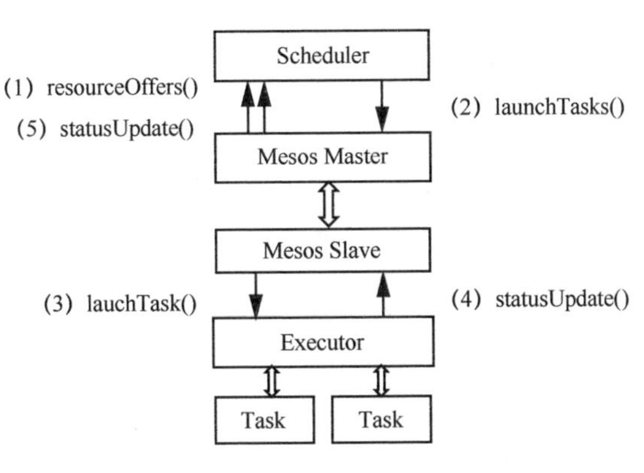

图6-6 Mesos调度

从服务器下管理多个执行器，每个执行器是一个容器，以前可以使用Linux容器LXC，现在使用Docker容器。Mesos Slave调度如图6-7所示。

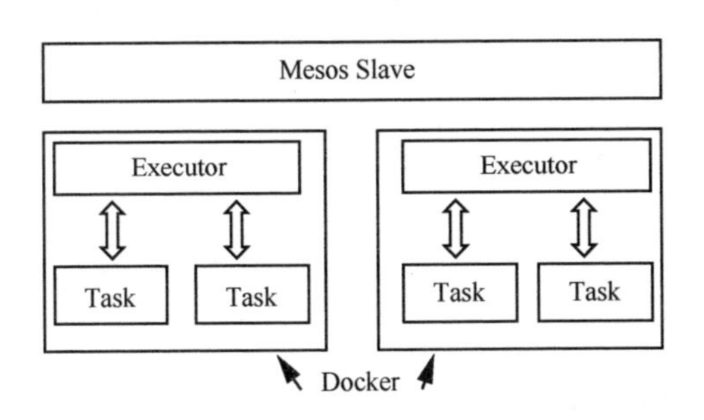

图6-7 Mesos Slave调度

第 7 章

管理类基础服务

云操作系统管理类基础服务主要包括：用户界面、认证服务、数据库服务、镜像服务、通信服务（消息队列）。

7.1 用户界面

可视化的图形操作界面，主要用途是方便云操作系统用户管理、控制、分配资源。实现该界面的组件集成了云操作系统中网络、存储、镜像等各种服务，所以用户可通过该界面实现添加卷、操作 Swift 容器、为用户分配网络、创建实例等功能。本节以 Horizon 为例阐述技术实现及应用原理。

7.1.1 概览

Horizon 本身基于 Django 实现，简单地说就是网站的架构，主要分析前端请求和后端处理。

7.1.2 组件介绍

Horizon 可分为 3 层，由上到下分别为 Dashboard→Panel Group→Panel。从代码结构上看可以发现最上层是 dashboards，它包含了 4 个主要的 dashboard：普通用户登录后看到的项目面板 project；管理员可见面板 admin；settings 设置面板 settings；

配置文件 router。

Dashboard：Django 中的 App，里面又包含了许多独立的 Panel，这些 Panel 组成了 panelgroup，以网络功能 panelgroup 为例，它包含了 6 个 Panel，分别是 "network_topology" "networks" "routers" "loadbalancers" "firewalls" "vpn"。这些 panelgroup 及 group 中包含的 panel，都定义在 dashboard.py 文件中。

Panel：是以一个包（文件夹）的形式存在的，里面包含了 panel.py、tables.py、urls.py、views.py、forms.py 等文件。其中 panel.py 是一个特殊的文件，系统会根据一个 dashboard 中定义的 Panels 属性，自动查找相应目录（例如 networks）中的 panel.py。每个 Panel 中都有一个 tables.py 文件，table 用来定义需要展示的数据，Horizon 提供了 DataTable 基类，可以通过继承 DataTable 来实现自定义的 table。

7.1.3　使用示例

以用户查看网络为例。

用户输入信息，通过 openstack_dashboard.urls.py 处理整个 Horizon 项目的前端请求与后端处理的映射，进入登录界面。Horizon 根据用户权限选择登录界面，点击网络，调用网络 panel.py，panel.py 调用 views.py 将网络信息展示出来。

7.2　用户认证服务

主要用途是管理云操作系统的用户权限，对接租户及业务系统如 ISC、跨域管理等工作。云操作系统主要以 Keystone 作为开源的技术解决方案。

7.2.1　概览

Keystone 是 OpenStack 的身份服务，暂且可以理解为一个与权限有关的组件。Keystone 主要作用是为访问 OpenStack 的各个组件（Nova、Cinder、Glance 等）提供一个统一的验证方式。主要有 3 个功能：管理身份验证（Managing Authentication）：验证用户身份；授权（Authorization）：基于角色的权限管理；服务目录（Catalog of Services）：类似于 UDDI 服务的概念，用户（无论是 Dashboard, APIClient）都需要访问 Keystone 获取服务列表以及每个服务的地址（OpenStack 中称为 Endpoint）。

7.2.2 组件介绍

Keystone 主要涉及 User 、Group 等概念，包括 API 管理端点、版本管理、请求超时等参数设置。

常见概念如下。

（1）User 是账户凭证，是与一个或多个项目相关的域。

（2）Group 就是用户的一个集合，是与一个或多个项目相关的域。

（3）Project(Tenant)是一个单位，指在 OpenStack 中可用的资源，它包含一个或多个用户。

（4）Domain 是一个单位，它包含用户、组和项目。

（5）Role 是指一个用户与 Project 相关联的元素。

（6）Token 用于鉴定关联到用户的其他用户和项目。

（7）Extras 用于设置用户-项目的关系，还可以设置一些其他属性。

参数设置如下。

（1）identity_uri

完整的 Keystone 管理 API 端点，这里不应该在路径中指明身份 API 版本（如 http://localhost:35357/）。该选项给 Keystone 中间件一个 Keystone 服务端的终端，keystone 中间件在向该终端认证后才可以执行验证用户令牌、获取令牌撤销列表等 API。

（2）auth_uri

完整的 Keystone 公共 API 端点（如 http://localhost:5000/）。配置该选项的目的是一旦用户的请求中没有携带令牌或者携带的令牌已经失效，那么将这个地址通过 HTTP 响应头“www-Authenticate”返回给用户，告诉他这里可以获取一个新的令牌。

（3）admin_user，admin_password，admin_tenant_name

如果没有提供“admin_token”，那么这 3 个选项应是已经在 Keystone 中配置好的服务账户。

（4）auth_version

要使用的 Keystone 管理 API 版本。

（5）delay_auth_decision

（默认为 False）如果是 True，中间件将不会拒绝无效的认证请求，而是将决策的权利委托给下游的 WSGI 组件。

（6）http_connect_timeout

（默认为 None）向 Keystone 服务端请求的超时秒数。

（7）http_request_max_retries

（默认为 3）向 Keystone 服务端请求的最大重试次数。

（8）certfile

Keystone 中间件的公钥证书。如果 Keystone 服务端要求客户端提供证书，那么该项必须设置。

（9）keyfile

Keystone 中间件的私钥，用于签名。如果 Keystone 服务端要求客户端提供证书，那么该项必须设置。

（10）cafile

（默认为 None）给 Keystone 中间件公钥证书签名的 CA 证书。用来验证 HTTPS 连接的 PEM 编码的 CA 文件路径。

（11）nsecure

（默认为 False）验证是否 HTTPS 连接。True 代表允许不安全的连接；False 代表不允许不安全的连接。

（12）igning_dir

存储与 PKI 令牌相关文件的目录。用来存放 Keystone 的公钥证书、CA 证书和从 keystone 那里获取的令牌撤销列表。

（13）include_service_catalog

（可选，默认为 True）指示是否设置“X-Service-Catalog”字段。如果为 False，中间件在验证令牌的过程中将不获取服务目录，也不会设置“X-Service-Catalog”字段。

（14）enforce_token_bind

（默认为 permissive）用来控制令牌绑定的使用和类型。设置为“disabled”将不会检查令牌绑定，设为“permissive”将会验证系统已知的绑定类型，忽略那些系统中没有定义的绑定类型；设为“strict”验证系统已知的绑定类型，拒绝系统未知类型的令牌绑定；设为“required”允许任何类型的令牌绑定。最后，令牌绑定的方法必须出现在令牌中。

7.2.3　使用示例

用户认证服务示例如图 7-1 所示。

（1）用户/API 想创建一个实例，首先会将自己的 credentials 发给 Keystone。认证成功后，Keystone 会颁给用户/API 一个临时的令牌（Token）和一个访问服务的 Endpoint。Token 没有永久的。

（2）用户/API 把临时 Token 提交给 Keystone，Keystone 并返回一个 Tenant（Project）。

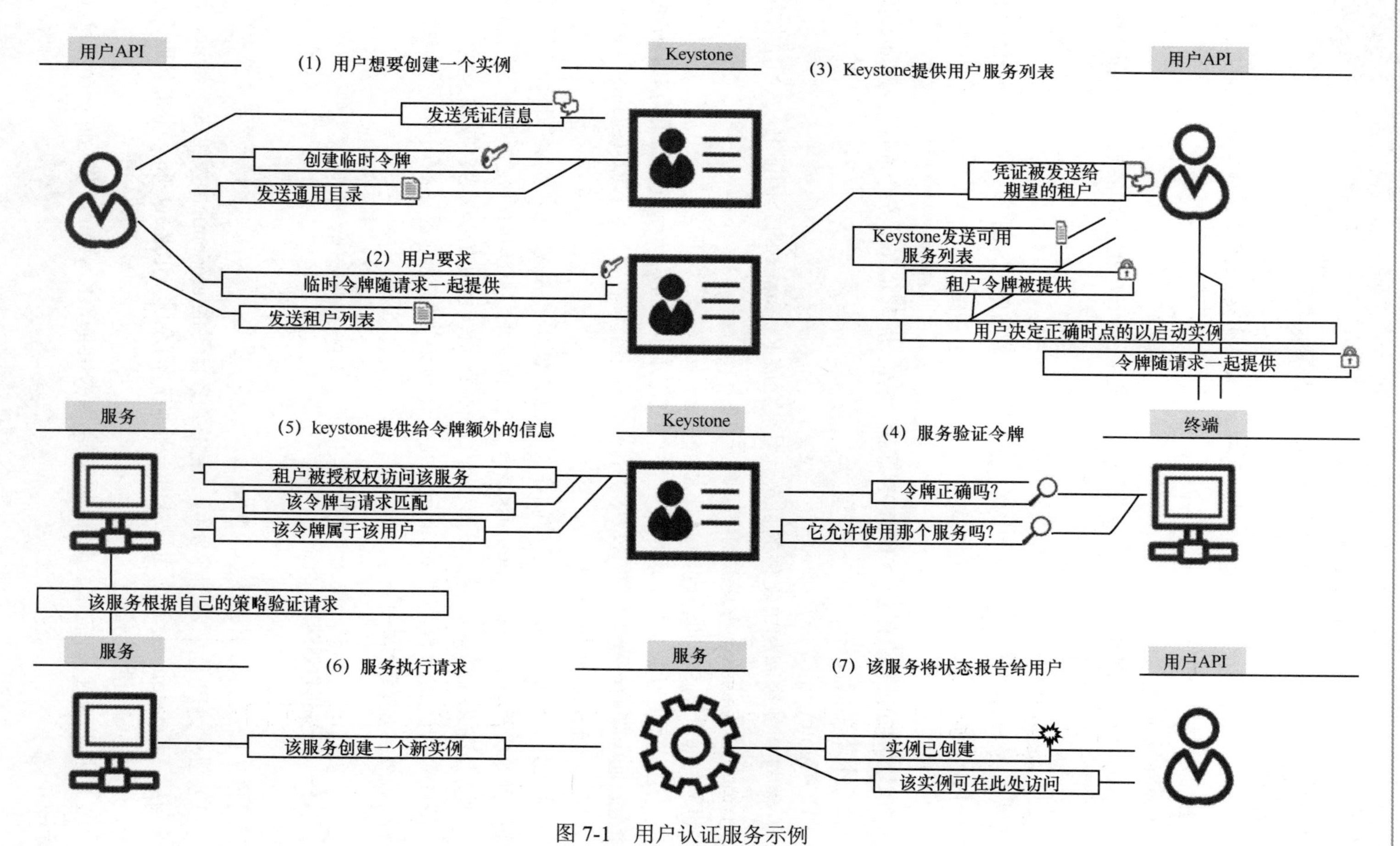

图 7-1　用户认证服务示例

（3）用户/API 向 Keystone 发送带有特定租户的凭证，告诉 Keystone 用户/API 在哪个项目中，Keystone 收到请求后，会发送一个项目的 Token 到用户/API。第一个 Token 验证用户/API 是否有权限与 Keystone 通信，第二个 Token 验证用户/API 是否有权限访问 Keystone 的其他服务。用户/API 拿着 Token 和 Endpoint 找到可访问服务。

（4）服务向 Keystone 进行认证，Token 是否合法，它允许访问使用该服务（判断用户/API 中 Role 权限）。

（5）Keystone 向服务提供额外的信息。用户/API 是允许方法服务，如果这个 Token 匹配请求，则这个 Token 是用户/API 的。

（6）服务执行用户/API 发起的请求，创建实例。

（7）服务会将状态报告给用户/API。最后返回结果，实例已经创建。

7.3　数据库服务

主要是对云操作系统内部存储管理和控制类数据用。理论上，云操作系统可以支持任何 SQL-Alchemy 所支持的后端数据库，目前数据库应用主要是关系型数据库，当然也有一些 NoSQL 的应用，比如 Ceilometer 项目。所以本节的重点是通过 SQLAlchemy 讲解 ORM 及关系型数据库在云操作系统的应用。

7.3.1　概览

ORM 的全称是 Object-Relational Mapping，即对象关系映射，是一种利用编程语言的对象来表示关系数据库中的数据的技术。在 Python 中也存在多种 ORM 的实现，最著名的两种是 Django 的 Model 层的 ORM 实现以及 SQLAlchemy 库。云操作系统基本上都是 Python 项目，所以在 OpenStack 中，ORM 主要使用了 SQLAlchemy 库（Keystone、Nova、Neutron 等）。不论使用了 Django 的 Horizon 项目（面板）还是使用了 Django 自带的 ORM 实现，本节主要讲解如何使用 SQLAlchemy 库。

7.3.2　组件介绍

SQLAlchemy 这个库分为两层：ORM 层、Core 层。ORM 层，为用户提供 ORM 接口，即通过操作 Python 对象来实现数据库操作的接口；Core 层，包含了 Schema/Types、SQL Expression Language、Engine 3 部分，如图 7-2 所示。

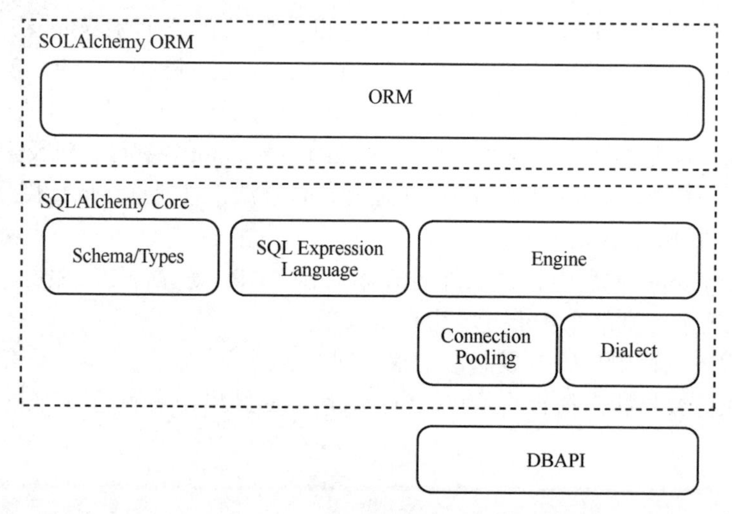

图 7-2 SQLAlchemy 组件

SQL Expression Language 是 SQLAlchemy 中实现的一套 SQL 表达系统，主要实现了对 SQL 的 DML（Data Manipulation Language）的封装。这里实现了对数据库的 SELECT、DELETE、UPDATE 等语句的封装。SQL Expression Language 是实现 ORM 层的基础。

Schema/Types 这部分主要实现了对 SQL 的 DDL（Data Definition Language）的封装。实现了 Table 类用来表示一个表，Column 类用来表示一个列，也实现了将数据库的数据类型映射到 Python 的数据类型。上面的 SQL Expression Language 的操作对象就是这里定义的 Table。

Engine 实现了对各种不同的数据库客户端的封装和调度，是所有 SQLAlchemy 应用程序的入口点，要使用 SQLAlchemy 库来操作一个数据库，首先就要有一个 Engine 对象，后续的所有对数据库的操作都要通过这个 Engine 对象来进行。Pool 是 Engine 下面的一个模块，用来管理应用程序到数据库的连接。Dialect 是 Engine 下的另一个模块，用来对接不同的数据库驱动（即 DBMS 客户端），这些驱动要实现 DBAPI，如图 7-3 所示。

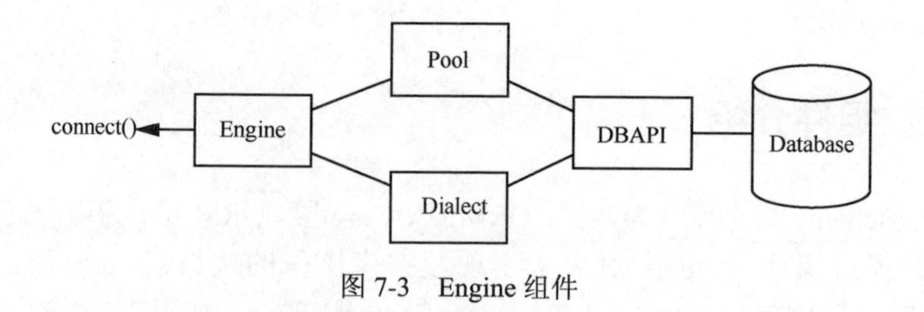

图 7-3 Engine 组件

SQLAlchemy 还要依赖各个数据库驱动的 DBAPI 来实现对数据库服务的调用。

7.3.3　使用示例

会话（Session）是通过 SQLAlchemy 来操作数据库的入口。前面有介绍过 SQLAlchemy 的架构，Session 是属于 ORM 层的。Session 的功能是管理程序和数据库之间的会话，它利用 Engine 的连接管理功能来实现会话。

使用 SQLAlchemy 大体上分为 3 个步骤：连接到数据库、定义数据模型和执行数据操作。

首先，创建 Engine 对象，定义需要访问的数据库的地址、账号、访问信息等内容，ORM 或者 Session 对象进行调用，实现数据的连接，执行 SQL 语句、事务操作，完成之后关闭连接。其次，数据库连接后，定义数据模型，定义映射数据库表的 Python 类。

云操作系统中 MySQL 应用步骤：首先在配置文件中，完成 ORM 配置所需参数，按上述过程完成创建并使用。认证服务、镜像服务、计算服务、网络服务均在 MySQL 中创建用户、数据表，存储用户、密码等权限信息。

7.4　镜像服务

采用镜像服务，用户在使用云计算系统的时候，可以通过在云系统中上传定制的 Image，创建虚拟机系统。镜像服务作为独立的 Image 管理系统，减少 Image 的传输对 Nova 模块带来的网络带宽管理压力。本身并不实现存储功能，只是提供了一系列的接口来调用底层的存储服务，方便兼容原有的存储系统，易于小企业与开发人员的使用，大型企业构建新的存储系统。

7.4.1　概览

Glance 是 OpenStack 的镜像服务组件。Glance 主要提供了一个虚拟机镜像文件的存储、查询和检索服务，通过提供一个虚拟磁盘映像目录和存储库，为 Nova 的虚拟机提供镜像服务。现在 Glance 具有 V1 和 V2（OpenStack-F 发布）两个版本。

7.4.2 组件介绍

镜像服务主要涉及接口、注册、存储等功能，具体如下。

Glance-api：Glance-api 是一个对外的 API，能够接受外部的 API 镜像请求。主要用于分析、分发、响应各种镜像管理的 REST Request，然后通过其他模块（如 Glance-registry、Store Backend 后端存储接口）完成镜像的发现、获取、存储等操作。默认绑定端口是 9292。

Glance-registry：Glance-registry 用于存储、处理、获取 Image Metadata（镜像元数据）。通过响应从 Glance-api 发送过来的 Image Metadata REST Request，与 MySQL 进行交互，实现 Image Metadate 的存储、处理、获取。默认绑定的端口是 9191。

Glance-db：在 OpenStack 中使用 MySQL 来支撑，用于存放 Image Metadata。

Image Metadata：通过 Glance-registry 来保存 MySQL Database 中的镜像文件相关信息。

Image Store：用于存储镜像文件。通过 Store Backend 后端存储接口来与 Glance-api 联系。通过这个接口，Glance 可以从 Image Store 获取镜像文件再交由 Nova 用于创建虚拟机。

7.4.3 使用示例

用户通过命令行工具或 RESTful API 发送请求，中间会经过 Keystone 实现的多租户认证，授权后会访问 Glance-api，这个服务会处理所有的 API 请求然后转发给 Glance-registry，这个服务实现了 policy、quota 等特性并把用户数据保存在数据库中，如果用户上传或下载镜像则会根据管理员的配置调用不同的后端存储 Driver，例如访问本地文件系统或者访问 Ceph 集群。

7.5 通信服务

云操作系统中对于计算、存储、网络等资源的管理涉及很多组件，各组件之间通过 REST 接口进行相互通信。而由于 REST 是基于 HTTP 的，组件之间所能传输的消息只能采用同步机制且仅限于文本，另外，各组件可以部署在不同节点上，必要时需要根据负载情况进行横向扩展，需要保证松耦合性。为解决上述问题，各组件内部则采用了 RPC 通信。本节重点阐述云操作系统组件内的通信方式，组件间通过 REST 接口的定义将在第 8 章中重点阐述。

7.5.1　概览

RPC 即 Remote Procedure Call（远程过程调用），是云操作系统中一种用来实现跨进程（或者跨机器）的通信机制。RPC 只定义了一个通信接口，其底层的实现可以各不相同。目前主流的云操作系统采用基于 AMQP 协议的 RabbitMQ 实现组件间通信。

7.5.2　组件介绍

RPC 协议，即通过网络从远程计算机程序上请求服务，而不需要了解底层网络技术的协议，架构如图 7-4 所示。

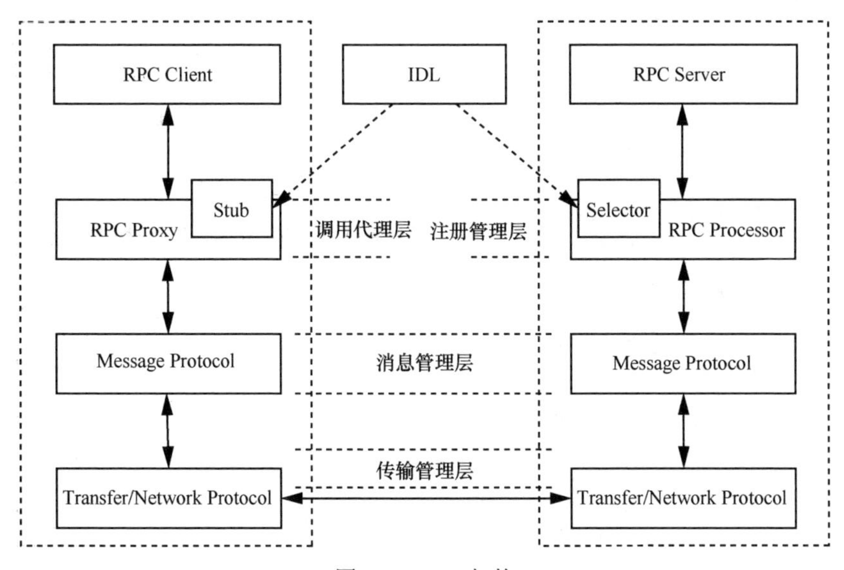

图 7-4　RPC 架构

- Client：RPC 协议的调用方，不需指定 RPC 框架细节。
- Server：Server 并不是提供 RPC 服务器 IP 地址、端口监听的模块，而是远程服务方法的具体实现（在 Java 中就是 RPC 服务接口的具体实现）。
- Stub/Proxy：RPC 框架中的“代理”层管理消息格式、网络传输协议，判断调用过程是否有异常。
- Message Protocol：RPC 的消息管理层，专门对网络传输所承载的消息信息进行编号和解码操作。

- Transfer/Network Protocol：传输协议层负责管理 RPC 框架所使用的网络协议、网络 I/O 模型。
- Selector/Processor：存在于 RPC 服务端，负责执行 RPC 接口实现的角色。它负责了包括管理 RPC 接口的注册、判断客户端的请求权限、控制接口实现类的执行在内的各种工作。
- IDL：接口定义语言，解的消息结构、接口定义的描述形式，并不是 RPC 实现中所必须的。

RPC 最早就是由 SUN 提出的，并在后来由 IETF ONC 修订。

RMI 就是一个典型的 RPC 实现，只不过 RMI 不支持跨语言性，所以 RMI 中也没有 IDL 存在的必要。RMI 使用起来也比较简单。如果业务需求中不存在跨语言的考虑，并且基本上主要系统都是用 Java 实现，RMI 是可以考虑的方案。

GRPC 是一个高性能、通用的开源 RPC 框架，由 Google 主要面向移动应用开发并基于 HTTP/2 协议标准而设计，基于 ProtoBuf（Protocol Buffer）序列化协议开发，且支持众多开发语言。为了支持 GRPC 的跨语言性，GRPC 有一套独立存在的 IDL 语言。不过由于 GRPC 是 Google 的开源产品，在信息格式封装方面 Google 主要还是推广自己的 ProtoBuf，所以 GPRC 是不支持其他信息格式的。

Thrift：Thrift 是 Facebook 的一个开源项目，后来进入 Apache 进行孵化。Thrift 也是支持跨语言的，所以它有自己的一套 IDL。目前它支持几乎所有主流的编程语言：C++、Java、Python、PHP、Ruby、Erlang、Perl、Haskell、C#、Cocoa、JavaScript、Node.js、Smalltalk、OCaml and Delphi 和其他语言。Thrift 可以支持多种信息格式，除了 Thrift 私有的二进制编码规则和一种 LVQ（类似于 TLV 消息格式）的消息格式，还有常规的 JSON 格式。Thrift 的网络协议建立在 TCP 基础上，并且支持阻塞式 I/O 模型和多路 I/O 复用模型。

其他的 RPC 框架：除了上述的 RPC 协议的实现外，还有 Hetty 、Dubbo、Wildfly、Hprose 等。另外基于 RPC 的定义，Xfire、CXF 这些 Web services 框架也属于 RPC，WSDL 描述文件就是它们的 IDL，通过 WSDL 为不同的编程语言生成 Stub、通过不同的 Web 服务器管理具体服务实现的运行过程、HTTP 是它们的通信协议、XML 是它们的消息格式。

业界对消息传递存在多个实现，比较有代表性的两个 MQ（RabbitMQ，Kafka），因各组件间的交互信息较少，实时性、准确性较高，采用 RabbitMQ 实现 RPC 协议。RabbitMQ 和 Kafka 对比见表 7-1。

表 7-1 RabbitMQ 与 Kafka 对比消息协议

名称	应用场景	架构模型	吞吐量	可用性	集群负载均衡
RabbitMQ	实时的对可靠性要求比较高的消息传递	RabbitMQ 遵循 AMQP 协议，以 broker 为中心；有消息的确认机制	RabbitMQ 支持对消息的可靠的传递，支持事务，不支持批量的操作；基于存储的可靠性的要求存储可以采用内存	支持 mirror 的 QUEU	需要单独的 loadbalancer 进行支持
Kafka	处理活跃的流式数据、大数据量的数据	遵从一般的 MQ 结构，根据消费的点，从 broker 上批量 pull 数据；无消息确认机制	较高的吞吐量，内部采用消息的批量处理，zero-copy 机制，数据的存储和获取是本地磁盘顺序批量操作	支持主备模式	采用 Zookeeper 对集群中的 broker、consumer 进行管理，可基于语义指定分片

其具体实现原理如图 7-5 所示。

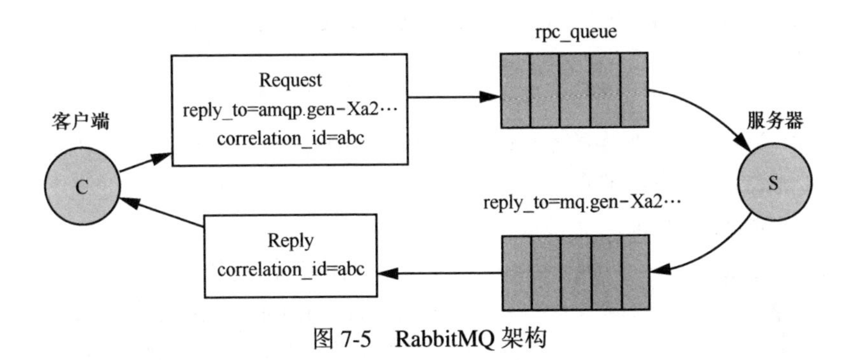

图 7-5 RabbitMQ 架构

过程具体介绍如下。

- 客户端设置消息的 Routing Key 为 Service 的队列 op_q；设置消息的 reply-to 属性为返回的 Response 的目标队列 response_q，设置其 correlation_id 为随机 UUID，然后将消息发到 Exchange。
- Exchange 将消息转发到 Service 的 op_q。
- Service 收到该消息后进行处理，然后将 Response 发到 Exchange，并设置消息的 routing_key 为原消息的 reply_to 属性，设置其 correlation_id 为原消息的 correlation_id。
- Exchange 将消息转发到 response_q。

客户端逐一接收 response_q 中的消息，检查消息的 correlation_id 是否为它发出的消息的 correlation_id，是的话表明该消息为它需要的 Response。

RabbitMQ 基于 AMQP 实现，AMQP 工作原理：消息发布者（Publisher）将 Message 发送给 Exchange 并且说明 Routing Key。Exchange 负责根据 Message 的 Routing Key 和 Binding 的 Message Queue 进行路由，将 Message 正确地转发

给相应的 Message Queue。监听在 Message Queue 上的 Consumer 将会从 Queue 中读取消息。

AMQP 有几个重要的概念。

- Publisher：消息发送者，将消息发送到 Exchange 并指明 Routing Key，以便 Message Queue 可以正确地收到消息。
- Exchange：交换器，从 Producer 接收消息，根据 Bindings 中配置的 Routing Key，把消息分派到对应的 Message Queue 中。
- Routing Key：路由键，用于 Exchange 判断哪些消息需要发送对应的 Message Queue。
- Bindings：描述了 Exchange 和 Queue 之间的关系。Exchange 根据消息内容（Routing Key）和 Binding 配置来决定把消息分派到哪个 Queue 中。
- Message Queue：存储消息，并把消息传递给最终的 Consumer。
- Consumer：消息消费者，从 Message Queue 获取消息，一个 Consumer 可以订阅多个 Queue，接收 Queue 中的消息。

AMQP 架构如图 7-6 所示。

AMQP 定义了 3 种类型的 Exchange，不同类型 Exchange 实现不同的路由算法。

- Direct Exchange：消息点对点的通信模式，根据 Routing Key 进行精确匹配，只有对应的 Message Queue 会接收到消息。
- Topic Exchange：Publish-Subscribe（Pub-sub）消息模式，根据 Routing Key 进行模式匹配，只要符合模式匹配的 Message Queue 都会收到消息。
- Fanout Exchange：广播消息模式，将消息转发到所有绑定的 Message Queue。

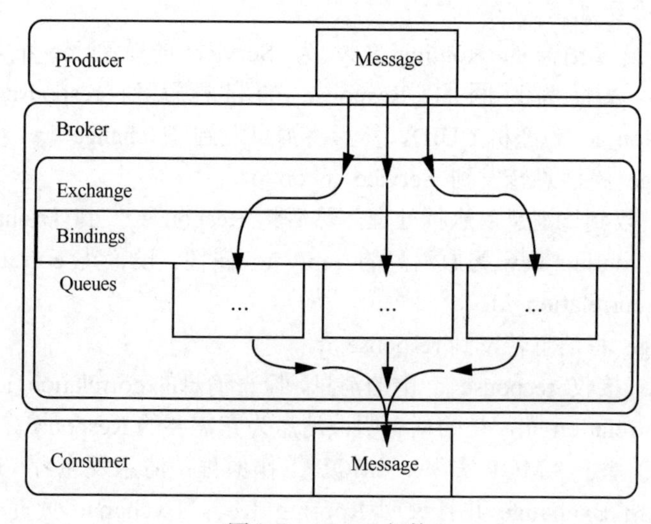

图 7-6　AMQP 架构

7.5.3　使用示例

OpenStack Nova 系统目前主要采用 RabbitMQ 作为信息交换中枢。

每一个 Nova 服务都会在初期建立两个队列，两个队列同时与相同的 Exchange（名称叫作 Nova、类型为 Topic）绑定，但是二者的 Routing Key 不同，也就是 Topic 不同，格式分别为 NODE-TYPE.NODE-ID 以及 NODE-TYPE，其二者功能也有所不同，并且由于采用 RPC 结构，所以当操作完成，结果会以 Direct 的方式回复给服务调用方。该流程是 RabbitMQ 在 OpenStack 中实现的核心思想，具体如图 7-7 所示。

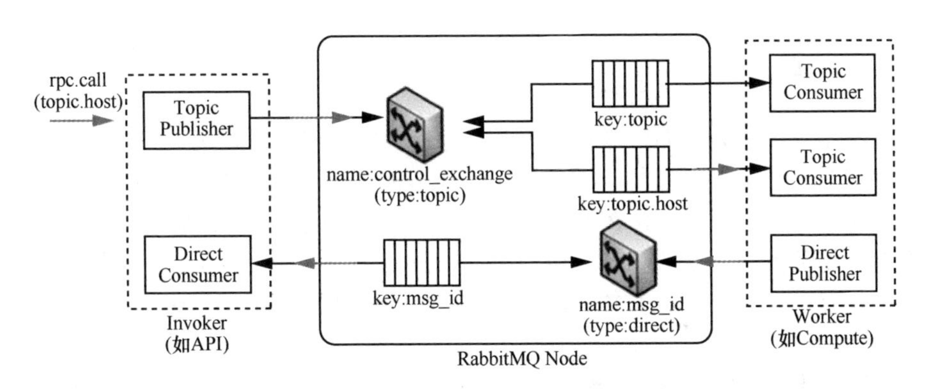

图 7-7　RabbitMQ 使用示例

其中 Invoker 可以看作 Nova.api，发出指令，这里 Topic Consumer 会以一个 Subscriber 的身份注册到相应队列上，当队列有消息过来时，会及时 Push 给 Consumer，当 Worker 处理完成，则会返回结果，以 Direct 方式（即双方 Routing Key 相同且唯一）回复给 Invoker，完成 RPC 全部流程。

（1）Invoker 端生成一个 Topic 消息生产者和一个 Direct 消息消费者。其中，Topic 消息生产者发送系统请求消息到 Topic 交换器；Direct 消息消费者等待响应消息。

（2）Topic 交换器根据消息的 Routing Key 转发消息，Topic 消费者从相应的消息队列中接收消息，并传递给负责执行相关任务的 Worker。

（3）Consumer 根据请求消息执行完任务之后，分配一个 Direct 消息生产者，Direct 消息生产者将响应消息发送到 Direct 交换器。

（4）Direct 交换器根据响应消息的 Routing Key 转发至相应的消息队列，Direct 消费者接收并把它传递给 Invoker。

第 8 章 云操作系统的接口

云操作系统作为分布式架构，几乎所有的服务都需要用到统一的接口。云框架的核心就是 API 服务，它发出指令和控制 Hypervisor 存储和网络，为用户提供可编程的方法。端点是基于 HTTP Web 服务的，它处理认证、授权和基本命令及使用云操作系统相关模块之下的各种 API 来控制功能。这允许 API 与多种现有的配置工具相互兼容，这些工具创建来与其他供应商提供的接口交互。这种广泛的兼容性防止了被某款产品或某个厂商绑定。

开源体系中，每一服务之间一般通过 HTTP 向外提供 RESTful 接口，每个服务的 API 定义了 HTTP 请求消息的格式和内容，服务在处理用户请求以后，在 HTTP 响应消息向用户返回规定格式的内容。

8.1 HTTP

符合 REST 原则的架构方式即可称为 RESTful：网络上的所有事物都被抽象为资源，每个资源都有唯一的资源标识符。同一个资源具有多种表现形式（XML、JSON 等），对资源的各种操作不会改变资源标识符，所有的操作都是无状态的。

RESTful Web services 是一种常见的 REST 的应用，是遵守了 REST 风格的 Web 服务。REST 式的 Web 服务是一种 ROA（Resource-Oriented Architecture，面向资源的架构）。

云操作系统中的每一个服务都通过 HTTP 向外提供 RESTful 接口，每个服务的

API 定义了 HTTP 请求消息的格式和内容，服务在处理用户请求以后，在 HTTP 响应消息向用户返回规定格式的内容。

在使用 RESTful API 之前先介绍一下 HTTP 的基本内容。一个 HTTP 请求包括以下 4 个方面的内容。

（1）URI：统一资源标识符（Universal Resource Identifier，URI）在 HTTP 请求中指定了请求需要发送到的资源地址，它包括协议名称、主机名称、特定资源的路径和一个可选的查询部分，用于指定额外的请求参数。例如在 http:cloudsc.sgcc.com/me.jpg?cloudscAccessID=12345 中，协议名称为 http，主机名称为 cloudsc.sgcc.com、资源路径为/me.jpg、请求参数为 cloudscAccessID =12345。

（2）HTTP 方法：描述了服务端在收到请求后需要执行的操作类型。服务主要使用了以下 5 种方法。

- GET：从服务端读取指定资源的所有信息，包括数据内容和元数据（Metadata）信息，其中元数据在响应头（Response Header）中返回，数据内容在响应体（Response Body）中。
- HEAD：仅从服务端读取指定资源的元数据信息。
- PUT：向指定的资源上传数据内容和元数据信息。如果资源已经存在，那么新上传的数据将覆盖之前的内容。
- POST：向指定的资源上传数据内容。与 PUT 操作相比，POST 的主要区别在于 POST 一般用来向原有的资源添加信息，而不是替换原有的内容。POST 所指的资源一般是处理请求的服务，或是能够处理的数据。
- DELETE：删除指定的 URI 资源。

（3）请求头（Request Header）：包含与请求一起发到服务端的元数据信息，这些元数据可以用来改变服务端处理请求的方式，也可以为服务端提供一些客户端的信息。

（4）请求体（Request Body）：包含发到给指定 URI 资源的数据内容。注意不是所有请求都包括请求体，像 GET、HEAD、DELETE 一般都不在请求中使用请求体。

HTTP 响应消息与请求的格式类似，响应消息包括响应头和响应体，在响应消息中没有 URI 和方法，而是包括了响应的状态，表明服务端处理是否成功。具体来说，响应消息包括以下内容。

（1）响应状态：HTTP 响应消息中包括一个状态码和一条消息，说明请求是否成功，如果失败则给出失败的原因。HTTP 中定义了很多响应状态码，某一服务中只用到了部分状态码。

- 2xx：表明请求成功，200 是最常用的表示成功的返回码。

- 3xx：表明访问的资源已经改变了 URI，常见 304 表明资源没有修改。
- 4xx：表明请求失败，引起失败的根源在于客户端的错误。这些错误往往是由于客户端的请求不符合规定的格式，或没有权限执行请求的操作。随着响应返回的响应体中包含一个 XML 消息，说明失败的具体原因。
- 5xx：表明请求失败，引起失败的原因在于服务端的错误。在这些情况下，返回体一般没有说明失败原因的消息，用户可以在等待一段时间后重新发送请求。

（2）响应头（Response Header）：包含了描述结果的一些元数据。常见的元数据包括资源的 ETag 值、数据的大小、数据类型、编码方式、时间戳等。

（3）响应体（Response Body）：包含了服务端处理请求后返回的结果数据。对于成功的响应，返回具体资源的数据。对于失败的响应，响应体一般包含描述错误信息的 XML 消息。

8.2 用户管理

8.2.1 用户管理

管理云操作系统用户信息，提供用户创建、删除、列举、显示详细信息功能，见表 8-1。

表 8-1 用户管理

序号	方法	URI	说明
1	POST	/{version}/users	创建一个用户
2	DELETE	/{version}/users/{user_id}	删除一个用户
3	GET	/{version}/users	列举用户
4	GET	/{version}/users/{user_id}	显示用户详细信息

8.2.2 租户管理

租户管理实现多个业务系统的隔离，提供租户创建、删除、列举、显示详细信息功能，见表 8-2。

表 8-2　租户管理

序号	方法	URI	说明
1	POST	/{version}/projects	创建一个租户
2	DELETE	/{version}/projects/{project_id}	删除一个租户
3	GET	/{version}/projects	列举租户
4	GET	/{version}/projects/{project_id}	显示租户详细信息

8.3　权限管理

提供角色管理功能实现职能隔离，提供角色的创建、删除、列举、显示详细信息功能，见表 8-3。

表 8-3　角色管理

序号	方法	URI	说明
1	POST	/{version}/roles	创建角色
2	DELETE	/{version}/roles/{role_id}	删除角色
3	GET	/{version}/roles	列举角色
4	GET	/{version}/roles/{role_id}	显示角色的详细信息

8.4　运行管理

8.4.1　监控日志

日志和监控数据依据云操作系统对日志数据规格的总体要求，日志 JSON 数据中包括时间、IP 地址和组件 ID 等信息。

云操作系统发送到统一缓存服务的监控指标数据内容包括如下指标项，见表 8-4。

表 8-4　云操作系统监控指标

序号	监控指标	单位
1	云主机实例是否存在	个
2	实例内存使用量	MB
3	实例 CPU 使用平均值	百分比
4	实例磁盘读请求数量	条
5	实例磁盘写请求数量	条
6	实例每秒磁盘写请求数	条/s
7	实例磁盘读字节数	byte
8	实例每秒磁盘读字节数	byte/s
9	磁实例盘写字节数	byte
10	实例每秒磁盘写字节数	byte/s
11	网络流入字节数	byte
12	每秒网络流入字节数	byte/s
13	网络流出字节数	byte
14	每秒网络流出字节数	byte/s
15	网络流入分组个数	个
16	每秒网络流入分组个数	个/s
17	网络流出分组个数	个
18	每秒网络流出分组个数	个/s
19	物理磁盘读请求数量	条
20	每秒物理磁盘读请求数	条/s
21	物理磁盘写请求数量	条
22	每秒物理磁盘写请求数	条/s
23	物理磁盘读字节数	byte
24	每秒物理磁盘读字节数	byte/s
25	物理磁盘写字节数	byte
26	每秒物理磁盘写字节数	byte/s
27	云硬盘是否存在	个
28	云硬盘快照是否存在	个
29	云硬盘创建数量	个
30	云硬盘删除数量	个
31	云硬盘更新数量	个
32	云硬盘大小调整数量	个
33	云硬盘挂载数量	个
34	云硬盘卸载数量	个
35	快照创建数量	个
36	快照删除数量	个
37	云硬盘备份创建数量	个

（续表）

序号	监控指标	单位
38	云硬盘备份删除数量	个
39	云硬盘备份恢复数量	个
40	对象写入数量	个
41	对象容器数量	个
42	对象写入字节数	byte
43	对象读出字节数	byte
44	容器中存储的对象数量	个
45	网络是否存在	个
46	网络创建数量	个
47	网络更新数量	个
48	网络删除数量	个
49	子网是否存在	个
50	子网络创建数量	个
51	子网络更新数量	个
52	子网络删除数量	个
53	端口是否存在	个
54	端口创建数量	个
55	端口更新数量	个
56	端口删除数量	个
57	路由器是否存在	个
58	路由器创建数量	个
59	路由器更新数量	个
60	路由器删除数量	个
61	浮动 IP 地址是否存在	个
62	浮动 IP 地址创建数量	个
63	浮动 IP 地址更新数量	个
64	浮动 IP 地址删除数量	个
65	LB 池创建数量	个
66	LB 监听器创建数量	个
67	LB 成员创建数量	个
68	负载均衡器创建数量	个
69	编排栈创建数量	个
70	编排栈更新数量	个
71	编排栈删除数量	个
72	编排栈恢复数量	个
73	编排栈暂停数量	个

8.4.2 计量监控-资源

资源计量实现通过对资源的采样，实现资源列举、资源详细信息、采样列举、采用统计功能，见表 8-5。

表 8-5 资源计量监控

序号	方法	URI	说明
1	GET	/{version}/resources	列举所有资源
2	GET	/{version}/resources/{resource_id}	显示资源的详细情况
3	GET	/{version}/meters/{meter_name}/statistics	显示采样的统计信息
4	GET	/{version}/meters	列举所有的采样

8.5 云主机管理

8.5.1 云主机管理

实现对云主机管理，提供云主机创建、删除、列举、显示详细信息功能，见表 8-6。

表 8-6 云主机管理

序号	方法	URI	说明
1	POST	/{version}/{tenant_id}/servers	创建云主机
2	DELETE	/{version}/{tenant_id}/servers/{server_id}	删除云主机
3	GET	/{version}/{tenant_id}/servers	列举所有云主机
4	GET	/{ version}/servers/{server_id}	显示云主机详情

8.5.2 云主机操作

实现对于云主机的操作管理，提供云主机启动、停止、重启、获得云主机的VNC、调整云主机大小、云主机冷迁移、热迁移、云主机更新功能，见表 8-7。

表 8-7　云主机操作

序号	方法	URI	说明
1	POST	{version}/{tenant_id}/servers/{server_id}/action	启动云主机
2	POST	{version}/{tenant_id}/servers/{server_id}/action	停止云主机
3	POST	{version}/{tenant_id}/servers/{server_id}/action	重启云主机
4	POST	{version}/{tenant_id}/servers/{server_id}/action	获得云主机的 VNC 远程控制台
5	POST	{version}/{tenant_id}/servers/{server_id}/action	调整云主机配置
6	POST	{version}/{tenant_id}/servers/{server_id}/action	迁移云主机
7	POST	{version}/{tenant_id}/servers/{server_id}/action	热迁移云主机
8	PUT	{version}/{tenant_id}/servers/{server_id}	更新云主机

8.6　存储管理

8.6.1　云硬盘管理

提供云硬盘管理，提供云硬盘创建、删除、列举、显示详细信息功能，见表 8-8。

表 8-8　云硬盘管理

序号	方法	URI	说明
1	POST	/{version}/{tenant_id}/volumes	创建云硬盘
2	DELETE	/{version}/{tenant_id}/volumes/{volume_id}	删除云硬盘
3	GET	/{version}/{tenant_id}/volumes/detail	列举云硬盘
4	GET	/{version}/{tenant_id}/volumes/{volume_id}	显示云硬盘的详细信息

8.6.2　云硬盘操作

云硬盘操作管理，提供云硬盘添加到云主机、卸载、扩展功能，见表 8-9。

表 8-9　云硬盘操作

序号	方法	URI	说明
1	POST	/{version}/{tenant_id}/volumes/{volume_id}/action	挂载云硬盘
2	POST	/{version}/{tenant_id}/volumes/{volume_id}/action	卸载云硬盘
3	POST	/{version}/{tenant_id}/volumes/{volume_id}/action	扩展云硬盘

8.6.3　云硬盘备份

云硬盘备份管理，提供备份创建、删除、恢复、列举卷列表、显示详细信息功能，见表 8-10。

表 8-10　云硬盘操作

序号	方法	URI	说明
1	POST	/{version}/{tenant_id}/backups	创建云硬盘备份
2	DELETE	/{version}/{tenant_id}/backups/{backup_id}	删除云硬盘备份
3	POST	/{version}/{tenant_id}/backups/{backup_id}/restore	恢复云硬盘备份
4	GET	/{version}/{tenant_id}/backups/detail	列举云硬盘备份详情列表
5	GET	/{version}/{tenant_id}/backups/{backup_id}	显示云硬盘备份详细信息

8.6.4　云硬盘转移

提供云硬盘在云主机之间的转移管理，提供卷创建、删除、列举、显示详细信息、卷转移接受功能，见表 8-11。

表 8-11　云硬盘转移

序号	方法	URI	说明
1	POST	/{version}/{tenant_id}/os-volume-transfer	创建云硬盘转移
2	DELETE	/{version}/{tenant_id}/os-volume-transfer/{transfer_id}	删除云硬盘转移
3	POST	/{version}/{tenant_id}/os-volume-transfer/{transfer_id}	接受云硬盘转移
4	GET	/{version}/{tenant_id}/os-volume-transfer	列举云硬盘转移
5	GET	/{version}/{tenant_id}/os-volume-transfer/{transfer_id}	显示云硬盘转移详细信息

8.6.5　云硬盘快照

提供云硬盘快照的管理功能，提供卷快照的创建、删除、查询列表、显示详细信息功能，见表 8-12。

表 8-12　云硬盘快照

序号	方法	URI	说明
1	POST	/{version}/{tenant_id}/snapshots	创建云硬盘快照
2	DELETE	/{version}/{tenant_id}/snapshots/{snapshot_id}	删除云硬盘快照
3	GET	/{version}/{tenant_id}/snapshots	列举租户的云硬盘快照
4	GET	/{version}/{tenant_id}/snapshots/{snapshot_id}	显示云硬盘快照详细信息

8.6.6　对象存储目录管理

实现对象存储的目录管理功能，提供创建、删除、查询列表、显示详细信息功能，见表 8-13。

表 8-13　对象存储目录

序号	方法	URI	说明
1	PUT	{version}/{account}/{container}	创建目录
2	DELETE	/{version}/{account}/{container}	删除目录
3	POST	/{version}/{account}/{container}	创建、更新或者删除目录的元数据
4	GET	/{version}/{account}/{container}	显示目录详细信息，并列举对象

8.6.7　对象存储对象管理

实现对象存储的对象管理，提供对象的创建、更新、复制、删除、显示对象元数据功能，见表 8-14。

表 8-14　对象存储对象

序号	方法	URI	说明
1	PUT	/{version}/{account}/{container}/{Object}	创建或更新对象
2	COPY	/{version}/{account}/{container}/{Object}	复制对象
3	DELETE	/{version}/{account}/{container}/{Object}	删除对象
4	HEAD	/{version}/{account}/{container}/{Object}	显示对象的元数据

8.6.8 共享文件系统管理

共享文件系统是一个远程的、可挂载的文件系统，可以将共享文件系统同时挂载到多个服务器中共享访问，见表 8-15。

表 8-15 共享文件系统管理

方法	URI	说明
POST	/{version}/{tenant_id}/shares	创建共享文件系统
DELETE	/{version}/{tenant_id}/shares/{share_id}	删除共享文件系统
GET	/{version}/{tenant_id}/shares	列举共享文件系统
GET	/{version}/{tenant_id}/shares/{share_id}	显示共享文件系统的详细信息

8.6.9 共享文件系统操作

授权或者回收共享文件系统的访问权限，列出分布式文件的访问权限等操作，见表 8-16。

表 8-16 共享文件系统操作

方法	URI	说明
POST	/{version}/{tenant_id}/shares/{share_id}/action	授权访问共享文件系统
POST	/{version}/{tenant_id}/shares/{share_id}/action	收回共享文件系统访问权限
POST	/{version}/{tenant_id}/shares/{share_id}/action	列举访问规则
POST	/{version}/{tenant_id}/shares/{share_id}/action	重置访问状态
POST	/{version}/{tenant_id}/shares/{share_id}/action	强制删除共享文件系统
POST	/{version}/{tenant_id}/shares/{share_id}/action	扩展共享文件系统大小
POST	/{version}/{tenant_id}/shares/{share_id}/action	收缩共享文件系统大小

8.7 网络管理

8.7.1 网络管理

实现网络管理功能，提供网络的创建、删除、列举、显示详细信息功能，见表 8-17。

表 8-17　网络管理

序号	方法	URI	说明
1	POST	/{version}/networks	创建一个网络
2	DELETE	/{version}/networks/{network_id}	删除一个网络和它关联的资源
3	GET	/{version}/networks	列举租户可以访问的网络
4	GET	/{version}/networks/{network_id}	显示一个网络的详细信息

8.7.2　网络端口管理

实现网络端口管理，提供网络端口的创建、删除、列举、详细信息显示功能，见表 8-18。

表 8-18　网络端口管理

序号	方法	URI	说明
1	POST	/{version}/ports	在网络上创建一个端口
2	DELETE	/{version}/ports/{port_id}	删除一个端口
3	GET	/{version}/ports	列举租户访问的端口
4	GET	/{version}/ports/{port_id}	显示一个端口的详细信息

8.7.3　子网管理

实现子网的管理，提供子网的创建、删除、列举、详细信息显示功能，见表 8-19。

表 8-19　子网管理

序号	方法	URI	说明
1	POST	/ {version} /subnets	在单一请求中创建子网
2	DELETE	/{version}/subnets/{subnet_id}	删除一个子网
3	GET	/ {version} /subnets	显示租户可以访问的子网
4	GET	/{version}/subnets/{subnet_id}	显示子网的详细信息

8.7.4　路由器管理

实现逻辑路由器管理，提供逻辑路由器的创建、删除、列举、详细信息显示以及路由器内部接口的添加、删除功能，见表 8-20。

表 8-20 路由器管理

序号	方法	URI	说明
1	POST	/{version}/routers	创建逻辑路由器
2	DELETE	/{version}/routers/{router_id}	删除逻辑路由器及外部网关接口
3	PUT	/{version}/routers/{router_id}/add_router_interface	逻辑路由器添加一个内部接口
4	PUT	/{version}/routers/{router_id}/remove_router_interface	逻辑路由器删除一个内部接口
5	GET	/{version}/routers	列举提交请求的租户可以访问的逻辑路由器
6	GET	/{version}/routers/{router_id}	显示逻辑路由器的详细信息

8.7.5 浮动 IP 地址管理

实现对浮动 IP 地址的管理，提供浮动 IP 地址的创建、删除、列举、详细信息显示功能，见表 8-21。

表 8-21 浮动 IP 地址管理

序号	方法	URI	说明
1	POST	/{version}/floatingips	创建一个浮动 IP 地址
2	DELETE	/{version}/floatingips/{floatingip_id}	删除一个浮动 IP 地址及相关联的端口
3	GET	/{version}/floatingips	列举可以被提交请求的租户访问的浮动 IP 地址
4	GET	/{version}/floatingips/{floatingip_id}	显示浮动 IP 地址的详细信息

8.8 镜像管理

8.8.1 镜像管理

实现镜像管理，提供虚拟机镜像的创建、删除、列举、详细信息显示功能，见表 8-22。

表 8-22　镜像管理

序号	方法	URI	说明
1	POST	/{version}/images	创建虚拟机镜像
2	DELETE	/{version}/images/{image_id}	删除虚拟机镜像
3	GET	/{version}/images	列举所有的公共虚拟机镜像
4	GET	/{version}/images/detail	显示所有的公共虚拟机镜像细节

8.8.2　镜像数据管理

实现镜像数据文件的管理，提供上传二进制镜像数据、下载二进制镜像数据功能，见表 8-23。

表 8-23　镜像数据管理

序号	方法	URI	说明
1	PUT	/{version}/images/{image_id}/file	上传二进制镜像数据
2	GET	/{version}/images/{image_id}/file	下载二进制镜像数据

8.9　编排管理

8.9.1　栈资源管理

实现编排功能的栈资源管理功能，包括列举栈资源、显示栈中的资源信息，见表 8-24。

表 8-24　栈资源管理

序号	方法	URI	说明
1	GET	/{version}/{tenant_id}/stacks/{stack_name}/{stack_id}/resources	列举栈中的资源
2	GET	/{version}/{tenant_id}/stacks/{stack_name}/{stack_id}/resources/{resource_name}	显示栈中资源的数据

8.9.2 栈管理

实现编排功能的栈管理功能，包括栈的创建、删除、列举、详细信息显示，见表 8-25。

表 8-25　栈管理

序号	方法	URI	说明
1	POST	/{version}/{tenant_id}/stacks	创建一个栈
2	DELETE	/{version}/{tenant_id}/stacks/{stack_name}/{stack_id}/abandon	删除一个栈
3	GET	{ version}/{tenant_id}/stacks	列举活动的栈
4	GET	/{version}/{tenant_id}/stacks/{stack_name}/{stack_id}	显示一个栈的详细信息

8.9.3 栈操作管理

实现编排管理的栈操作功能，提供栈的挂起、回复、取消更新、检查栈资源状态功能，见表 8-26。

表 8-26　栈操作管理

序号	方法	URI	说明
1	POST	/{version}/{tenant_id}/stacks/{stack_name}/{stack_id}/actions	挂起一个栈
2	POST	/{version}/{tenant_id}/stacks/{stack_name}/{stack_id}/actions	恢复一个挂起的栈
3	POST	/{version}/{tenant_id}/stacks/{stack_name}/{stack_id}/actions	取消一个当前正在运行的栈更新
4	POST	/{version}/{tenant_id}/stacks/{stack_name}/{stack_id}/actions	检查一个栈的资源是否处于期望状态

8.10 容器管理

容器集群管理见表 8-27。

表 8-27　容器集群管理

序号	方法	URI	说明
1	POST	/{version}/clusters	创建一个新容器集群
2	DELETE	/{version}/clusters/{cluster_id}	删除一个容器集群
3	GET	/{version}/clusters	查询所有集群
4	GET	/{version}/clusters/{cluster_id}	按 cluster_id 显示集群的详细信息

容器集群模板管理见表 8-28。

表 8-28　容器集群管理

序号	方法	URI	说明
1	POST	/{version}/clustertemplates	创建新的集群模板
2	GET	/{version}/clustertemplates	查询所有集群模板
3	GET	/{version}/clustertemplates/{clustertemplate_id}	显示集群模板的详细信息
4	DELETE	/{version}/clustertemplates/{clustertemplate_id}	删除集群模板

容器 Pods 管理-K8S 见表 8-29。

表 8-29　容器 Pods 管理-K8S

序号	方法	URI	说明
1	POST	/{version}/pods	创建一个 Pod 对象
2	DELETE	/{version}/pods/{pod_id}	删除一个 Pod 对象
3	GET	/{version}/pods	获取 Pod 列表
4	GET	/{version}/pods/detail	列出 Pod 详细信息
5	GET	/{version}/pods/{pod_id}	获取指定 Pod 详细信息

容器 RC 控制器管理-K8S 见表 8-30。

表 8-30　容器 RC 控制器管理-K8S

序号	方法	URI	说明
1	POST	/{version}/rcs	创建一个 RC 控制器
2	DELETE	/{version}/rcs/{rc_id}	删除一个 RC 控制器
3	GET	/{version}/rcs	列举 RC 控制器
4	GET	/{version}/rcs/{rc_id}	显示 RC 控制器详细信息
5	POST	/{version}/rcs/{rc_id}/scale	扩缩 RC 控制器

容器应用管理-MESOS 见表 8-31。

表 8-31　容器应用管理-MESOS

序号	方法	URI	说明
1	POST	/{version}/apps/createapp	发布一个容器应用，包括一个或者多个容器实例
2	DELETE	/{version}/apps/{appid}	删除容器应用
3	GET	/{version}/apps/user/list?{userid}&{projectid}	列出容器应用列表
4	GET	/{version}/apps/{appid}	查看容器应用详细信息

容器应用操作-MESOS 见表 8-32。

表 8-32　容器应用操作-MESOS

序号	方法	URI	说明
1	PUT	/{version}/apps/{appid}/start? {instances}	启动容器应用实例
2	PUT	/{version}/apps/{appid}/stop	停止容器应用实例
3	PUT	/{version}/apps/{appid}	扩/缩容器应用实例数
4	PUT	/{version}/apps/{appid}	更新应用相关配置，比如 CPU、内存资源

容器镜像管理见表 8-33。

表 8-33　容器镜像管理

序号	方法	URI	说明
1	GET	/{version}/images?{keywords}&{namespace}&{image}	获取镜像的详细信息
2	PATCH	/{version}/images/delete	删除指定的容器镜像

8.11　主机虚拟化驱动

针对主机虚拟化，云操作系统提供 110 个标准驱动接口，接口涵盖了对虚拟机的全生命周期管理以及虚拟机操作管理等多个方面，方便各类主机虚拟化组件根据自身产品的特点，选择适当的接口开发与云操作系统适配的驱动。主机虚拟化驱动接口见表 8-34。

表 8-34　主机虚拟化驱动接口

接口方法（参数列表）	功能描述
add_to_aggregate（context, aggregate, host, **kwargs）	向集合中增加一个计算主机

（续表）

接口方法（参数列表）	功能描述
attach_interface（instance, image_meta, vif）	向一个正在运行的实例用热插拔增加网络接口
attach_volume（context, connection_info, instance, mountpoint, disk_bus=None, device_type=None, encryption=None）	在挂载点使用信息将磁盘与实例连接
block_stats（instance, disk_id）	返回给定磁盘号码相关实例的性能计数器
change_instance_metadata（context, instance, diff）	更改实例的元数据
check_can_live_migrate_destination（context, instance, src_compute_ info, dst_compute_info, block_migration=False,disk_over_commit= False）	检测目的主机是否能够实时迁移的目标主机
check_can_live_migrate_destination_cleanup（context, dest_check_data）	在检测目的主机能否实时迁移后清理主机
check_can_live_migrate_source（context, instance,dest_check_data, block_device_info=None）	检测实时迁移数据源
check_instance_shared_storage_cleanup（context, data）	在检测实例文件是否位于共享存储后清理主机
check_instance_shared_storage_local（context, instance）	检测实例文件是否位于共享存储
check_instance_shared_storage_remote（context, data）	检测实例文件是否位于共享存储
cleanup（context, instance, network_info, block_device_info=None, destroy_disks=True, migrate_data=None, destroy_vifs=True）	清理实例资源
cleanup_host（host）	清除所有包括结束远程会话
confirm_migration（migration, instance, network_info）	确认调整或迁移，破坏源
deallocate_networks_on_reschedule（instance）	驱动重新被释放
default_device_names_for_instance（instance, root_device_name, *block_device_lists）	实例默认设备的名字
default_root_device_name（instance, image_meta, root_bdm）	为驱动器提供一个根设备的名字
delete_instance_files（instance）	删除任何实例文件的实例
destroy（context, instance, network_info, block_device_info=None, destroy_disks=True, migrate_data=None）	从管理程序销毁指定的实例对象
detach_interface（instance, vif）	向一个正在运行的实例用热插拔移除网络接口
detach_volume（connection_info, instance, mountpoint, encryption= None）	拆下连接实例的磁盘
dhcp_options_for_instance（instance）	得到实例的 DHCP 选择集
emit_event（event）	派遣一个事件给计算管理者
ensure_filtering_rules_for_instance（instance, network_info）	设置过滤规则并等待其完成
estimate_instance_overhead（instance_info）	估计指定模板需要建立实例的虚拟化开销
filter_defer_apply_off（）	关闭 IPTables 延期规则并现在应用规则

（续表）

接口方法（参数列表）	功能描述
filter_defer_apply_on（）	延迟 IPTables 规则的应用
finish_migration（context, migration, instance, disk_info, network_info, image_meta, resize_instance, block_device_info=None, power_on=True）	完成大小调整或者迁移
finish_revert_migration（context, instance, network_info, block_device_info=None, power_on=True）	完成恢复大小调整与迁移
get_all_bw_counters（instances）	在每个运行的虚拟机返回每个接口带宽的计数器
get_all_volume_usage（context, compute_host_bdms）	返回在一个给定的主机连接到虚拟机卷上的用户页信息
get_available_nodes（refresh=False）	返回所有通过计算服务管理的节点名
get_available_resource（nodename）	获取资源信息
get_console_output（context, instance）	实例的控制台输出
get_console_pool_info（console_type）	得到控制台资源池信息
get_device_name_for_instance（instance,bdms, block_device_obj）	基于块设备映射到下一个设备的名称
get_diagnostics（instance）	对给定实例的诊断数据
get_host_cpu_stats（）	得到当前已知主机的 CPU 状态
get_host_ip_addr（）	检索 dom0 的 IP 地址
get_host_uptime（）	返回在主机调用 Linux 命令“uptime”这个结果
get_info（instance）	通过名字得到当前实例状态
get_instance_diagnostics（instance）	返回给出实例的诊断数据
get_instance_disk_info（instance,block_device_info=None）	检索实例的实际磁盘的尺寸信息
get_mks_console（context, instance）	得到一个 MKS 控制台的连接信息
get_num_instances（）	返回虚拟机的总数量
get_per_instance_usage（）	得到关于实例资源使用页的信息
get_rdp_console（context, instance）	得到一个 RDP 控制台连接信息
get_serial_console（context, instance）	得到一个串行控制台连接信息
get_spice_console（context, instance）	得到一个 soice 控制台连接信息
get_vnc_console（context, instance）	得到一个 VNC 控制台连接信息
get_volume_connector（instance）	把实例的连接器信息附加到卷
host_maintenance_mode（host, mode）	启动/停止主机维护窗口
host_power_action（action）	重新启动，关闭或启动主机
init_host（host）	在给定的主机初始化
inject_file（instance, b64_path, b64_contents）	在指定的实例上写文件

（续表）

接口方法（参数列表）	功能描述
inject_network_info（instance, nw_info）	向指定的实例注入网络信息
instance_exists（instance）	检测主机上存在的一个实例
instance_on_disk（instance）	检测主机文件实例的访问情况
is_supported_fs_format（fs_type）	检测文件格式是否支持这个驱动
list_instance_uuids（）	返回所有在虚拟化层的实例列表UUID
list_instances（）	返回所有在虚拟化层的实例名字
live_migration（context, instance, block_device_info, network_info, disk_info, migrate_data=None）	准备实时迁移的实例
live_migration_abort（instance）	舍弃正在进行的实时迁移
live_migration_force_complete（instance）	强制完成实时迁移
macs_for_instance（instance）	MAC 地址需要的实例
manage_image_cache（context, all_instances）	管理驱动的本地镜像缓存
migrate_disk_and_power_off（context, instance, dest, flavor, network_info,block_device_info=None, timeout=0, retry_interval=0）	传输实例的磁盘，在结束前关闭实例
need_legacy_block_device_info（）	告诉驱动需求合法的块设备信息
network_binding_host_id（ context, instance）	获取和网络接口相关的主机号
node_is_available（nodename）	判断这个计算服务管理一个特定的节点
pause（instance）	暂停给定的实例
plug_vifs（instance, network_info）	插入虚拟化接口
poll_rebooting_instances（ timeout, instances）	给定所有的实例执行重启
post_interrupted_snapshot_cleanup（context, instance）	清除中断快照后的任何资源
post_live_migration（context, instance, block_device_info, migrate_data=None）	在源主机发送实时迁移操作
post_live_migration_at_destination（ context,instance,network_info,block_migration=False,block_device_info=None）	在目的主机发送实时迁移操作
post_live_migration_at_source（context, instance, network_info）	在源主机从从网络虚拟接口
power_off（context, instance, dest, flavor, network_info,block_device_info=None, timeout=0, retry_interval=0）	关闭指定的实例
power_on（context, instance, network_info,block_device_info=None）	开启指定的实例
pre_live_migration（context, instance, block_device_info,network_info, disk_info, migrate_data=None）	准备实时迁移的实例
quiesce（context, instance, image_meta）	停止特定实例去准备快照
reboot（context, instance, network_info, reboot_type,block_device_info=None, bad_volumes_callback=None）	重启特定实例

（续表）

接口方法（参数列表）	功能描述
rebuild（context, instance, image_meta, injected_files, admin_password, bdms, detach_block_devices,attach_block_devices, network_info=None, recreate=False, block_device_info=None,preserve_ephemeral=False）	破坏和重新制造实例
refresh_instance_security_rules（instance）	刷新安全组规则
refresh_security_group_rules（security_group_id）	安全组改变后调用
register_event_listener（callback）	注册一个接受事件的回调
remove_from_aggregate（context, aggregate, host, **kwargs）	从集合中移除计算主机
rescue（context, instance, network_info, image_meta,rescue_password）	救援指定的实例
reset_network（instance）	重置指定实例的网络
restore（instance）	恢复指定的软删除实例
resume（context, instance, network_info, block_device_info=None）	重新开始暂停的实例
resume_state_on_host_boot（context, instance, network_info,block_device_info=None）	主机启动后重新开始
rollback_live_migration_at_destination（context, instance, network_info, block_device_info, destroy_disks=True,migrate_data=None）	在一个实时迁移失败后清理目的节点
set_admin_password（instance, new_pass）	在指定的实例设置 root 用户密码
set_bootable（instance, is_bootable）	设定设备启动和关闭的能力
set_host_enabled（enabled）	设定设备接受新实例的能力
snapshot（context, instance, image_id, update_task_state）	指定实例的快照
soft_delete（instance）	软删除指定的实例
spawn（context, instance, image_meta, injected_files,admin_password, network_info=None, block_device_info=None）	在虚拟化层创建一个新的实例/虚机/域
suspend（context, instance）	暂停指定的实力
swap_volume（old_connection_info, new_connection_info,instance, mountpoint, resize_to）	替代给定实例连接的卷
trigger_crash_dump（instance）	触发给定的实例崩溃转储机制
undo_aggregate_operation（context, op, aggregate,host, set_error=True）	撤销资源池
unfilter_instance（instance, network_info）	停止过滤实例
unpause（instance）	取消给定暂停的实例
unplug_vifs（instance, network_info）	拔出网络的虚拟接口
unquiesce（context, instance, image_meta）	快照后强制关闭实例
unrescue（instance, network_info）	取消拯救特定实例
volume_snapshot_create（context, instance, volume_id,create_info）	连接指定实例的快照卷
volume_snapshot_delete（context, instance, volume_id,snapshot_id, delete_info）	删除连接指定实例卷的快照

8.12　网络虚拟化驱动

针对网络虚拟化，云操作系统提供 23 个标准驱动接口，接口涵盖了对网络、子网的全生命周期管理以及虚拟机操作管理等多个方面，方便各类主机虚拟化组件根据自身产品的特点，选择适当的接口开发与云操作系统适配的驱动。网络虚拟化驱动接口见表 8-35。

表 8-35　网络虚拟化驱动接口

接口方法	功能描述
initialize（self）	对 Driver 进行初始化
create_network_precommit（self, context）	创建一个新的网络，需要在数据库中分配必要的资源。不能阻塞，异常会导致回滚
create_network_postcommit（self, context）	在事务提交后调用，可以阻塞，但是会阻塞整个进程，所以要小心。异常会导致该网络的资源被删除
update_network_precommit（self, context）	通过更新数据库中网络的相关资源数量来更新网络的状态。异常会导致回滚
update_network_postcommit（self, context）	在事务提交后调用，可以阻塞，但是会阻塞整个进程，所以要小心。异常会导致该网络的资源被删除
delete_network_precommit（self, context）	删除之前由本驱动申请的资源，异常会导致回滚
delete_network_postcommit（self, context）	在事务提交后调用，可以阻塞，但是会阻塞整个进程，所以要小心。即使发生运行时错误，也会删除资源
create_subnet_precommit（self, context）	创建一个新的子网，需要在数据库中分配必要的资源。不能阻塞，异常会导致回滚
create_subnet_postcommit（self, context）	在事务提交后调用，异常会导致资源被删除
update_subnet_precommit（self, context）	通过更新数据库中网络的相关资源数量来更新网络的状态。异常会导致交互操作的回滚
update_subnet_postcommit（self, context）	在事务提交后调用，可以阻塞，但是会阻塞整个进程，所以要小心。异常会导致该网络的资源被删除
delete_subnet_precommit（self, context）	删除之前由本驱动申请的资源，异常会导致回滚
delete_subnet_postcommit（self, context）	在事务提交后调用，可以阻塞，但是会阻塞整个进程，所以要小心。即使发生运行时错误，也会删除资源
create_port_precommit（self, context）	要创建一个 Port，需要在数据库里申请资源
create_port_postcommit（self, context）	在事务提交后调用，可以阻塞，但是会阻塞整个进程，所以要小心。即使发生运行时错误，也会删除资源

（续表）

接口方法	功能描述
update_port_precommit（self, context）	完成端口的更新
update_port_postcommit（self, context）	在事务提交后调用，可以阻塞，但是会阻塞整个进程，所以要小心。异常会导致该端口的资源被删除
delete_port_precommit（self, context）	删除端口，即使发生运行时错误，也会删除资源
delete_port_postcommit（self, context）	在事务提交后调用，可以阻塞，但是会阻塞整个进程，所以要小心。即使发生运行时错误，也会删除资源
bind_port（self, context）	绑定端口
supports_port_binding（self）	直接调用类方法 bind_port（）
check_vlan_transparency（self, context）	检测网络是否支持透明模式
get_workers（self）	获得 NeutronWorker 实例，这些实例应具备自有进程。任何需要独立于 API 或者 RPC Workers 来运行进程的 Driver，都可以返回一系列 NeutronWorker 实例

8.13 分布式存储驱动

针对分布式存储，云操作系统提供 104 个标准驱动接口，接口涵盖了对存储的全生命周期管理以及存储操作管理等多个方面，方便各类分布式存储组件根据自身产品的特点，选择适当的接口开发与云操作系统适配的驱动。分布式存储驱动接口见表 8-36。

表 8-36 分布式存储驱动接口

接口方法	功能描述
_attach_snapshot（context, snapshot, properties, remote=False）	连接快照
_attach_volume（context, volume, properties, remote=False）	连接卷
_backup_device（context, backup, backup_service, device,is_snapshot= False）	备份设备
_backup_volume_temp_snapshot（context, backup, backup_service）	从现有卷或快照创建新的备份
_backup_volume_temp_volume（context, backup, backup_service）	从现有卷或快照创建新的备份
_connect_device（conn）	连接设备
_create_temp_cloned_volume（context, volume）	创建临时克隆卷
_create_temp_snapshot（context, volume）	创建临时快照
_create_temp_volume_from_snapshot（context, volume, snapshot）	从快照中创建临时克隆卷
_delete_temp_snapshot（context, snapshot, properties, remote=False）	删除临时快照

（续表）

接口方法	功能描述
_delete_temp_volume（context, volume）	删除临时卷
_detach_snapshot（context,attach_info,snapshot, properties,force=False, remote=False）	断开快照和主机的连接
_detach_volume（context, attach_info, volume, properties,force=False, remote=False）	断开卷和主机的连接
_do_iscsi_discovery（volume）	iscsi 发现
_get_backup_volume_temp_snapshot（context, backup）	返回设备进行备份
_get_backup_volume_temp_volume（context, backup）	返回一个卷做备份
_get_driver（）	返回实际的驱动对象
_get_iscsi_properties（volume, multipath=False）	获取 iscsi 配置
_init_standard_capabilities（）	初始标准功能
_init_vendor_properties（）	初始供应商属性
_is_non_recoverable（err, non_recoverable_list）	是否不可恢复
_iscsiadm_update（iscsi_properties, property_key, property_value,**kwargs）	iscsiadm 更新
_run_iscsiadm（iscsi_properties, iscsi_command, **kwargs）	运行 iscsiadm
_run_iscsiadm_bare（iscsi_command, **kwargs）	
_set_property（properties, entry, title, description,type, **kwargs）	设置属性
_try_execute（ *command, **kwargs）	二次尝试执行卷命令
_update_pools_and_stats（data）	更新池和统计信息
_update_volume_stats（）	从卷组中检索统计信息
accept_transfer（context, volume, new_user, new_project）	接受传输
after_volume_copy（context, src_vol, dest_vol, remote=None）	复制卷数据后的驱动程序特定操作
attach_volume（context, volume, instance_uuid, host_name,mountpoint）	连接卷
backup_use_temp_snapshot（）	备份使用临时快照
backup_volume（context, backup, backup_service）	备份卷
before_volume_copy（context, src_vol, dest_vol, remote=None）	复制卷数据之前的驱动程序特定操作
check_for_setup_error（）	检查设置错误
clear_download（context, volume）	清除下载
clone_image（context, volume,image_location, image_meta,image_service）	克隆镜像
clone_image（volume, image_location,image_id, image_meta, image_service）	克隆镜像
copy_image_to_volume（context, volume, image_service, image_id）	从 image_service 获取镜像并将其写入卷
copy_volume_to_image（context, volume, image_service, image_meta）	将卷复制到指定的镜像
create_cgsnapshot（context, cgsnapshot, snapshots）	创建一致性组快照
create_cloned_volume（volume, src_vref）	创建指定卷的克隆
create_consistencygroup（context, group）	创建一个一致性组

（续表）

接口方法	功能描述
create_consistencygroup_from_src（context, group, volumes,cgsnapshot=None, snapshots=None,source_cg=None, source_vols=None）	从源创建一个一致性组
create_export（context, volume, connector）	创建导出
create_export_snapshot（context, snapshot, connector）	创建导出快照
create_replica_test_volume（volume, src_vref）	创建指定复制卷的测试副本克隆
create_snapshot（snapshot）	创建快照
create_volume（volume）	创建一个卷
create_volume_from_snapshot（volume, snapshot）	从快照创建卷
delete_cgsnapshot（context, cgsnapshot, snapshots）	删除一致性组快照
delete_consistencygroup（context, group, volumes）	删除一个一致性组
delete_snapshot（snapshot）	删除快照
delete_volume（volume）	删除一个卷
detach_volume（context, volume, attachment=None）	断开卷
do_setup（context）	设置
ensure_export（context, volume）	确认导出
extend_volume（volume, new_size）	扩展卷
failover_host（context, volumes, secondary_id=None）	故障切换主机
fake_execute（cmd, *_args, **_kwargs）	执行简单日志命令（Execute that simply logs the command）
freeze_backend（context）	冻结后端
get_backup_device（context, backup）	从现有卷获取备份设备
get_default_filter_function（）	获取默认的 filter_function 字符串
get_default_goodness_function（）	获取默认的 goodness_function 字符串
get_filter_function（）	获取 filter_function 字符串
get_goodness_function（）	获取 good_function 字符串
get_pool（volume）	得到池名称
get_prefixed_property（property）	得到前缀属性名称
get_replication_status（context, volume）	从驱动程序查询实际的卷复制状态
get_replication_updates（context）	获取复制更新
get_version（）	得到目前驱动程序版本
get_volume_stats（refresh=False）	得到卷服务的当前状态
init_capabilities（）	获取后端卷的统计和功能列表
initialize_connection（volume, connector）	初始化连接并返回连接信息
initialize_connection（volume, connector, **kwargs）	初始化连接
initialize_connection（volume, connector, initiator_data=None）	初始化连接
initialize_connection_snapshot（snapshot, connector, **kwargs）	初始化连接快照

（续表）

接口方法	功能描述
initialized（）	初始化
local_path（volume）	本地路径
manage_existing（volume, existing_ref）	管理退出存根
manage_existing_get_size（volume, existing_ref）	返回由 manage_existing 管理的卷的大小
manage_existing_snapshot（snapshot, existing_ref）	在 Cinder 管理下创建一个现有的后端存储对象
manage_existing_snapshot_get_size（snapshot, existing_ref）	返回由 manage_existing 管理的快照大小
migrate_volume（context, volume, host）	迁移卷存根
promote_replica（context, volume）	将副本提升为主卷
reenable_replication（context, volume）	重新启用副本和主卷之间的复制
remove_export（context, volume）	删除导出
remove_export_snapshot（context, snapshot）	删除快照的导出
restore_backup（context, backup, volume, backup_service）	恢复备份
retype（context, volume, new_type, diff, host）	重新输入
secure_file_operations_enabled（）	确定驱动程序是否在安全文件操作模式下运行
set_initialized（）	设置初始化
set_throttle（）	设置节流函数
snapshot_remote_attachable（）	远程连接快照
terminate_connection（volume, connector, **kwargs）	终止连接
terminate_connection_snapshot（snapshot, connector, **kwargs）	终止连接快照
thaw_backend（context）	解冻后端
unmanage（volume）	非托管方法
unmanage_snapshot（snapshot）	从 Cinder 管理中删除指定的快照
update_consistencygroup（context, group,add_volumes=None, remove_volumes=None）	更新一个一致性组
update_migrated_volume（ctxt, volume, new_volume,original_volume_status）	更新已迁移的卷
update_provider_info（volumes, snapshots）	更新提供商信息
validate_connector（connector）	验证连接器
validate_connector_has_setting（connector, setting）	测试连接器中的非空设置

Part 3
第三部分

部署篇

本书前两部分讲述了云操作系统的发展史、技术框架及典型的云操作系统包括的4个组成部分：硬件抽象与封装、资源编排与调度、底层管理服务、对外接口。

读者通过前两部分的学习，对于云操作系统的工作原理会有初步的理解。为使读者有更加感性的认识，本部分内容对典型的云操作系统的部署进行了简单介绍，同时，讲述了云操作系统的高可用、集群的优化设计，供有一定基础或感兴趣的读者进行拓展学习。

第 9 章

典型云操作系统的部署

尽管这本书的主要目的是使读者了解一个典型的云操作系统应该包含的功能和需要研发的组件，并介绍如何在企业环境下使用云操作系统。但是，对于云计算而言，理解和阅读是远远不够的，动手才是实际使用的前提。因此在阅读本书的同时，最好能够准备带虚拟化设备的物理机或者服务器，动手安装部署一套典型的云操作系统。

为了使读者学习好云操作系统，使用 OpenStack 作为典型案例，将如何顺利地安装 OpenStack 的各个组件做一个阐述。在安装成功的基础上学会使用 OpenStack 系统创建和管理虚拟机、虚拟网络及存储资源。如果需要更深入的研究，还可以通过官方网站下载并阅读 OpenStack 的源代码。

9.1 系统部署

9.1.1 按规模部署

（1）小规模部署

云操作系统可以安装在笔记本电脑的虚拟机中，不需要单独的物理机，但是部署服务器要保存，方便以后扩展。数台甚至数十台节点的 POC 或正式环境中可以将部署服务器安装在笔记本电脑中，一般需要 2vCPU，4 GB RAM 以上配置，安装过程大概需要一个多小时。部署文件是一个 ISO，安装时需要先在笔记本电脑创建一台虚拟机（过程略），将部署文件的 ISO 镜像加载到虚拟机，设置从 CD-ROM 启动，然后虚拟机会开启自动安装，整个过程无需手动干预，直至自动安装完成。

（2）大规模部署

如果需要大规模部署云操作系统，如数十台节点部署，则需要将部署文件部署在物理机，至少 8 核的 CPU 和 16 GB 以上内存，磁盘不低于 50 GB。由于需要安装在物理机内，安装介质根据现场情况而定，如可以先刻录成光盘带到客户现场；或制成可启动的 USB 介质来完成安装；也可以配置物理机的管理端口（IPMI 需要指定 IP 地址，本地浏览器安装 Java），从管理口加载本地 ISO 来安装。安装过程跟虚拟机并无区别。通过 IPMI 的 console 界面加载虚拟介质。

9.1.2 主流的自动化部署工具

（1）DevStack

DevStack 是一系列可扩展的脚本，用于快速创建一个完整的 OpenStack 环境。DevStack 基于 git 最新代码部署服务，并将所有服务都创建在 screen 中。DevStack 一般作为云操作系统单机部署的工具，不适合生产环境直接使用。

（2）Fuel

支持在 Ubuntu 和 CentOS 上通过 Web 界面配置并部署云操作系统，是目前最为直观的云操作系统部署工具。Fuel 支持自动发现部署节点，并部署 OpenStack HA，并对云操作系统进行健康检查等。

（3）RDO

支持 Red Hat、CentOS 等系统，基于 Puppet 部署各个组件，支持单节点或多节点部署。由于 RDO 是 Red Hat 出品，因此它常在 Red Hat 操作系统上使用。

（4）Puppetlabs/Puppet

Puppet 是由 Puppetlabs 公司开发的系统管理框架和工具集，常被用于 IT 服务的自动化管理。Puppet 具有良好的声明式语言、易于扩展的框架设计以及可重用可共享的模块。常用于部署 OpenStack Juno 模块，可以用多节点、all-in-one 或 swift-only 模式进行安装。

（5）Chef

Chef 是由 Ruby 与 Erlang 写成的配置管理软件，用于组织各种任务管理，可以用来维护服务器集群，被广泛用于云平台的管理。Chef 提供了多种查看和访问方式，可以通过网页界面来访问，也可以通过命令行方式查看已经配置好的信息。

Chef 将计算机上所有东西都抽象为资源，并给这些资源定义一些属性（attribute）和动作（action）来完成一个操作。

9.2　部署架构设计

部署架构设计以保证控制的集中为原则，同时保证云操作系统的可扩展性，包括计算存储集群的可扩展、控制集群的可扩展，并且可以扩展至多数据中心，在图 9-1 中，选择了 3 个控制节点作为初始控制集群节点数目，控制节点支持横向扩展以支持更大规模的集群部署，部署第 4 个控制节点负责云操作系统的安装部署以及监控，内部往来分为业务、存储、部署、管理及公共网络，负责提供云操作系统应用服务、存储服务，部署操作系统、组件间通信以及提供外部网络访问功能。

9.3　部署资源准备

云操作系统的服务器资源包括以下节点：部署监控节点、控制节点、计算节点、存储节点、计算存储融合节点，节点说明见表 9-1。在部署前，需要根据需求准备不同角色节点的服务器。

表 9-1　云操作系统节点说明

节点角色	说明	是否必须提供
部署节点	运行云操作系统自动化部署虚拟主机	是
控制节点	用于运行管理云操作系统环境中计算、网络、存储、计量、编排、容器调度等服务	是
计算节点	运行虚拟化层中提供计算能力的载体，提供计算服务	计算节点和存储节点各提供服务器，或提供计算存储融合服务器
存储节点	提供存储服务	
计算存储融合节点	同时提供计算服务和存储服务	

9.4　网络规划与连线

云操作系统在企业级生产环境下的部署架构如图 9-1 所示。

1．网络规划

（1）私网，用于机房内部虚拟机间通信；

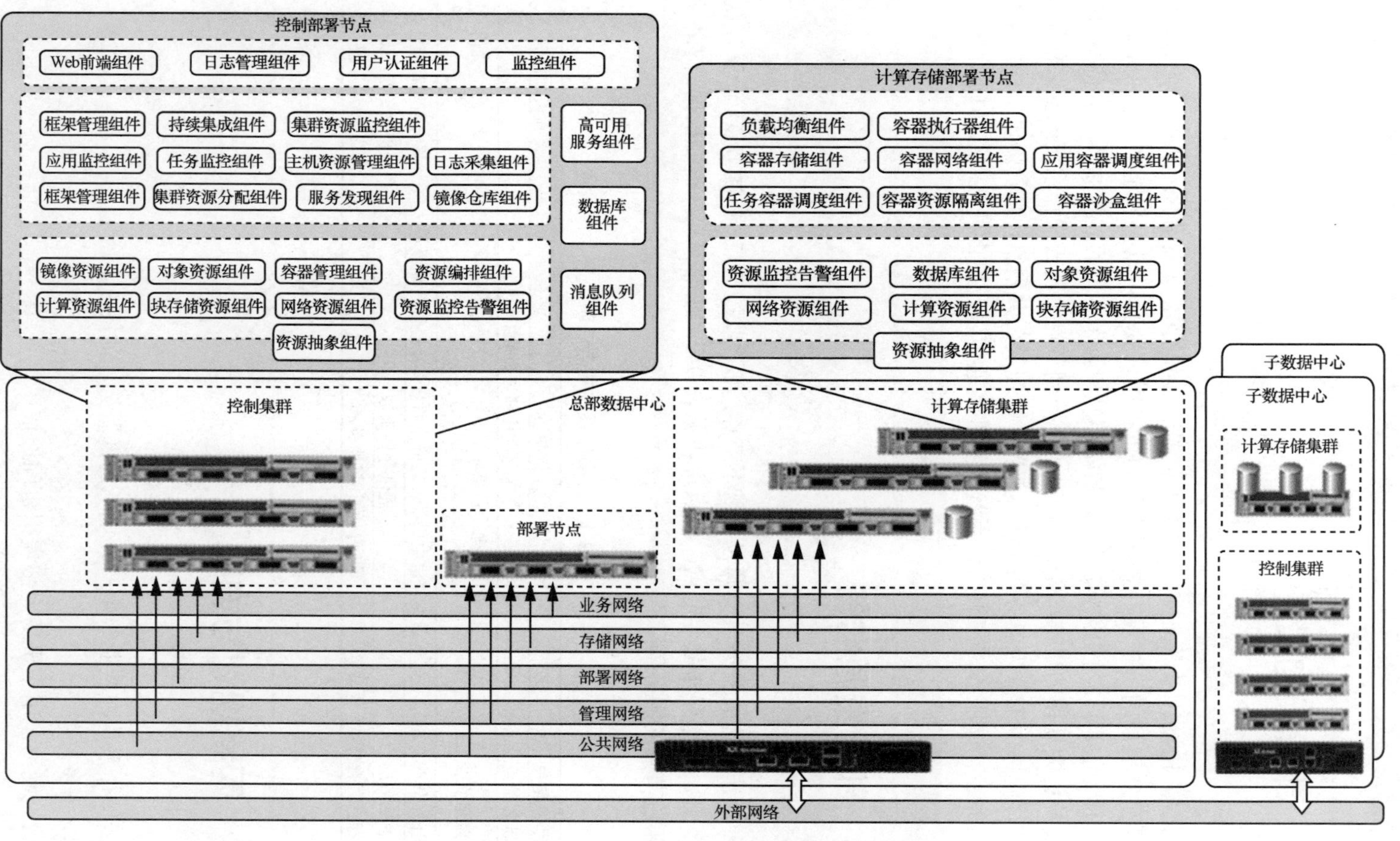

图 9-1 云操作系统在企业级生产环境下的部署架构

（2）业务网，用于虚拟机与外部互联网通信；

（3）存储网络，用于 Ceph 集群间数据复制；

（4）管理网络，用于云操作系统与被管理主机间通信（硬件管理网络，用于云操作系统与主机 IPMI 通信）；

（5）PXE 网络，用于环境部署。

其中，主机上 4 个口的万兆网卡，其中每两个口做一组绑定（active-standby）。对于控制节点，其中一组经过业务网和管理网 VLAN（两个 VLAN 在同一组端口内复用），一组经过私网 VLAN。对于计算+存储节点，其中一组经过管理网 VLAN 和私网 VLAN（两个 VLAN 在同一组端口内复用），一组经过存储网 VLAN。

每个节点上的吉比特网口用作 PXE 网络。

2. 网络连线

根据每个省的实际环境进行部署设计，明确每个服务器接口与交换机的接口连接，配合网络管理员做好网络交换机的配置。

3. 网络配置

根据实施方案中的网络硬件要求准备网络环境，包括线路连接、交换机及交换机的配置等工作。网络规划的基本配置规范见表 9-2。

表 9-2　网络规划配置明细

网络角色	网段	VAN ID	功能
pxe	10.20.0.0/24	99	为云操作系统所有主机安装系统并推送软件
mgmt	192.168.0.0/24	100	负责整个云操作系统内部组件之间的通信
storage	192.168.1.0/24	101	负责 Ceph 分布式存储各 OSD 之间的同步数据
App	172.16.0.0/24	102	为云操作系统提供访问入口和内部虚拟机对外访问
private	192.168.111.0/24	1000~1030	为租户所使用的业务网络（也称内部私有网络）

9.5 部署准备

9.5.1 配置服务器

1. 配置 RAID

控制节点：2 块盘配置 RAID1 作为操作系统盘。如果有其他盘配置 RAID5 作为 MongoDB 盘，MySQL 目前自动化部署和 OS 在一起，后期可更改。

计算节点：2 块盘配置 RAID1 作为操作系统盘。

存储/计算+存储节点：2 块盘配置 RAID1 作为操作系统盘。RAID 卡如果支持 JBOD 模式，则单块 SSD 配置 JBOD；否则单块 SSD 配置 RAID0；其他盘单盘配置 RAID0。

2. **配置 BIOS**

进入 BIOS，调整服务器启动顺序，将 PXE 设为第一启动项，将磁盘启动设为第二启动项。禁用 UEFI 启动改为 legacy-only 启动，设置管理网络的网卡为 PXE 启动，其他网卡禁止从 PXE 启动。

按照前面的系统盘、日志盘和存储 OSD 的 RAID 规划配置磁盘的 RAID 信息。

CPU 需要支持虚拟化技术，BIOS 中启用 Intel-VT 或 AMD-d 技术，一般 BIOS 默认开启。

9.5.2 部署服务器

1. **安装部署节点**

（1）按照规划配置交换机并将服务器和部署服务器机器接入网络

注：Private 网络的上行端口必须为 Trunk，且默认放行 VLAN 1000~1030。

（2）部署服务器安装

步骤 1 在部署节点安装 CentOS 操作系统，安装软件时选择所有虚拟化相关软件，如图 9-2 所示。

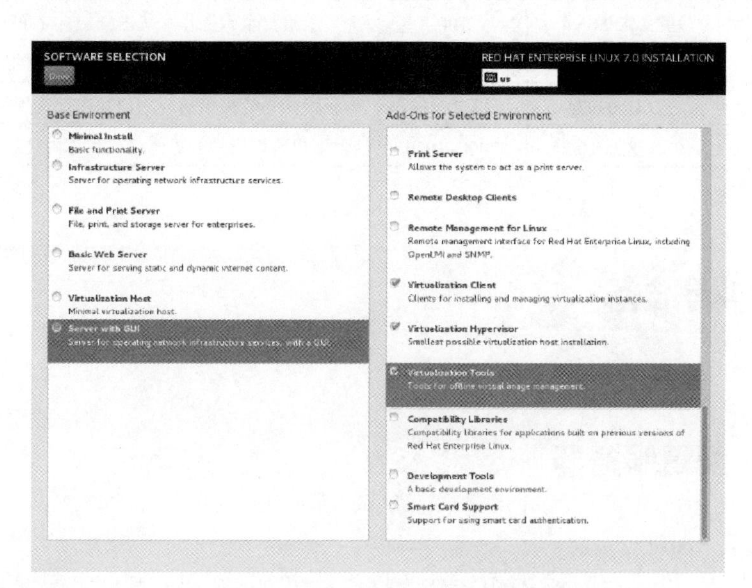

图 9-2　CentOS 操作系统安装

步骤 2　手动创建一个 Linux 网桥 br0，然后将连接 PXE 网络的物理网卡，连接到该网桥 br0。伪代码如下所示。

```
#brctl addbr br0
#brctl addif br0 eth0
```

步骤 3　创建一个 Linux 虚拟机，网卡使用创建的网桥。选择从部署服务器的 ISO 启动。

2. **配置部署节点**

（1）IP 地址修改

如果需要修改部署服务器 IP 地址或者 PXE 网段，则需要在安装过程中按照提示单击任意键来设置。

加载 ISO 后开始安装操作系统，在第一次重启之后，大概几分钟就会弹出图 9-3 所示界面，此时单击键盘任意键，进入设置界面。

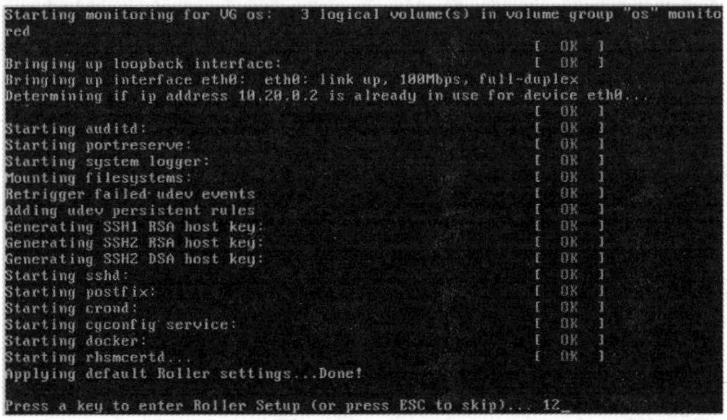

```
Starting monitoring for VG os:   3 logical volume(s) in volume group "os" monito
red
                                                           [  OK  ]
Bringing up loopback interface:                            [  OK  ]
Bringing up interface eth0:  eth0: link up, 100Mbps, full-duplex
Determining if ip address 10.20.0.2 is already in use for device eth0...
                                                           [  OK  ]
Starting auditd:                                           [  OK  ]
Starting portreserve:                                      [  OK  ]
Starting system logger:                                    [  OK  ]
Mounting filesystems:                                      [  OK  ]
Retrigger failed udev events                               [  OK  ]
Adding udev persistent rules                               [  OK  ]
Generating SSH1 RSA host key:                              [  OK  ]
Generating SSH2 RSA host key:                              [  OK  ]
Generating SSH2 DSA host key:                              [  OK  ]
Starting sshd:                                             [  OK  ]
Starting postfix:                                          [  OK  ]
Starting crond:                                            [  OK  ]
Starting cyconfig service:                                 [  OK  ]
Starting docker:                                           [  OK  ]
Starting rhsmcertd...                                      [  OK  ]
Applying default Roller settings...Done!

Press a key to enter Roller Setup (or press ESC to skip)... 12_
```

图 9-3　IP 设置界面

若键入成功，提示如图 9-4 所示。

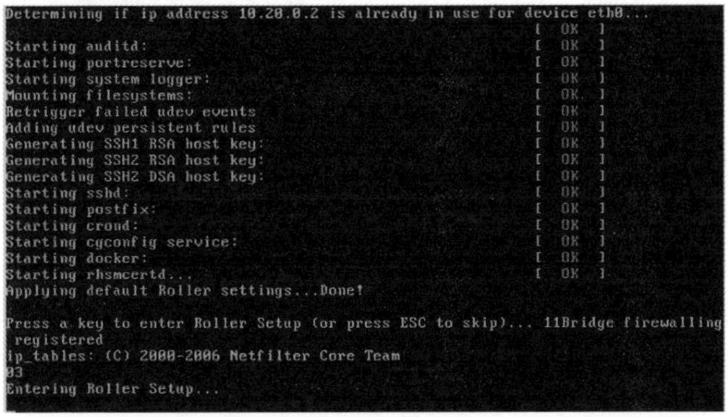

```
Determining if ip address 10.20.0.2 is already in use for device eth0...
                                                           [  OK  ]
Starting auditd:                                           [  OK  ]
Starting portreserve:                                      [  OK  ]
Starting system logger:                                    [  OK  ]
Mounting filesystems:                                      [  OK  ]
Retrigger failed udev events                               [  OK  ]
Adding udev persistent rules                               [  OK  ]
Generating SSH1 RSA host key:                              [  OK  ]
Generating SSH2 RSA host key:                              [  OK  ]
Generating SSH2 DSA host key:                              [  OK  ]
Starting sshd:                                             [  OK  ]
Starting postfix:                                          [  OK  ]
Starting crond:                                            [  OK  ]
Starting cyconfig service:                                 [  OK  ]
Starting docker:                                           [  OK  ]
Starting rhsmcertd...                                      [  OK  ]
Applying default Roller settings...Done!

Press a key to enter Roller Setup (or press ESC to skip)... 11Bridge firewalling
 registered
ip_tables: (C) 2000-2006 Netfilter Core Team
03
Entering Roller Setup...
```

图 9-4　IP 设置成功界面

设置界面可以修改部署服务器的主机地址和网关，设置完成后建议检查一遍（如图 9-5 所示）。

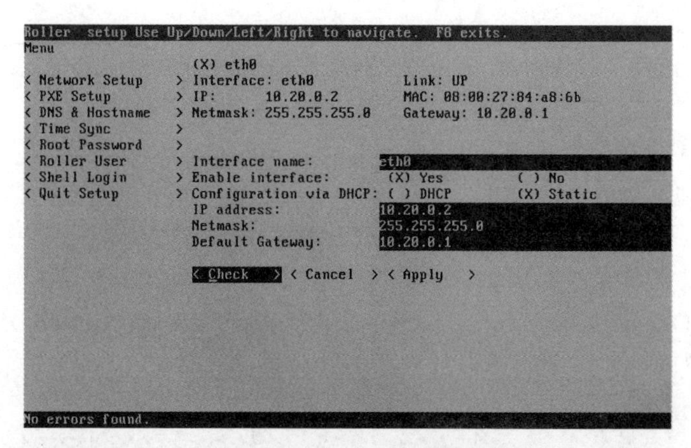

图 9-5　网络设置检查界面

图 9-5 用于修改 IP 地址分配池，图 9-6 中的 128~254 地址池是节点第一次重启后进入 bootstrap 系统所获取到的 IP 地址池，用于发现；3~127 地址池则是在分配角色之后，第二次重启即安装好 CentOS 系统之后正式的 IP 地址。

修改完成后建议检查一遍。网络设置二次检查界面如图 9-6 所示。

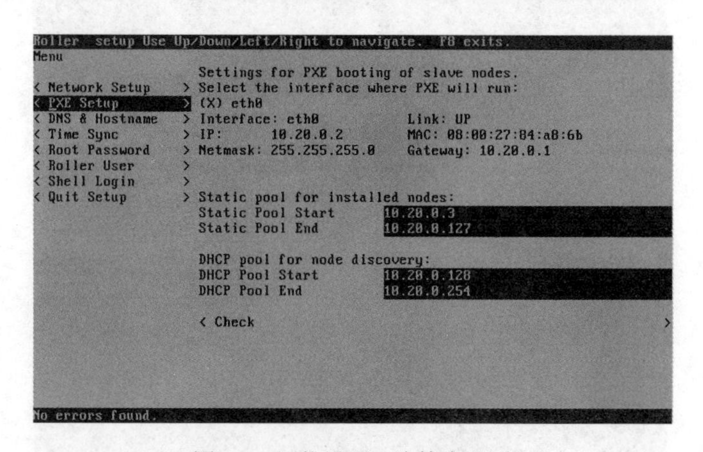

图 9-6　网络设置二次检查界面

（2）修改部署服务器的主机名和 DNS 等信息

部署服务器主机名和 DNS 修改界面如图 9-7 所示。

（3）设置时钟

时钟设置界面如图 9-8 所示。

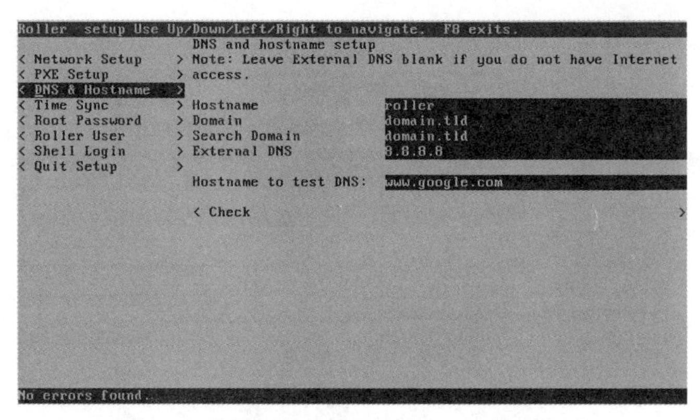

图 9-7　部署服务器主机名和 DNS 修改界面

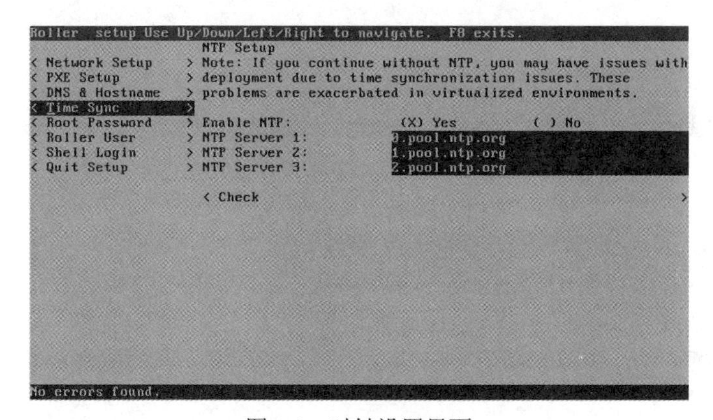

图 9-8　时钟设置界面

（4）设置部署服务器的 root 密码，默认是 root/password

部署服务器用户名密码设置界面如图 9-9 所示。

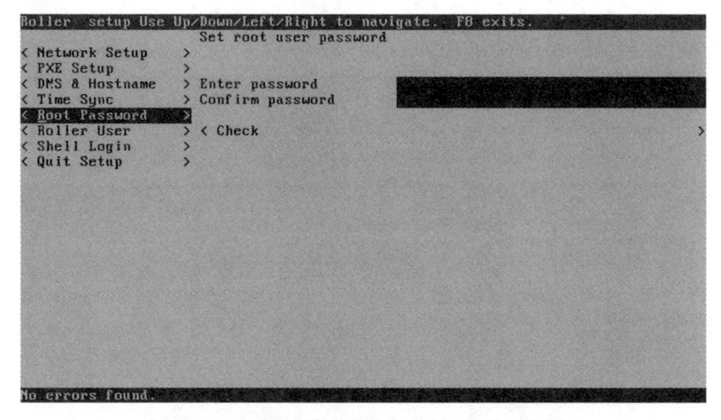

图 9-9　部署服务器用户名密码设置界面

（5）修改部署服务器 Web 的登录界面的用户名和密码，默认是 admin/admin

部署服务器 Web 登录界面用户名密码设置界面如图 9-10 所示。

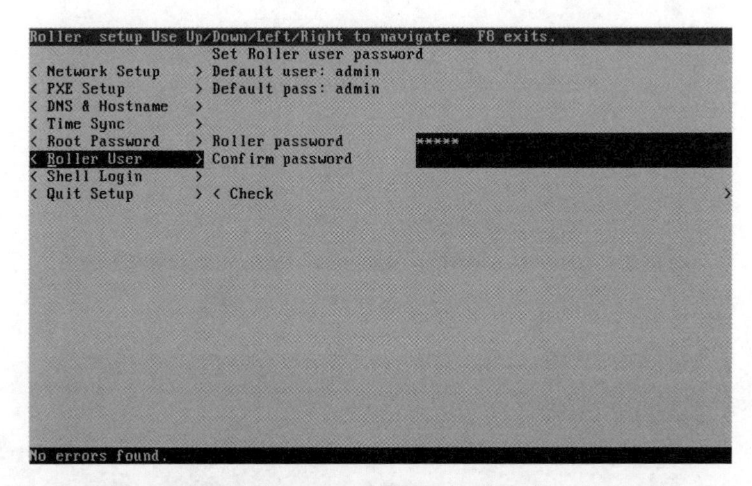

图 9-10 部署服务器 Web 登录界面用户名密码设置界面

（6）保存并退出，继续安装部署服务器

部署服务器保存退出界面如图 9-11 所示。

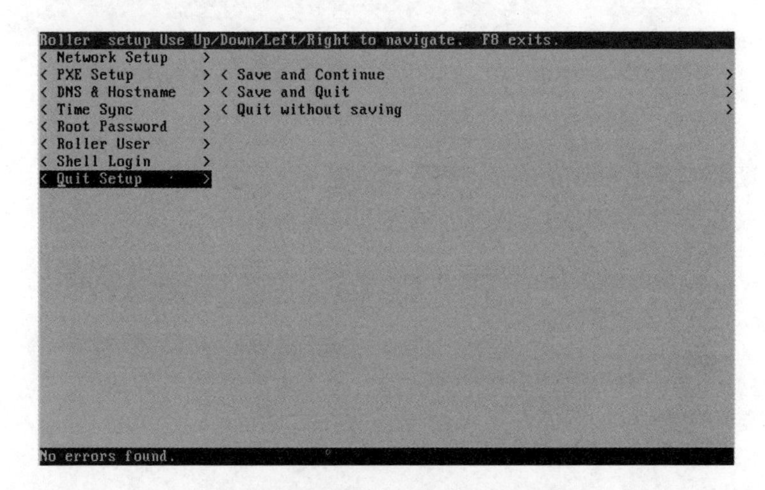

图 9-11 部署服务器保存退出界面

部署服务器继续安装，报错提示界面如图 9-12 所示。如果提示报错，务必解决。其实只要主机 IP 地址和两个地址池都在一个网段，地址不重叠，就不会报错。

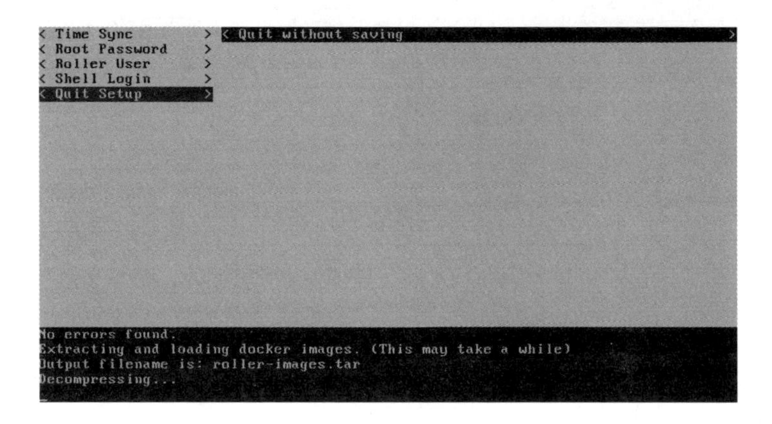

图 9-12　部署服务器报错提示界面

（7）升级部署节点的 Web 界面

将附件 loginLogo_new.png、logo.png、favicon.ico 传到 roller 服务器/root/目录下，然后执行如下代码。

```
dockerctl copy /root/loginLogo_new.png nginx:/usr/lib/python2.6/site-packages/roller/static/dashboard/img/
dockerctl copy /root/logo.pngnginx:/usr/lib/python2.6/site-packages/roller/static/bootstrap/img/
dockerctl copy /root/favicon.ico  nginx:/usr/lib/python2.6/site-packages/roller/static/dashboard/img/
dockerctl restart nginx
```

浏览器上显示“SG-COS Cloud Management”。

```
[root@roller ~]# dockerctl shell nginx
[root@5a3d5691c873 ~]# yum install -y vim
```

然后在这个 Docker 中修改下面两个 html 文件的{% block title %}{% endblock %}部分，替换为“SG-COS Cloud Management”。

```
/usr/lib/python2.6/site-packages/roller/dashboards/environment_detail/nodes/templates/nodes/index.html
/usr/lib/python2.6/site-packages/roller/dashboards/environment/environment/templates/environment/index.html
[root@roller ~]# dockerctl restart nginx
```

3. **创建部署环境**

（1）安装完成后，打开浏览器（使用 Chrome/Firefox），在地址栏输入：10.20.0.2:8000，这是默认 IP 地址，弹出部署服务器 UI 登录界面，输入默认用户名和密码：admin。

（2）进入 Dashboard 界面，此时没有任何可用资源。可以单击右上角“admin”的设置，实现登出、修改密码或者设置字符集操作。

（3）云操作系统在安装之初必须先导入 License，具体如图 9-13 所示。

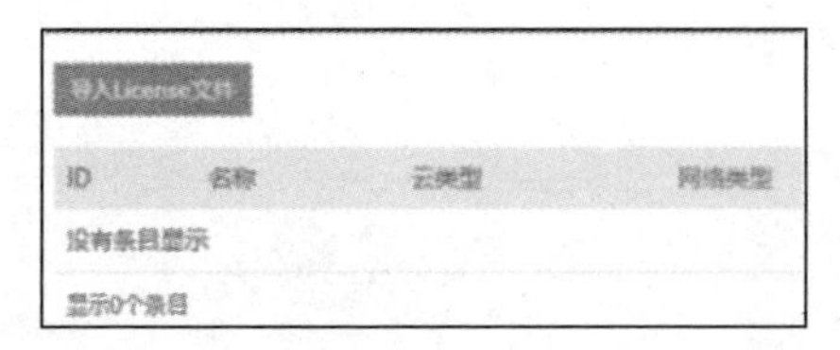

图 9-13　导入 License 界面

单击“选择文件”按钮，选择本地已经申请好的 License，然后单击“导入 License 文件”完成导入。

可能遇到的问题：目前发现可能导入后，一直处于等待状态，稍等几分钟。如果报 gateway timeout 错误，只需要刷新一下浏览器。

（4）设置云操作系统环境

创建云操作系统环境，选择首页中的“设置”开始创建云操作系统环境，如图 9-14 所示。在新的弹出窗口进行需求设定，如图 9-15 所示。

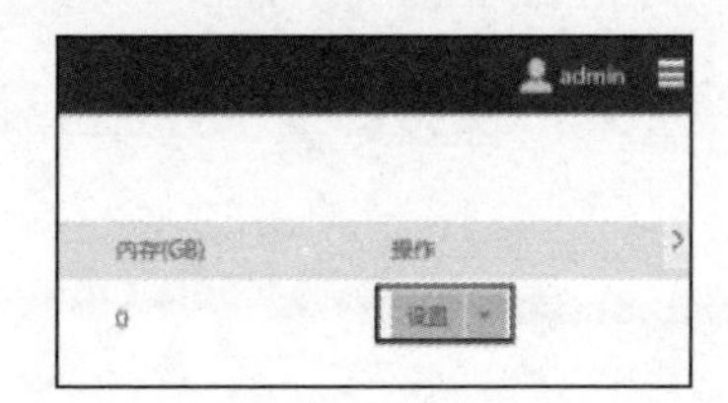

图 9-14　创建云操作系统环境界面

配置部署功能界面如图 9-15 所示。

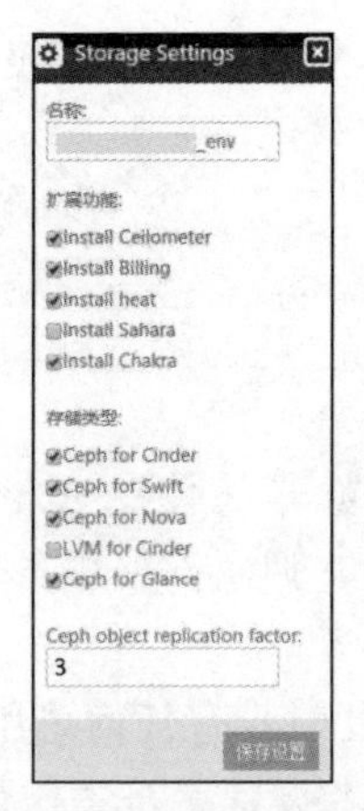

图 9-15　配置部署功能界面

- Ceilometer：信息采集和监控模块，需要 MongoDB 支持。
- Billing：计费模块，必须要安装 Ceilometer 以完成计费。
- Heat：自动部署模块。
- Sahara：此功能还未开发完成。
- Chakra：此功能是为了实现多 region 情况下计费。
- 存储类型：默认 Ceph 为 Nova、Cinder 和 Glance，提供统一存储。
- Swift：对象存储。
- LVM：为 Cinder 提供后端存储，需要专门节点，根据实际场景应用。
- Ceph 副本：Ceph 默认的副本数量统一修改为 3。

9.6 手动部署云操作系统

9.6.1 加载物理机

（1）依次开启物理主机、物理主机加电，以 PXE 形式（确定已设 PXE 为第一启动）启动，然后主机会获得 IP 地址并加载 Bootstrap 系统，刷新页面，在 UI 中间下方的空闲节点可以看到已经加载到云环境的物理主机，诸如图 9-16 所示的 MAC 地址、CPU、MEM 以及 NIC 等相关信息，确定对应的物理主机。

空闲节点

添加节点

ID	名字(点击编辑)	当前状态	管理IP地址	管理Mac地址	IPMI	硬件信息(处理器，硬盘，内存，网卡)	虚拟化	在线
7	Untitled (ae:8c)	discover	10.20.0.133	a0:d3:c1:fd:ae:8c	192.168.2...	CPU:64 Disk(3):838.1GB RAM:128.0GB NICS:4(4)	HP	True
40	Untitled (98:94)	discover	10.20.0.129	40:a8:f0:1e:98:94	192.168.2...	CPU:64 Disk(3):838.1GB RAM:128.0GB NICS:4(4)	HP	True
41	Untitled (8f:d0)	discover	10.20.0.130	40:a8:f0:1e:8f:d0	192.168.2...	CPU:64 Disk(3):838.1GB RAM:128.0GB NICS:4(4)	HP	True
42	Untitled (98:84)	discover	10.20.0.132	40:a8:f0:1e:98:84	192.168.2...	CPU:64 Disk(3):838.1GB RAM:128.0GB NICS:4(4)	HP	True
43	Untitled (98:28)	discover	10.20.0.131	40:a8:f0:1e:98:28	192.168.2...	CPU:64 Disk(3):838.1GB RAM:128.0GB NICS:4(3)	HP	True
44	Untitled (98:00)	discover	10.20.0.128	40:a8:f0:1e:98:00	192.168.2...	CPU:64 Disk(1):279.4GB RAM:128.0GB NICS:4(4)	HP	True

显示6个条目

图 9-16 加载云环境物理主机列表

（2）等所有主机都加载进来之后，开始分配角色，在此环境中可以根据磁盘的大小或者 CPU、MEM 的大小来判断是控制节点还是计算节点，比如环境控制节点只有 300 GB 硬盘，而计算节点有 1 TB 磁盘，勾选 300 GB 磁盘的 3 个节点，然后单击上方的“添加节点”，在新的弹窗中选择相应的选项，示例环境控制选择 Controller+Mongo；

然后同样地添加计算节点，选择 Compute+ceph-osd，单击“应用变更”。

- “Controller”角色为该服务器的控制节点；
- “Compute”角色为该服务器的计算节点；
- “Cinder”角色为可以提供基于 LVM 的 Cinder 存储，通常和计算节点一起选择，支持 SAN 和 ISCSI；
- “ceph-osd”角色为分布式存储 Ceph 提供存储空间，可以提供 Cinder 和 Glance 存储空间，通常和计算节点在同一服务器，但是建议磁盘独立使用；
- “mongo”角色为云操作系统提供 Ceilometer 监控模块，其数据存储在 MongoDB 中，通常和控制节点安装在同一服务器。
- “storage-node”暂时没使用。

（3）添加完节点后，在“节点”列表中显示已经添加的服务器，包含名字、状态、管理 IP 地址、硬件信息、预处理状态和在线状态等信息。

- “名字”，服务器的标识，可修改。
- “当前状态”，表示服务器的当前状态。状态包括：Discovery（已发现）、Previsioning（正在部署系统）、Previsioned（系统部署完成）、Deploying（正在部署云操作系统组件）、Deployed（系统组件部署完成）、Ready（节点就绪）、Error（部署过程出现错误）。
- “角色”，显示服务器的角色。由于此时是预处理阶段，所以没有显示，等进行部署时可看到相应信息。
- “管理 IP”，由部署服务器临时分配的管理 IP 地址。
- “在线”，表明该服务器是否可管理。
- “IPMI”是硬件管理端口，管理端口 IP 地址，可以在服务器连接电源后进行远程管理。
- “硬件信息...”显示了该服务器的 CPU、DISK、MEM、NIC 等信息。
- “批量配置网卡”，在服务器或同角色的网络配置相同时，可以批量设定网络角色。
- “批量配置磁盘”，批量配置磁盘。

9.6.2 配置网络环境

（1）设置云操作系统网络环境

网络角色定好后，可以配置各网络的 IP 地址和 VLAN 信息了。单击左边栏的“网络”可以看到现行网络的角色和 IP 地址信息，PXE 网络无法更改。

如需修改 IP 地址信息，单击右边的“更新”按钮，在弹出窗口中可以修改对应网络角色的 IP 地址信息。

VLAN tag 信息按照之前规划划定。注意如此处填写了 VLAN，则上行端口应是 Trunk，且放行该 VLAN；如果此处不填写，则上行端口配置 VLAN 即可。

修改完成后，单击“更新”即可。其他按照此处修改即可。

网络更新界面如图 9-17 所示。

图 9-17　网络更新界面

更新完成之后的信息如图 9-18 所示。

ID	名称	IP地址范围	网关	Vlan Port	CIDR
39	public	10.0.4.2 ~ 10.0.4.100	10.0.4.254	104	10.0.4.0/24
40	management	10.0.3.2 ~ 10.0.3.254	-	-	10.0.3.0/24
41	storage	10.0.2.2 ~ 10.0.2.254	-	-	10.0.2.0/24

图 9-18　网络信息列表

注意，此处并没有 Private 网络信息，可以单击图 9-18 中的“设置网络基本参数”，弹出如图 9-19 所示的网络基本参数设置界面，默认 VLAN 是 1000~1030，此上行端口必须是 Trunk，且放行 VLAN 1000~1030 网段。这个私网是专门给内部虚拟主机通信使用的。

图 9-19　网络基本参数设置界面

（2）配置网卡

单击“批量配置网卡”，看到网卡的角色分配，然后单击“分配网络角色”来重新分配角色。网卡设置界面如图 9-20 所示。

捆绑网络　分配网络角色

名称	类型	mac	状态	已分配网络
eth0	ether	40:a8:f0:1e:98:94	up	roller, management, storage, private
eth1	ether	40:a8:f0:1e:98:95	up	public
eth2	ether	40:a8:f0:1e:98:96	up	-
eth3	ether	40:a8:f0:1e:98:97	up	-

图 9-20　网卡设置界面

如果是生产网络，为了增加冗余性，强烈建议使用“捆绑网络”来做端口绑定，防止出现单点。默认 bond 为 active-standby，交换机不要任何配置。可选配置 lacp-slb：根据 MAC 和 VLANID 在网卡之间进行负载（静态）。可选配置 lacp-tcp：可以根据 L2~L4 信息进行负载（动态），需要交换机支持 lacp，否则退回 lacp-slb。这 2 种方式都需要 2 台交换机配置为堆叠模式。

在新弹窗中，按照之前的规划来分配网络角色（如图 9-21 所示），其中部署服务器是固定的，其他任意分配，要注意不同角色在不同网卡中的配置可能需要配置上行的交换机端口，Private 端口的上行端口必须为 Trunk，且放行 allow 1000~1030 网端，其他根据实际情况配置，本次环境按照之前规划配置即可，然后单击“应用变更”。

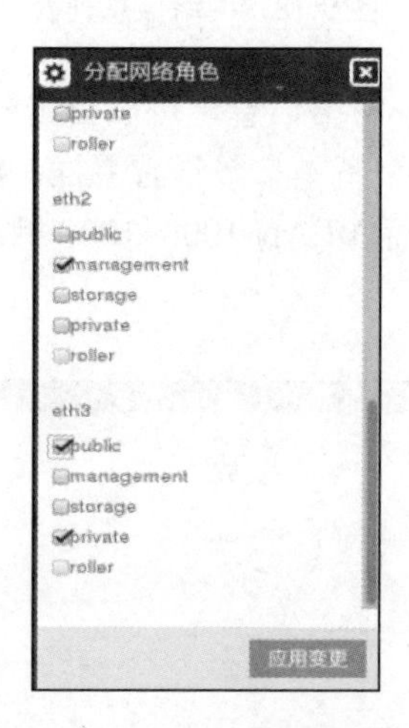

图 9-21　网络分配角色界面

然后再次确认分配好的网络角色，如图 9-22 所示。

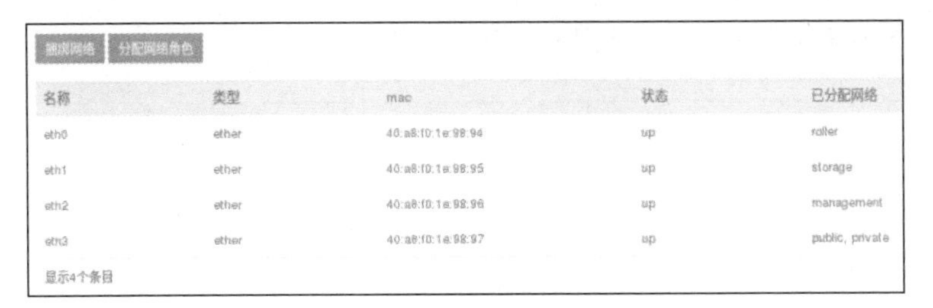

图 9-22　分配网络角色列表

9.6.3　配置物理磁盘

网络设定完成后，接下来配置磁盘，同样单击右上角的“批量配置磁盘”，如图 9-23 所示。

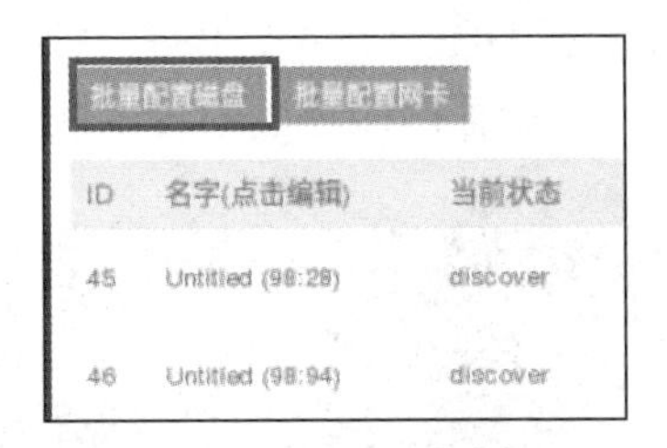

图 9-23　批量磁盘配置界面

新弹出的窗口中的磁盘配额是默认的，手动调节是否采用 SSD 日志盘，或者在全 SSD 环境中均有所调整，根据实际情况而定。硬盘配置界面如图 9-24 所示。

图 9-24　硬盘配置界面

调整后的磁盘配额列表如图 9-25 所示。

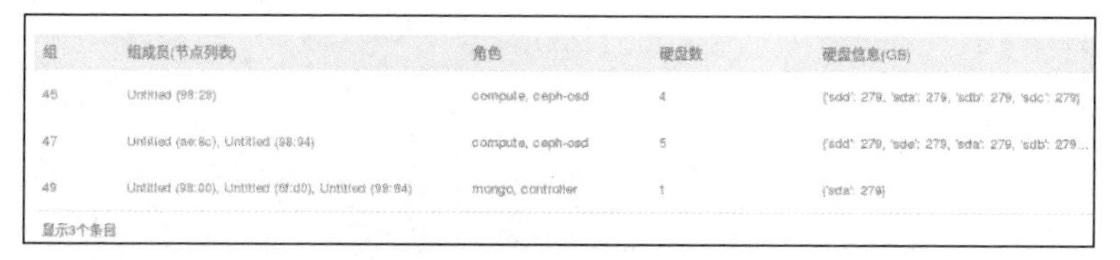

组	组成员(节点列表)	角色	硬盘数	硬盘信息(GB)
45	Untitled (98:28)	compute, ceph-osd	4	{'sdd': 279, 'sda': 279, 'sdb': 279, 'sdc': 279}
47	Untitled (ae:8c), Untitled (98:94)	compute, ceph-osd	5	{'sdd': 279, 'sde': 279, 'sda': 279, 'sdb': 279...
49	Untitled (98:00), Untitled (6f:d0), Untitled (98:84)	mongo, controller	1	{'sda': 279}

显示3个条目

图 9-25　磁盘信息列表

9.6.4　测试验证网络

配置完网络和磁盘后，预配置就完成了，下面一步是验证网络。单击左边栏“应用”下的“验证网络”，开始验证网络（如图 9-26 所示）。

单击右下角的左向箭头，在弹出框内可以看到验证项目和进度。

- “check_dhcp”主要验证 DHCP 状况，PXE 网络需确保没有其他 DHCP。
- “verify_networks”主要验证网络环境的合规性，包含 VLAN 中继等。

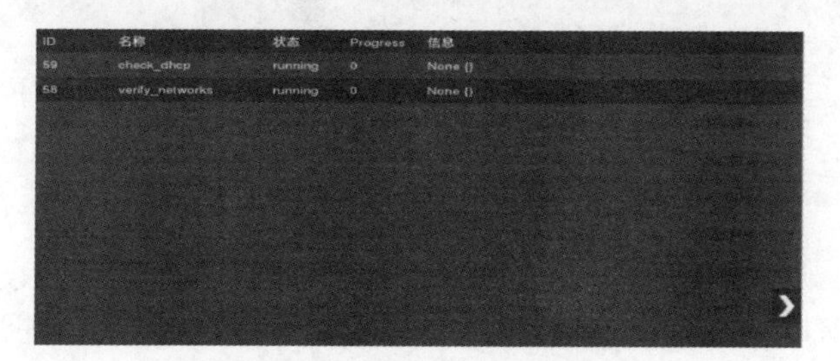

ID	名称	状态	Progress	信息
59	check_dhcp	running	0	None {}
58	verify_networks	running	0	None {}

图 9-26　网络验证过程界面

图 9-27 所示则是通过验证，其间需要几分钟。

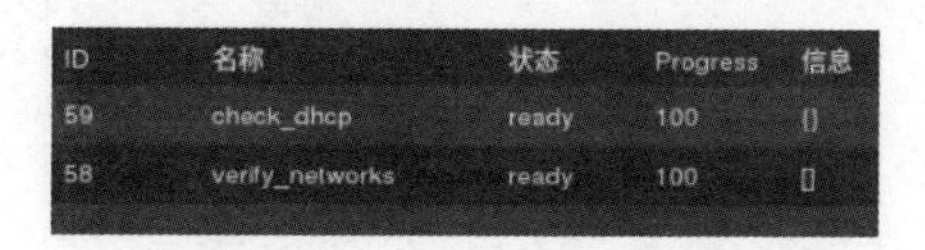

ID	名称	状态	Progress	信息
59	check_dhcp	ready	100	{}
58	verify_networks	ready	100	[]

图 9-27　网络验证结果界面

9.6.5　部署云操作系统

（1）验证完成后可以开始部署，单击左边栏下面的“部署设置”，开始部署云操作系统，如图 9-28 所示。

图 9-28　部署菜单界面

（2）如图 9-29 所示，部署服务器会同步推送 CentOS7，然后开始部署云操作系统服务，部署时间根据网络速率和节点数量评估，如 6 节点的 HA 环境大概需两三个小时。

- “deploy”是指部署云操作系统的整体进度；
- “provision”是指 CentOS 推送及安装的进度，在此之后才开始推送云操作系统服务；
- “deployment”是指部署云操作系统的进度。

ID	名称	状态	Progress	信息
64	deployment	running	0	None {}
63	provision	running	0	None {}
60	deploy	running	0	None {}
59	check_dhcp	ready	100	{}
58	verify_networks	ready	100	[]

图 9-29　部署过程监控界面

如图 9-30 所示是即将部署完成的界面，注意此时不要停止部署服务器，这时在做最后的校验。

ID	名称	状态	Progress	信息
64	deployment	running	100	None {}
63	provision	ready	100	None {}
60	deploy	running	100	None {}
59	check_dhcp	ready	100	{}
58	verify_networks	ready	100	[]

图 9-30　部署即将完成界面

此时可以在左边栏的“日志”内查看是否有错误的日志，如有，要及时解决。部署结果信息列表如图 9-31 所示。

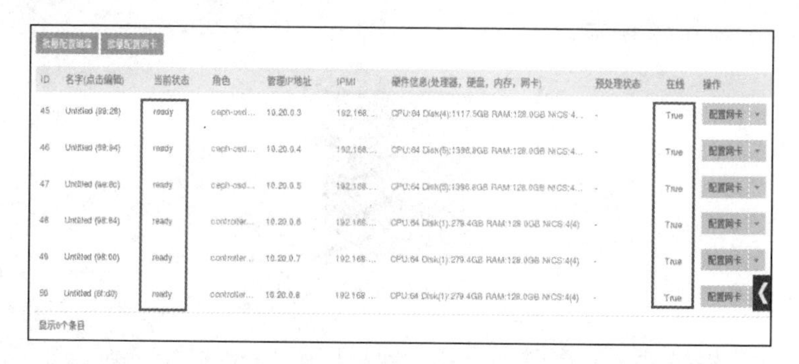

图 9-31　部署结果信息列表

图 9-32 代表着部署全部完成，可以关掉部署服务器了。在关闭 roller 之前，安装 yum install bzip2、yum–y install unzip。

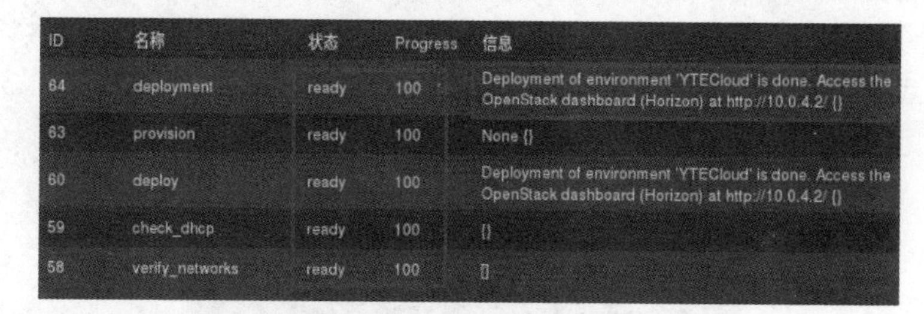

图 9-32　部署完成界面

1. 部署节点界面修改

（1）登录页面 logo 替换方法

- 登录页面 logo 为附件中的 loginLogo_new.png；
- 登录 roller 服务器；
- 将附件 loginLogo_new.png 传到 roller 服务器；
- dockerctl copy loginLogo_new.png（此为 loggo.png 路径）；
- nginx:/usr/lib/python2.6/site-packages/roller/static/dashboard/img/；
- dockerctl restart nginx。

（2）登录后页面 logo 替换方法

- 登录后页面 logo 为附件中的 logo.png；
- 登录 roller 服务器；
- 将附件 logo.png 传到 roller 服务器；
- dockerctl　copy logo.png（此为 loggo.png 路径）

```
nginx:/usr/lib/python2.6/site-packages/roller/static/bootstrap/img/;
```

- dockerctl restart nginx。

（3）浏览器上显示“SG-COS Cloud Management”

```
[root@roller ~]# dockerctl shell nginx
[root@5a3d5691c873 ~]# yum install -y vim
vim/usr/lib/python2.6/site-packages/roller/dashboards/environment_detail/nodes/templates/nodes/index.html
vim/usr/lib/python2.6/site-packages/roller/dashboards/environment/environment/ templates/environment/index.html
```

修改上面两个 html 文件的 {% block title %}{% endblock %}部分，替换成 SG-COS Cloud Management 即可。

```
[root@roller ~]# dockerctl restart nginx
```

完成上述修改后，清理浏览器的缓存并重启浏览器访问即可。

2. **配置和优化**

开启控制节点密码访问。

通过部署服务器访问 node-1，打开 ssh 登录。

修改/etc/ssh/sshd_config，将密码认证从 No 改为 Yes，然后重启 ssh 服务，代码如下所示。

```
PasswordAuthentication yes
^C
[root@node-1~]#
```

（1）设置 NTP

云操作系统部署完成后，所有节点默认将 roller 作为 NTP server，但是 roller 是不联网的，所以推荐使用部署单位提供的 NTP server。

- 连接省公司单位的 NTP server，如 10.10.10.10

在所有节点上：vim /etc/ntp.conf

将 server 10.20.0.2 burst iburst prefer 改为 server 10.10.10.10 burst iburst prefer

如果有两个 NTP server 则如下：

```
server 10.10.10.10 burst iburst prefer
server 10.10.10.11 burst iburst
```

- 如果部署单位没有 NTP server，或者无法连接到部署单位 NTP server，则将 node-1 配成集群的 NTP server，其他节点与 node-1 同步，但不建议。

在控制节点上 node-1：vim /etc/ntp.conf

删掉 server 10.20.0.2 burst iburst prefer

新增如下：

```
server 127.127.1.0
fudge 127.127.1.0 stratum 10
other node:
server 10.10.10.10 burst iburst prefer
```

配置完成需要重启 NTP 服务：/etc/init.d/ntpd restart

查看同步情况：ntpq-p

如果是多控环境，建议控制节点都与 node-1 同步，计算节点最先与 node-1 同步，往后依次与 node-2、node-3 同步。

（2）移除 rsyslog、nailgun、mcollection agent

如果没有进行此操作，roller 被移除或者网络不通，syslog 长时间不连通服务会夯死，引起 neutron 服务异常，其他 agent 则会占用过多的进程，建议移除，移除后会导致 roller dashboard 上的节点状态为 offline，不影响使用。

在所有节点上设置：

```
mv /etc/rsyslog.d/00-remote.conf /root
service rsyslog restart
mv /etc/cron.d/nailgun-agent /root
service crond restart
/etc/init.d/mcollective stop
chkconfig mcollective off
```

（3）CPU、RAM 超售比

一般生产环境建议内存超售比为 1:1，CPU 为 1:2 或者 1:4，不建议过大。在计算节点或计算融合节点上进行设置：

```
/usr/bin/openstack-config   --set   /etc/nova/nova.conf   DEFAULT
ram_allocation_ ratio 1.0
/usr/bin/openstack-config   --set   /etc/nova/nova.conf   DEFAULT
cpu_allocation_ ratio 2.0
service openstack-nova-compute restart
```

（4）计算节点宿主机内存预留

由于宿主机本身运行着操作系统和一些必需的软件，所以其本身也需要一部分资源，所以计算节点或计算存储节点建议预留 16 GB 左右。

如果还是存储节点的话，建议每 OSD 不少于 2 GB 内存，每 1 TB 大约 1 GB，系统和 OSD 进行合计后统一预留。

```
/usr/bin/openstack-config   --set   /etc/nova/nova.conf   DEFAULT
reserved_host_ memory_mb 16384
service openstack-nova-compute restart
```

（5）设置 mini_free，防止内存溢出

宿主机在内存耗尽，而又无法释放的情况下会消耗占用内存最大的进程，尤其是虚拟机或者 OSD 的检查，为了防止内存溢出，建议在计算节点或计算融合节点上设置 mini_free，比如 3 GB。

```
echo 3145728 > /proc/sys/vm/min_free_kbytes
echo vm.min_free_kbytes=3145728 >> /etc/sysctl.conf
```

（6）SSD 调度算法

SSD 作为 journal 或者 OSD 都建议修改其算法为 noop，算法简单高效，在计算存储/存储节点上设置：

```
echo noop > /sys/block/sdq/queue/scheduler
```

需要开机加载，写入 rc.local：

```
vim /etc/rc.local
echo noop > /sys/block/sda/queue/scheduler
chmod +x /etc/rc.d/rc.local
```

（7）设置 memcache 内存 cache

环境部署的内存设置过大，需要调整控制节点上的 memcache 的内存。

memcache 没有明确表示需要占用多大的 cache，可以设置为 8 GB。

```
vi /etc/sysconfig/memcached
CACHESIZE="8196"
service memcached restart
systemctl restartopenstack-keystone.service
/etc/init.d/httpd restart
```

（8）设置 MongoDB 占用缓存大小

同 memcache 一样，存储的数据越多，MongoDB 占用的缓存越大，可以根据内存适当调大缓存，在控制节点上通常设置为 10 GB。

```
vim /etc/mongod.conf
cacheSizeGB: 10
service mongod restart
```

（9）设置 DHCP 租期

此为可选项，由于网络或者 rabbitmq 有时候会出现问题，如果租期过短，恰逢网络或者 rabbitmq 出现问题，则云主机可能无法正常获取 IP 地址或者元数据，所以建议调大租期，特别是在 L2 环境中，避免控制节点宕机对虚拟机的影响。

在所有控制节点上进行如下设置：

```
vi /etc/neutron/neutron.conf
dhcp_lease_duration 321408000
ps -ef |grep dnsmasq |grep -v grep
kill <dnsmasq-id>
service neutron-dhcp-agent restart
```

（10）计算存储融合节点 CPU 隔离

在计算存储融合节点上，首先查看一下 NUMA。

```
# lscpu  | grep NUMA
NUMA node（s）:2
NUMA node0 CPU（s）:0-5,12-17
NUMA node1 CPU（s）:6-11,18-23
```

这里可以预留 0 和 6 给操作系统，不占用。

在计算节点的 nova.conf 的 default 下进行设置：

```
vim /etc/nova/nova.conf
vcpu_pin_set=1-5,7-11（没被 OSD 使用的 CPU 都写进去）
```

在 Liberty 版本中使用 CentOS7.2，无法直接用 taskset 方式进行绑定，需要做以下修改。修改计算+存储节点/etc/init.d/ceph。

```
grep -qs systemd /proc/1/comm || SYSTEMD_RUN=""   //在这一行下面添加
SYSTEMD_RUN=""
```

使用下面的命令绑定：

```
Ceph osd tree 查看每个机器的 OSD 编号。
taskset -c 22-23 service ceph restart osd.0
```

如果有多个 OSD，需要多次使用该命令，将 OSD 绑定到不同的 CPU 上。

为了使得该命令重启后依然生效，将该命令加入/etc/rc.local 文件：

```
chmod +x /etc/rc.d/rc.local
```

（11）修改 neutron-server 启动选项

在/usr/lib/systemd/system/neutron-server.service 文件中启动选项。

修改 3 个控制节点的/etc/openstack-dashboard/local_settings 文件，然后重启 3 个控制节点 HTTP：

```
sed -i 's/ENABLE_BILLING =True/ENABLE_BILLING =False/g'
service httpd restart
```

（12）备份 roller

将 roller 部署虚拟机的磁盘镜像压缩后上传到 3 个控制节点中保存。

（13）设置 horizon 日志

修改控制节点 1 的/etc/openstack-dashboard/local_settings 文件，如果没有红色部分，添加；如果有，与之有差别的，修改为深色部分（或者也可直接将此处的 LOGGING 部分替换为生产环境的 LOGGING），然后重启 HTTP 服务。

```
LOGGING = {
'version': 1,
 # When set to True this will disable all logging except
 # for loggers specified in this configuration dictionary. Note that
 # if nothing is specified here and disable_existing_loggers is True,
 # django.db.backends will still log unless it is disabled explicitly.
 'disable_existing_loggers': False,
 'handlers': {
     'null': {
         'level': 'DEBUG',
         'class': 'django.utils.log.NullHandler',
     },
     'console': {
         # Set the level to "DEBUG" for verbose output logging.
         'level': 'INFO',
         'class': 'logging.StreamHandler',
     },
     'file': {
             'level': 'DEBUG',
             'class': 'logging.FileHandler',
             'filename': '/var/log/horizon/horizon.log',
     },
```

```
    },
    'formatters': {
            'debug': {
                'format': 'dashboard-%(name)s: %(levelname)s [pid=%
(process)d] %(module)s %(funcName)s %(message)s'
            },
            'normal': {
                'format': 'dashboard-%(name)s: %(levelname)s %(message)
s'
            },
    },
    'loggers': {
        # Logging from django.db.backends is VERY verbose, send to null
        # by default.
        'django.db.backends': {
            'handlers': ['null'],
            'propagate': False,
        },
        'requests': {
            'handlers': ['null'],
            'propagate': False,
        },
        'horizon': {
            'handlers': ['console'],
            'level': 'DEBUG',
            'propagate': False,
        },
        'easystack_dashboard': {
            'handlers': ['file'],
            'level': 'DEBUG',
            'propagate': False,
            'formatter': 'normal',
        },
        'novaclient': {
            'handlers': ['console'],
            'level': 'DEBUG',
            'propagate': False,
        },
        'cinderclient': {
            'handlers': ['console'],
            'level': 'DEBUG',
            'propagate': False,
        },
        'keystoneclient': {
            'handlers': ['console'],
            'level': 'DEBUG',
```

```
            'propagate': False,
        },
        'glanceclient': {
            'handlers': ['console'],
            'level': 'DEBUG',
            'propagate': False,
        },
        'neutronclient': {
            'handlers': ['console'],
            'level': 'DEBUG',
            'propagate': False,
        },
        'ceilometerclient': {
            'handlers': ['console'],
            'level': 'DEBUG',
            'propagate': False,
        },
        'openstack_auth': {
            'handlers': ['file'],
            'level': 'DEBUG',
            'propagate': False,
        },
        'nose.plugins.manager': {
            'handlers': ['console'],
            'level': 'DEBUG',
            'propagate': False,
        },
        'django': {
            'handlers': ['file'],
            'level': 'DEBUG',
            'propagate': False,
        },
        'iso8601': {
            'handlers': ['null'],
            'propagate': False,
        },
        'scss': {
            'handlers': ['null'],
            'propagate': False,
        },
    }
}
```

（14）修改缓存释放脚本

修改每台机器上的缓存释放脚本：

```
sed -i 's/print $7/print $6/g' /usr/bin/clean-system-cache.sh
```

（15）上传巡检脚本

将巡检脚本统一存放在/home/gdt 目录下。

3. 升级 Horizon

准备下列升级文件，并把文件复制到 3 台控制节点：

```
openstack-dashboard-2015.1.1-1.easystack.el7.centos.noarch.rpm
python-django-horizon-2015.1.1-1.easystack.el7.centos.noarch.rpm
```

依次在每个控制节点执行以下命令：

```
mv /etc/openstack-dashboard/local_settings /root/;
mv /etc/httpd/conf.d/openstack-dashboard.conf /root/;
rpm -e --nodeps openstack-dashboard python-django-horizon;
rm -rf /usr/share/openstack-dashboard/;
rpm -ivh /root/python-django-horizon-2015.1.1-1.easystack.el7.centos.
noarch.rpm /root/openstack-dashboard-2015.1.1-1.easystack.el7.centos.
noarch.rpm;
cp /root/local_settings /etc/openstack-dashboard/local_settings;
cp /root/openstack-dashboard.conf /etc/httpd/conf.d/openstack-
dashboard.conf;
/usr/share/openstack-dashboard/manage.py collectstatic --noinput;
/usr/share/openstack-dashboard/manage.py compress --force;
service httpd restart;
```

4. 部署 Omega Server

（1）将 Omega Server 的镜像压缩文件上传到 node-1 中，然后上传到 Glance 中。

```
source /root/openrc
tar xzvf ubuntu-docker.tar.gz
glance image-create --name ubuntu-mesos --is-public True --disk-
format raw --container-format bare --property os-distro=ubuntu --file=
Ubuntu-trusty-amd64-14.04-docker-1.9.1.raw
```

（2）在 Dashboard 界面创建 Omega Server，flavor：8-8192-200，绑定 floatingip，对虚拟机使用的安全组添加 3 条安全规则（允许所有 ICMP、所有 TCP、所有 UDP 进入）。

net-id 为 sharenet 的 ID。

node-1 可以提前创建或者导入物理主机 node-1 的/root/.ssh/id_rsa.pub 或者使用下列命令直接生成：

```
cd
test -f ~/.ssh/id_rsa.pub || ssh-keygen -t rsa -N "" -f ~/.ssh/id_rsa
source /root/openrc
nova keypair-add --pub-key ~/.ssh/id_rsa.pub node-1
```

Image 为步骤（1）中导入的 image。

```
nova boot --flavor 90 --image 94be4e8c-c39b-46dd-8861-6b0f2a0c107c
--nic  net-id=4dcc6cae-6687-4e12-a3ee-3baf3a6f8514  --security-groups
default --key-name node-1 --admin-pass passw0rd Omega-Server
```

（3）将 quicktrial-20160616.tar.gz 复制到 Omega Server 中并解压。

在 node-1 中的文件复制到 Omega Server。

```
scp  -i  /root/.ssh/id_rsa  /root/m_dir/quicktrial-20160616.tar.gz
ubuntu@10.157.193.15:/home/ubuntu/
```

10.157.193.15 为 Omega Server 的 floatingip。

Id_rsa 为私钥。

进入 Omega Server 以 root 角色执行下列命令：

```
sudo -I
mkdir /data
chown -R ubuntu:ubuntu /data/
tar -zxvf /home/ubuntu/quicktrial-20160616.tar.gz -C  /data/
root@ubuntu-docker:~# cd /data/quicktrial/
```

（4）修改当前目录下 env.sh 文件的前 3 项的值（前两项的值改成 omega_server 的 floatingip，第三项的值改成 aufs）。

（5）修改/etc/default/docker 文件，将 OCKER_OPTS 加上--insecure-registry registry:5000，然后执行：

```
service docker restart
```

（6）执行 dataman_trial.sh 脚本

```
cd /data/quicktrial/
./dataman_trial.sh
```

（7）安装 poc 的 License

访问 http://192.168.67.46:8000，用户名为 admin，密码为 Dataman1234，按照提示输入授权码。

192.168.67.46 为 Omega Server 的地址。

License：

```
TVRRNE16QXlOekl3TUE9PQogjPQz+ZbTnr6UfuigIUip3nznDYBuySvCRkQjIz1iL
LgLepMxuvvBHH8TIgyNGfCYt8TY3o7zIhSp5HPlpzvkm3VoPM0scA3xZQ3FQkm50rYOjR
9wg0q9FcBymivNGiviVnYSk/8buUt30nV46we0aIFxkYZO8NAmmXijI0MWIA==
```

5. 安装 Magnum

（1）在控制节点 node-1~node-3 通过挂载本地 CentOS7.2 iso 的 yum 源安装以下软件包（提前准备 CentOS7.2 安装包，编辑 yum 文件）：复制了相关的文件进去。

- 上传 CentOS7.2 到控制节点，mount -o loop CentOS-7-x86_64- DVD-1511.iso /mnt/。
- cd/etc/yum.repod：touch dvd.repo，name=dvd.iso baseurl=file:///mnt（格式内容从 nailgun 复制），同时屏蔽 nailgun.repo，名字都要改。

每个控制节点都操作一次。

```
yum -y install keyutils-libs-devel libcom_err-devel libselinux-devel
libverto-develzlib-devel
yum install -y gcc python-setuptools python-devel git libffi-devel
```

```
wget
    rpm -ivh krb5-devel-1.13.2-12.el7_2.x86_64.rpm openssl-devel-1.0.1e-51.el7_2.4.x86_64.rpm
```

（2）在控制节点 node-1~node-3，进入 magnum 目录下进行安装：

```
    cd /root/es/magnum
    python setup.py install
```

（3）在控制节点 node-1 创建 magnum 组件需要使用的用户、服务和 endpoint 等：

```
    source /root/openrc.v3
    openstack user create --password passw0rd magnum
    openstack role add --project services --user magnum admin
    openstack service create --name magnum --description "OpenStack Container Service" container
    openstack endpoint create --region RegionOne magnum public 'http://192.168.67.40:9511/v1'
    openstack endpoint create --region RegionOne  magnum admin 'http://192.168.0.2:9511/v1'
    openstack endpoint create --region RegionOne magnum internal 'http://192.168.0.2:9511/v1'
```

（4）在控制节点 node-1~node-3 添加防火墙端口：

```
    iptables -I INPUT -p tcp --dport 9511 -j ACCEPT
    service iptables save
```

（5）在控制节点 node-1~node-3 配置 magnum：

```
    mkdir /etc/magnum
    mkdir /var/log/magnum
    cp /root/es/magnum/etc/magnum/magnum.conf.sample /etc/magnum/magnum.conf
    cp /root/es/magnum/etc/magnum/policy.json /etc/magnum/policy.json
    mkdir -p /var/lib/magnum/certificates/
```

按照环境信息修改/etc/magnum/magnum.conf 配置文件。

192.168.0.2 为管理网 vip，172.40.0.139 为 Omega Server 的地址。

注意每一行行首不要有空格，建议将原来的 magnum.conf 备份，新建 magnum.conf 将下列内容修改成相应环境的 IP 地址写入。

```
    [DEFAULT]
    debug = false
    verbose = true
    log_dir =/var/log/magnum
    notification_driver = messaging
    rpc_backend = rabbit
    [api]
    host = 0.0.0.0
    [barbican_client]
    [bay]
    [bay_heat]
```

```
[certificates]
cert_manager_type = local
[conductor]
[database]
connection =mysql://magnum:Passw0rd@192.168.0.2/magnum?
[docker]
[glance_client]
[heat_client]
[keystone_authtoken]
auth_uri = http://192.168.0.2:5000/v3
auth_version = v3.0
auth_host = 192.168.0.2
auth_port = 35357
auth_protocol = http
admin_user = magnum
admin_password = passw0rd
admin_tenant_name = services
[magnum_client]
[matchmaker_redis]
[matchmaker_ring]
[nova_client]
[oslo_concurrency]
[oslo_messaging_amqp]
[oslo_messaging_qpid]
[oslo_messaging_rabbit]
rabbit_hosts = 192.168.0.2:5672
rabbit_use_ssl = False
rabbit_userid = magnum
rabbit_password = passw0rd
rabbit_virtual_host = /
[oslo_policy]
[x509]
[omega]
public_ip=172.40.0.139
#hostnames=registry,harbor
api_server=http://172.40.0.139:8000
user=admin
password=Dataman1234
```

备注：public_ip 和 api_server 为 Omega Server 的 floatingip。

（6）在控制节点 node-1 创建数据库：

```
mysql -e "DROP DATABASE IF EXISTS magnum;"
mysql -e "CREATE DATABASE magnum CHARACTER SET utf8;"
mysql -e "GRANT ALL PRIVILEGES ON magnum.* TO'magnum'@'localhost'
IDENTIFIED BY 'Passw0rd';"
mysql -e "GRANT ALL PRIVILEGES ON magnum.* TO'magnum'@'%' IDENTIFIED
```

```
BY 'Passw0rd';"
    magnum-db-manage --config-file /etc/magnum/magnum.conf upgrade
```

控制节点创建数据库如图 9-33 所示。

```
[root@node-1 ~]# magnum-db-manage --config-file /etc/magnum/magnum.conf upgrade
INFO  [alembic.runtime.migration] Context impl MySQLImpl.
INFO  [alembic.runtime.migration] Will assume non-transactional DDL.
INFO  [alembic.runtime.migration] Running upgrade  -> 2581ebaf0cb2, initial migration
INFO  [alembic.runtime.migration] Running upgrade 2581ebaf0cb2 -> 3bea56f25597, Multi Tenant Support
INFO  [alembic.runtime.migration] Running upgrade 3bea56f25597 -> 5793cd26898d, Add bay status
INFO  [alembic.runtime.migration] Running upgrade 5793cd26898d -> 3a938526b35d, Add docker volume size column
INFO  [alembic.runtime.migration] Running upgrade 3a938526b35d -> 35cff7c86221, add private network to baymodel
INFO  [alembic.runtime.migration] Running upgrade 35cff7c86221 -> 1afee1db6cd0, Add master flavor
INFO  [alembic.runtime.migration] Running upgrade 1afee1db6cd0 -> 2d1354bbf76e, ssh authorized key
INFO  [alembic.runtime.migration] Running upgrade 2d1354bbf76e -> 29affeaa2bc2, rename-bay-master-address
INFO  [alembic.runtime.migration] Running upgrade 29affeaa2bc2 -> 2ace4006498, rename-bay-minions-address
INFO  [alembic.runtime.migration] Running upgrade 2ace4006498 -> 456126c6c9e9, create baylock table
INFO  [alembic.runtime.migration] Running upgrade 456126c6c9e9 -> 4ea34a59a64c, add-discovery-url-to-bay
INFO  [alembic.runtime.migration] Running upgrade 4ea34a59a64c -> e772b2598d9, add-container-command
INFO  [alembic.runtime.migration] Running upgrade e772b2598d9 -> 2d8657c0cdc, add bay uuid
INFO  [alembic.runtime.migration] Running upgrade 2d8657c0cdc -> 4956f03cabad, add cluster distro
INFO  [alembic.runtime.migration] Running upgrade 4956f03cabad -> 592131657ca1, Add coe column to BayModel
INFO  [alembic.runtime.migration] Running upgrade 592131657ca1 -> 3b6c4c42adb4, Add unique constraints
INFO  [alembic.runtime.migration] Running upgrade 3b6c4c42adb4 -> 2b5f24dd95de, rename service port
INFO  [alembic.runtime.migration] Running upgrade 2b5f24dd95de -> 59e7664a8ba1, add_container_status
INFO  [alembic.runtime.migration] Running upgrade 59e7664a8ba1 -> 156ceb17fb0a, add_bay_status_reason
INFO  [alembic.runtime.migration] Running upgrade 156ceb17fb0a -> 1c1ff5e56048, rename_container_image_id
INFO  [alembic.runtime.migration] Running upgrade 1c1ff5e56048 -> 53882537ac57, add host column to pod
INFO  [alembic.runtime.migration] Running upgrade 53882537ac57 -> 14328d6a57e3, add master count to bay
INFO  [alembic.runtime.migration] Running upgrade 14328d6a57e3 -> 421102d1f2d2, create x509keypair table
INFO  [alembic.runtime.migration] Running upgrade 421102d1f2d2 -> 6f21dc998bb, Add master_addresses to bay
INFO  [alembic.runtime.migration] Running upgrade 6f21dc998bb -> 966a99e70ff, add-proxy
INFO  [alembic.runtime.migration] Running upgrade 966a99e70ff -> 6f21dc920bb, Add cert_uuid to bay
INFO  [alembic.runtime.migration] Running upgrade 6f21dc920bb -> 5518af8dbc21, Rename cert_uuid
INFO  [alembic.runtime.migration] Running upgrade 5518af8dbc21 -> 4e263f236334, Add registry_enabled
INFO  [alembic.runtime.migration] Running upgrade 4e263f236334 -> 3be65537a94a, add_network_driver_baymodel_column
INFO  [alembic.runtime.migration] Running upgrade 3be65537a94a -> 1481f5b560dd, add labels column to baymodel table
INFO  [alembic.runtime.migration] Running upgrade 1481f5b560dd -> 1d045384b966, add-insecure-baymodel-attr
INFO  [alembic.runtime.migration] Running upgrade 1d045384b966 -> 27ad304554e2, adding magnum_service functionality
INFO  [alembic.runtime.migration] Running upgrade 27ad304554e2 -> 5ad410481b88, rename-insecure
INFO  [alembic.runtime.migration] Running upgrade 5ad410481b88 -> 2ae93c9c6191, add public column to baymodel table
```

图 9-33　控制节点创建数据库

（7）在控制节点 node-1 创建连接 rabbitmq 信息：

```
    rabbitmqctl add_user magnum passw0rd
    rabbitmqctl set_permissions "magnum" ".*" ".*" ".*"
```

（8）在控制节点 node-1~node-3 创建 haproxy 启动服务文件，添加/etc/haproxy/conf.d/180-magnum-api.cfg 文件。

其中 192.168.67.40 为 public-vip，192.168.0.2 为 mgmt-vip。

```
    listen magnum-api
      bind 192.168.67.40:9511
      bind 192.168.0.2:9511
      option  httpchk
      option  httplog
      option  httpclose
    http-check expect rstatus ^4
      server  node-1  192.168.0.3:9511   check  inter  10s  fastinter  2s
downinter 3s rise 3 fall 3
      server  node-2  192.168.0.4:9511   check  inter  10s  fastinter  2s
downinter 3s rise 3 fall 3
      server  node-3  192.168.0.5:9511   check  inter  10s  fastinter  2s
downinter 3s rise 3 fall 3
```

在控制节点 node-1 执行：

```
    crm resource restart p_haproxy
```

把下面内容写到文件。

/usr/lib/systemd/system/openstack-magnum-api.service

```
[Unit]
Description=OpenStack Magnum API Server
After=syslog.target network.target

[Service]
Type=simple
User=root
ExecStart=/usr/bin/magnum-api

[Install]
WantedBy=multi-user.target
```

把下面内容写到文件。

/usr/lib/systemd/system/openstack-magnum-conductor.service

```
[Unit]
Description=OpenStack Magnum Conductor Server
After=syslog.target network.target

[Service]
Type=simple
User=root
ExecStart=/usr/bin/magnum-conductor

[Install]
WantedBy=multi-user.target
```

（9）在控制节点 node-1~node-3 安装 Docker 软件包和 magnum 补丁包：

```
rpm -ivh python-websocket-client-0.32.0-116.el7.noarch.rpm
rpm -ivh python-docker-py-1.7.2-1.el7.noarch.rpm
rpm -ivh python2-oslo-context-0.6.0-1.el7.es.noarch.rpm
```

（10）启动服务：

```
systemctl start openstack-magnum-api
systemctl start openstack-magnum-conductor
systemctl enable openstack-magnum-api
systemctl enable openstack-magnum-conductor
```

（11）上传 ubuntu-mesos 镜像到 node-1，重新登录 node-1：

```
tar -zxvf dcos_with_auto_scaling.tar.gz
source /root/openrc
glance image-create --name ubuntu-docker --is-public True
--disk-format raw --container-format bare --property os-distro=ubuntu
--file=clean_image.raw -progress
```

（12）创建 key：

```
cd
test -f ~/.ssh/id_rsa.pub || ssh-keygen -t rsa -N "" -f ~/.ssh/id_rsa
source /root/openrc
nova keypair-add --pub-key ~/.ssh/id_rsa.pub magkey
```

（13）创建 baymodel：

Image-id 为第（11）步上传的镜像。

External-network-id 为 public_netid，neutron net-list 可以查看。

其他选择不变。

```
    magnum baymodel-create --name defaultbaymodel --image-id 4dc09aca-da48-42d5-8048-d9b3897dfe92 --keypair-id magkey --external-network-id fb5fdfab-4113-456b-a191-117900656f95  --coe  mesos  --flavor-id  66 --master-flavor-id 87 --dns-nameserver 114.114.114.114 --public
```

6. 安装 Omegaclient

（1）将 Omegaclient 文件上传到 3 个控制节点，在每个控制节点上都安装 Omegaclient。

```
cd python-omegclient
python setup.py install
```

（2）在 vi /etc/openstack-dashboard/local_settings 里面添加如下配置：

```
MAGNUM_ENABLED = True
MARATHON_OMEGA_SERVER = 'http://192.168.67.46:8000'
MARATHON_OMEGA_EMAIL = 'admin'
MARATHON_OMEGA_PASSWORD = 'Dataman1234'
MARATHON_OMEGA_POLICY_EMAIL = 'zhouqiang@sgitg.sgcc.com.cn'
```

注：E-mail 修改为工程师的邮箱。

（3）创建 log 文件：

```
touch /var/log/omega-client.log
chown apache:apache /var/log/omega-client.log
```

（4）启动 httpd：

```
systemctl restart httpd
```

部署工作全部完成，然后根据提示打开浏览器开始管理和使用云操作系统。

7. 修改容器管理界面

（1）将 gwui.tar 包上传至 Omega Server。

```
docker load -i gwuiv3.tar
docker images
```

（2）修改 docker-compose.yml 文件。

```
cd /data/quicktrial/
cp docker-compose.yml docker-compose.ymlbak
vi docker-compose.yml,将 glance 中的
image:
demoregistry.dataman-inc.com/srypoc/omega-glance:v0.2.061302 修改为
image: gwui:v3
```

（3）修改镜像的 tag。

```
docker  tag  gwui:v3  demoregistry.dataman-inc.com/srypoc/omega-glance:gwui
docker images
```

```
docker ps
```

（4）停掉原来的运行的容器，并按新的镜像启动。

```
docker rm -f front_glance_1
./004_run_front.sh
docker ps
```

8. 安装 Host HA

设置计算节点或计算存储节点的 IPMI 的地址，根据前期规划设定，与管理网或业务网 VLAN 一致。

```
ipmitool lan print 1
ipmitool lan set 1 ipsrc static
ipmitool lan set 1 ipaddr 20.52.15.35
ipmitool lan set 1 netmask 255.255.248.0
ipmitool lan set 1 defgw ipaddr 20.52.15.251
ipmitool mc reset cold
```

停掉运行的 Host HA。

```
单控制节点：#service easystack-HAgent stop
多控制节点：# crm resource stop easystack-HAgent
```

卸载之前的旧版本 rpm 包。

```
 # rpm -e easystack-HAgent-1.0-1.noarch
```

安装最新版本（当前为 2.0-1）rpm 包。

```
 # rpm -ivh easystack-HAgent-2.0-1.noarch.rpm
```

准备配置文件，其中 IPMI.conf 和 ping_list.conf 可使用 Python 脚本生成。

```
   /etc/easystack/HAgent.conf
   /etc/easystack/enable_HA.conf
   /etc/easystack/IPMI.conf
   /etc/easystack/ping_list.conf
```

启动 Host HA。

```
 单控制节点：#service easystack-HAgent start
 多控制节点：#crm resource start easystack-HAgent
```

配置文件 /etc/easystack/HAgent.conf。

```
[DEFAULT]
verbose=True
log_file=/var/log/nova/HAgent.log
check_interval=10
dry_run=True
ignore_Hosts=
#only_Hosts=node-3.domain.tld
mixed_Hosts = node-2.domain.tld, node-3.domain.tld
#non_mixed_Hosts = node-4.domain.tld
on_sHAred_storage=True
evacuate_target_Hosts=
fault_Hosts_number_threshold=2
service_down_time=60
```

```
    product_bridge_name=br-prv
    physical_nic_prefixes=eth,en
    [Auth]
    username=admin
    password=admin
    auth_url=http://192.168.0.1:5000/v2.0
    project_id=admin
    [ping]
    packet_count=5
    packet_interval=1
    check_interval//监控的最小间隔
    dry_run//当为 ture 时，只检测不做任何 action，可用于测试
    on_sHAred_storage evacuate//目前只支持 true，当为 false 时不会采取任何
action
    ignore_Hosts/only_Hosts//只能填一个，监控的物理节点包括哪些
    mixed_Hosts/non_mixed_Hosts//只能填一个，表示计算节点是否当作存储节点
    evacuate_target_Hosts//用户可以指定 evacuate 目标节点，如果指定，随机选一个
    fault_Hosts_number_threshold//指如果同一时刻有问题的计算节点总数超过这个值，说明发
生了整个平台的故障，不采取任何动作，如设置为 2，有 3 台出现问题就不处理
    service_down_time//设置该值为/etc/nova/nova.conf 里配置项 service_
down_time 的值
    product_bridge_name//计算节点用作生产业务的网桥名字
    physical_nic_prefixes//物理网卡名字前缀，过滤用户自己加的虚拟网卡
    packet_count  ping//检测发包数目
    packet_interval//发包间隔
```

IPMI 配置文件：/etc/easystack/IPMI.conf

```
    # Host's IPMI access information the format like this
    # {node-name}={IPMI_address},{IPMI_username},{IPMI_password}
    node-1.domain.tld=10.100.0.21 root password
    node-2.domain.tld=10.100.0.22 root  password
```

Ping 配置文件: /etc/easystack/ping_list.conf

```
    格式内容与配置项 ip_item_format=MANAGEMENT_IP,CEPH_PUBLIC_IP 对应
```

文件内容示例：

```
    node-1.domain.tld=192.168.0.1,192.168.0.1
    node-2.domain.tld=192.168.0.2,192.168.0.2
    node-3.domain.tld=192.168.0.3,192.168.0.3
```

运行时启用/禁用 Host HA 配置文件：/etc/easystack/enable_HA.conf

仅当内容为 0 时禁用，文件不存在或内容不为 0 时启用 Host HA。

9. 安全加固

（1）修改默认密码

修改所有节点的 root 用户口令、dashboard 页面默认的口令、/root/openrc、/root/openrc.v3、/etc/easystack/hagent.conf 中 admin 的默认口令。

（2）禁止 Control-Alt-Delete 键盘关闭命令

在每个节点上执行命令：

```
mv/usr/lib/systemd/system/ctrl-alt-del.target/usr/lib/systemd/system/ctrl-alt-del.target.bak
init q
```

（3）配置登录超时

```
echo “TMOUT=3600” >> /etc/profile
```

（4）禁止欢迎信息出现版本等信息

```
echo “Authorized uses only. All activity may be monitored and reported.” >> /etc/issue
echo “Authorized uses only. All activity may be monitored and reported.” >> /etc/issue.net
```

（5）配置最小密码长度和有效期

修改密码长度：在安装 Linux 时默认的密码长度是 5 byte。但这并不够，要把它设为 8 byte。修改最短密码长度需要编辑 login.defs 文件（vi /etc/login.defs），输入下面这行：

```
PASS_MIN_LEN 5 改为 PASS_MIN_LEN 8  PASS_MAX_DAYS 90
```

（6）设置登录失败策略

编辑/etc/pam.d/sshd 和/etc/pam.d/login，在“#%PAM-1.0”这一行后面添加：

```
auth required pam_tally2.so deny=3 unlock_time=300 even_deny_root root_unlock_time=10
```

（7）设置密码复杂度

编辑/etc/pam.d/system-auth，在“#%PAM-1.0”这一行后面添加：

```
password requisite pam_cracklib.so retry=3 difok=3 minlen=10 ucredit=-1 lcredit=-2 dcredit=-1 ocredit=-1
```

（8）设置 umask 值（临时，检查完成后改回去）

编辑 /etc/profile，设置 umask077，然后设置 source /etc/profile。

9.7 自动部署云操作系统

9.7.1 加载物理机

（1）可以依次开启物理主机，物理主机加电，以 PXE 形式启动（最好之前已经设置 PXE 为第一启动），然后主机会获得 IP 地址并加载 Bootstrap 系统，等 10~20 min，刷新页面，在 UI 中间下方的空闲节点可以看到已经加载到云环境的物理主机，可以看到诸如图 9-34 所示的 MAC 地址、CPU、MEM 以及 NIC 等相关信息，可以依次判断对应的物理主机。

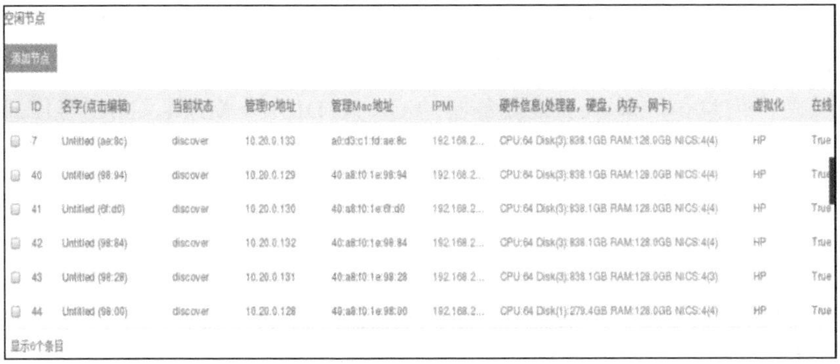

空闲节点

添加节点

ID	名字(点击编辑)	当前状态	管理IP地址	管理Mac地址	IPMI	硬件信息(处理器，硬盘，内存，网卡)	虚拟化	在线
7	Untitled (ae:8c)	discover	10.20.0.133	a0:d3:c1:fd:ae:8c	192.168.2...	CPU:64 Disk(3):838.1GB RAM:128.0GB NICS:4(4)	HP	True
40	Untitled (98:94)	discover	10.20.0.129	40:a8:f0:1e:98:94	192.168.2...	CPU:64 Disk(3):838.1GB RAM:128.0GB NICS:4(4)	HP	True
41	Untitled (6f:d0)	discover	10.20.0.130	40:a8:f0:1e:6f:d0	192.168.2...	CPU:64 Disk(3):838.1GB RAM:128.0GB NICS:4(4)	HP	True
42	Untitled (98:84)	discover	10.20.0.132	40:a8:f0:1e:98:84	192.168.2...	CPU:64 Disk(3):838.1GB RAM:128.0GB NICS:4(4)	HP	True
43	Untitled (98:28)	discover	10.20.0.131	40:a8:f0:1e:98:28	192.168.2...	CPU:64 Disk(3):838.1GB RAM:128.0GB NICS:4(3)	HP	True
44	Untitled (98:00)	discover	10.20.0.128	40:a8:f0:1e:98:00	192.168.2...	CPU:64 Disk(1):279.4GB RAM:128.0GB NICS:4(4)	HP	True

显示6个条目

图 9-34　加载云环境物理主机列表

（2）等所有主机都加载进来之后，开始分配角色，在此环境中可以根据磁盘的大小或者 CPU、MEM 的大小来判断是 controller 还是 compute 节点，比如环境 controller 节点只有 300 GB 硬盘，而 compute 节点有 1 TB 磁盘，勾选 300 GB 硬盘的 3 个节点，然后单击上方的“添加”节点，在新的弹窗选择相应的选项，本次环境选择 controller+mongo；然后同样地添加 compute 节点，选择 compute+ceph-osd，单击“应用变更”。

- “controller”表明该服务器为控制节点；
- “compute”表明该服务器为计算节点；
- “存储服务”表明该角色可以提供基于 LVM 的存储服务，通常和计算节点一起选择，支持 SAN 和 ISCSI；
- “ceph-osd”说明使用分布式存储 Ceph 来提供存储空间，通常和计算节点在同一服务器，但是建议磁盘独立使用；
- “mongo”表明云操作系统平台使用计费模块，其数据存储在 MongoDB 中，通常和 controller 节点安装在同一服务器；
- “zabbix-server”是云操作系统下的一款监控预警平台，需要单独安装，并进行大量定制，为可选项。

（3）添加完节点后，可以在“节点”栏中部区域看到已经添加的服务器，包含名字、状态、管理 IP 地址、硬件信息、预处理状态和在线状态等信息。

- “名字”是方便识别的一种表示，可修改；
- “当前状态”表明此时服务器进行的阶段；
- “角色”，此时还是预处理阶段，所以没有显示，等进行部署时可看到变化；

- “管理 IP”指暂时由部署服务器分配的管理 IP 地址；
- “预处理状态”是服务器分配的角色，现在只是准备阶段，还未正式部署；
- “在线”表明该服务器可管理；
- “IPMI”是硬件管理端口，管理端口 IP 地址，可以在只加电的情况下进行远程管理；
- “硬件信息…”显示了该服务器的 CPU、DISK、MEM、NIC 等信息；
- “批量配置网卡”：因为大多数情况下服务器或相同角色的网络配置相同，所以为了方便统一管理和高效，支持批量设定网络角色，例如本环境中所有服务器都拥有 4 张网卡且网卡角色一致，所以只需要使用批量配置网卡，依次配置完成，节约大量时间；
- “批量配置磁盘”作用同上，提高效率。

9.7.2 配置网络环境

（1）配置磁盘和网络信息；先进行网卡的设置。

单击“批量配置网卡”，可以看到目前网卡的角色分配，然后单击“分配网络角色”来重新分配角色。

如果是生产网络为了增加冗余性，强烈建议使用“捆绑网络”来做端口绑定，防止单点。

网卡设置界面如图 9-35 所示。

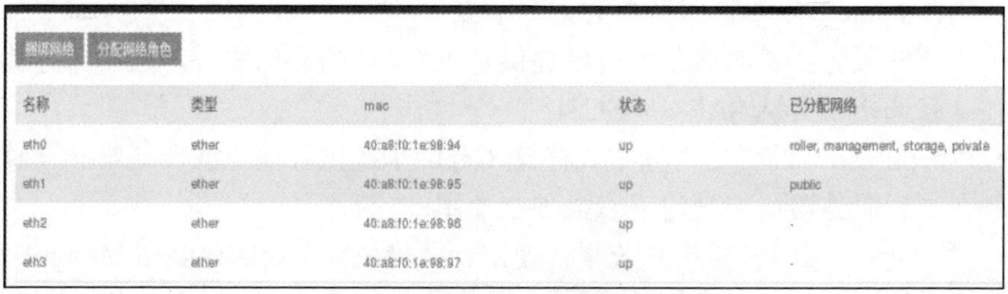

捆绑网络　分配网络角色

名称	类型	mac	状态	已分配网络
eth0	ether	40:a8:f0:1e:98:94	up	roller, management, storage, private
eth1	ether	40:a8:f0:1e:98:95	up	public
eth2	ether	40:a8:f0:1e:98:96	up	-
eth3	ether	40:a8:f0:1e:98:97	up	-

图 9-35　网卡设置界面

在新弹窗中，按照之前的规划来分配网络角色（如图 9-36 所示），其中 roller 是固定的，其他任意分配，要注意不同角色在不同网卡中的配置可能需要配置上行的交换机端口，Private 网络的上行端口必须为 Trunk，允许 1000~1030 端口接入，其他根据实际情况配置，本次环境按照之前规划配置即可，然后单击“应用变更”。

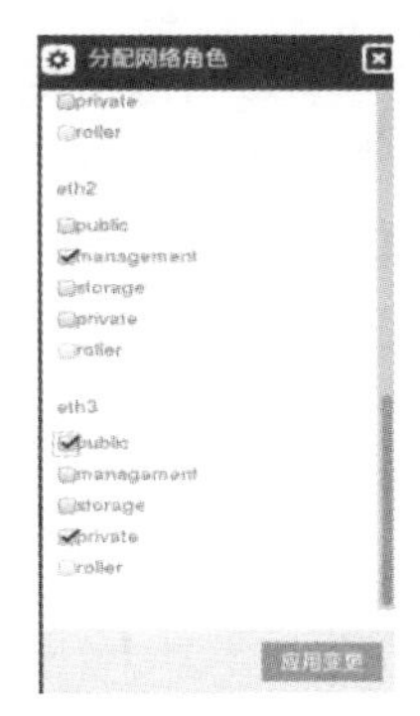

图 9-36　网络角色分配界面

然后再次确认分配好的网络角色（如图 9-37 所示）。

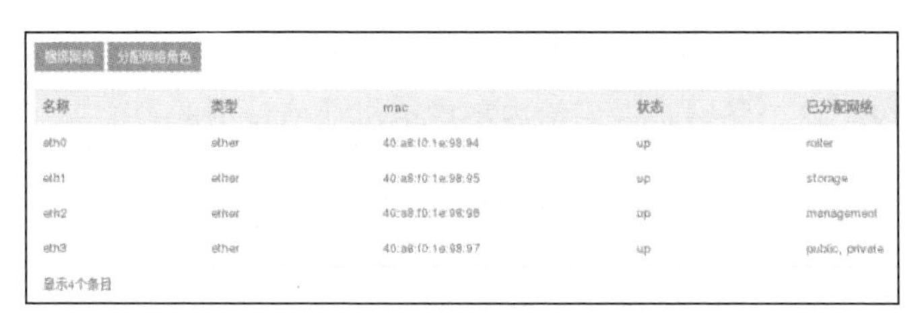

名称	类型	mac	状态	已分配网络
eth0	ether	40:a8:f0:1e:98:94	up	roller
eth1	ether	40:a8:f0:1e:98:95	up	storage
eth2	ether	40:a8:f0:1e:98:96	up	management
eth3	ether	40:a8:f0:1e:98:97	up	public, private

显示4个条目

图 9-37　网络角色分配列表

（2）网络角色确定好，可以配置各网络的 IP 地址和 VLAN 信息了。单击左边栏的“网络”可以看到现行网络的角色和 IP 地址信息，PXE 网络无法更改，如图 9-38 所示。

图 9-38　网络更新界面

如需修改 IP 地址信息，单击右边的“更新”按钮。在弹出窗口，可以修改对应网络角色的 IP 地址信息。

VLAN tag 信息按照之前规划划定。注意如果此处填写了 VLAN，则上行端口需要是 Trunk，且放行该 VLAN；如果此处不填写，则上行端口配置 VLAN 即可。

修改完成后，单击“更新”即可。其他按照此处修改即可。

更新完成之后的信息如图 9-39 所示。

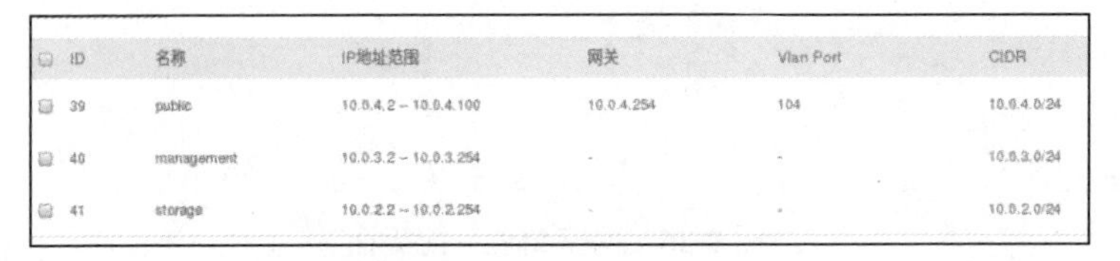

ID	名称	IP地址范围	网关	Vlan Port	CIDR
39	public	10.0.4.2 – 10.0.4.100	10.0.4.254	104	10.0.4.0/24
40	management	10.0.3.2 – 10.0.3.254	-	-	10.0.3.0/24
41	storage	10.0.2.2 – 10.0.2.254	-	-	10.0.2.0/24

图 9-39　网络信息列表

（3）此处并没有 Private 网络信息，可以单击“设置网络基本参数”，如图 9-40 所示，默认 VLAN 是 1000~1030 端口，此端口上行必须是 Trunk，且放行 VLAN 1000~1030 网段。这个私网是专门给内部虚拟机通信使用的。

图 9-40　网络基本参数设置界面

9.7.3 配置物理磁盘

网络设定完成后，配置磁盘，同样单击图 9-41 左上角的“批量配置磁盘”。

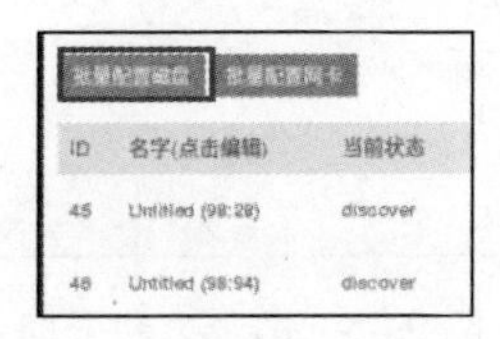

图 9-41　磁盘配置界面

在图 9-42 所示的新弹出窗口的磁盘配额是默认的，可以手动调节，是否采用

SSD 日志盘，或者在全 SSD 环境中均有所调整，根据实际情况而定。

图 9-42　磁盘配置界面

图 9-43 是调整后的磁盘配额，有了批量配置网卡和磁盘功能，将使得重复的工作变得有效率。

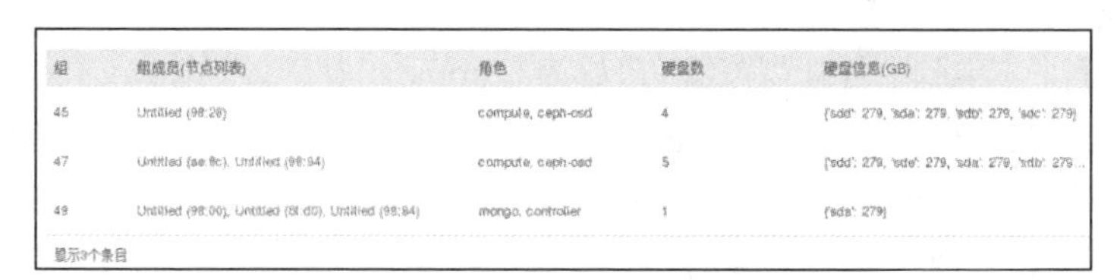

组	组成员(节点列表)	角色	硬盘数	硬盘信息(GB)
45	Untitled (98:28)	compute, ceph-osd	4	{'sdd': 279, 'sda': 279, 'sdb': 279, 'sdc': 279}
47	Untitled (ae:fc), Untitled (98:94)	compute, ceph-osd	5	{'sdd': 279, 'sde': 279, 'sda': 279, 'sdb': 279 ...
49	Untitled (98:00), Untitled (8f:d0), Untitled (98:84)	mongo, controller	1	{'sda': 279}

显示3个条目

图 9-43　磁盘信息列表

9.7.4　测试验证网络

在配置完网络和磁盘后，预置完成，接下来的一步也是至关重要的：验证网络，单击左边栏“应用”下的“验证网络”，开始验证网络，如图 9-44 所示。

然后单击右下角的右向箭头，在弹出框内可以看到验证项目和进度。

- “check_dhcp”主要验证 DHCP 状况，PXE 网络确保没有其他 DHCP；
- “verify_networks”主要验证网络环境的合规性，包含 VLAN 中继等。

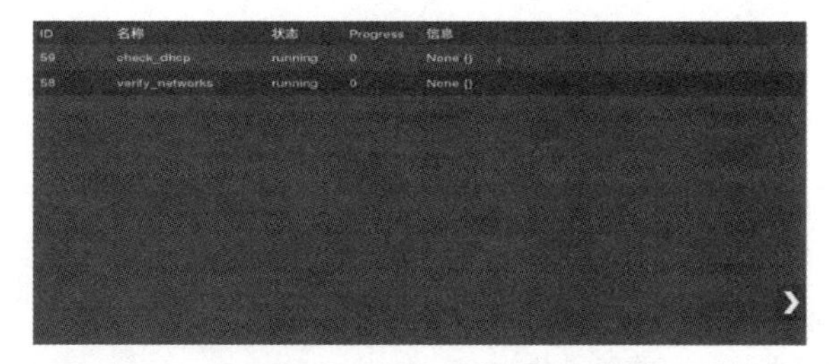

ID	名称	状态	Progress	信息
59	check_dhcp	running	0	None {}
58	verify_networks	running	0	None {}

图 9-44　网络验证过程界面

图 9-45 则是通过验证的界面，其间需要几分钟。

ID	名称	状态	Progress	信息
59	check_dhcp	ready	100	{}
58	verify_networks	ready	100	[]

图 9-45　网络验证结果界面

9.7.5　创建部署环境

（1）按照规划配置交换机，并将服务器和部署服务器接入网络。

注：Private 网络的上行端口必须为 Trunk，且默认放行 VLAN 1000~1030 网段。

（2）将文件安装在笔记本电脑的虚拟机上，笔记本电脑网卡位于 PXE 网络，且将部署虚拟机设为桥接模式。

（3）在笔记本电脑上打开浏览器（最好为 Chrome），在地址栏输入：10.20.0.2: 8000，这是默认 IP 地址，弹出部署服务器的 UI 登录界面，输入默认用户名和密码：admin。

（4）进入图形化操作界面，此时没有任何可用资源。可以单击右上角“admin”的设置，登出、修改密码或者设置字符集。

接下来创建云操作系统部署环境，单击“创建云”开始部署的第一步。

在新的弹窗进行需求设定：

- 设定一个“名称”，这不会体现在云操作系统平台上，可以任意取名；
- “release”云操作系统目前已经支持运行在 CentOS 7 上，建议选择 CentOS 7；
- “云类型”是指控制节点的部署类型，这里有“HA”和“Multinode”两种类型，Multinode 是指单控多节点，而 HA 则是至少 3 个控制节点的冗余设定，一般优先用于生产环境（之所以要求至少 3 个控制节点是为了防止脑裂的发生，控制节点必须为奇数）；
- 网络组件默认部署在控制节点；
- “段类型”分为 VLAN 和 GRE，建议选择 VLAN，生产环境测试更稳定、高效；
- “Storage Mode”有分布式存储和 LVM 两种存储类型，适用于实际应用场景。

在选定所有参数后，单击右下角的“创建环境”按钮来创建部署环境。

切换上方的“云”和“管理”按钮，然后可以看到云操作系统的预配置环境，到这里部署服务器已经开启了 DHCP、TFTP 等服务，所以注意此环境一定不能存在其他 DHCP 服务器，否则会产生冲突。

9.7.6　部署实施云操作系统

（1）验证完成后可以开始部署，单击图 9-46 中左边栏下面的“应用变更”，开始部署云操作系统。

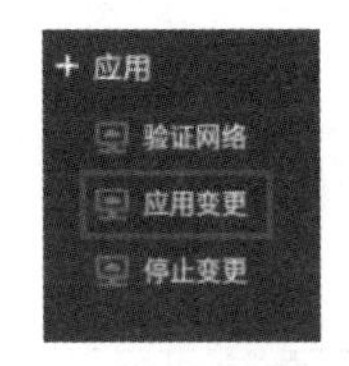

图 9-46　部署菜单界面

（2）如图 9-47 所示，部署服务器会同步推送 CentOS 7，然后开始部署云操作系统服务，时间根据网络速率和节点数量评估，如 6 节点的 HA 环境大概需两三个小时。

- “deploy”是指部署云操作系统的整体进度；
- “provision”是指 CentOS 推送及安装的进度，此后才开始推送云操作系统服务；
- “deployment”是部署云操作系统的进度。

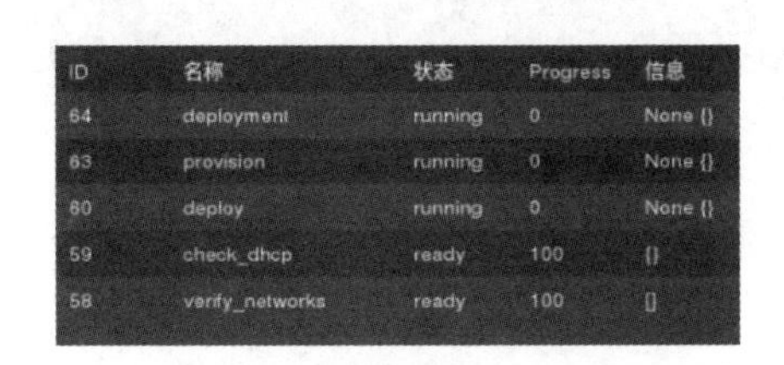

ID	名称	状态	Progress	信息
64	deployment	running	0	None {}
63	provision	running	0	None {}
60	deploy	running	0	None {}
59	check_dhcp	ready	100	{}
58	verify_networks	ready	100	[]

图 9-47　部署过程监控界面

图 9-48 是即将部署完成的界面，注意此时不要停掉部署服务器，这时在做最后的校验。

ID	名称	状态	Progress	信息
64	deployment	running	100	None {}
63	provision	ready	100	None {}
60	deploy	running	100	None {}
59	check_dhcp	ready	100	{}
58	verify_networks	ready	100	[]

图 9-48　部署即将完成界面

此时也可以在左边栏的“日志”内，查看是否有错误的日志，如有要及时解决，部署结果信息列表如图 9-49 所示。

ID	名字(点击编辑)	当前状态	角色	管理IP地址	IPMI	硬件信息(处理器，硬盘，内存，网卡)	预处理状态	在线	操作
45	Untitled (98:28)	ready	ceph-osd...	10.20.0.3	192.168....	CPU:64 Disk(4):1117.5GB RAM:128.0GB NICS:4...	-	True	配置网卡
46	Untitled (98:94)	ready	ceph-osd...	10.20.0.4	192.168....	CPU:64 Disk(5):1396.8GB RAM:128.0GB NICS:4...	-	True	配置网卡
47	Untitled (ae:8c)	ready	ceph-osd...	10.20.0.5	192.168....	CPU:64 Disk(5):1396.9GB RAM:128.0GB NICS:4...	-	True	配置网卡
48	Untitled (98:84)	ready	controller...	10.20.0.6	192.168....	CPU:64 Disk(1):279.4GB RAM:128.0GB NICS:4(4)	-	True	配置网卡
49	Untitled (98:00)	ready	controller...	10.20.0.7	192.168....	CPU:64 Disk(1):279.4GB RAM:128.0GB NICS:4(4)	-	True	配置网卡
50	Untitled (6f:d0)	ready	controller...	10.20.0.8	192.168....	CPU:64 Disk(1):279.4GB RAM:128.0GB NICS:4(4)	-	True	配置网卡

显示6个条目

图 9-49　部署结果信息列表

图 9-50 代表着部署工作全部完成，然后可以根据提示打开浏览器开始管理和使用云操作系统。

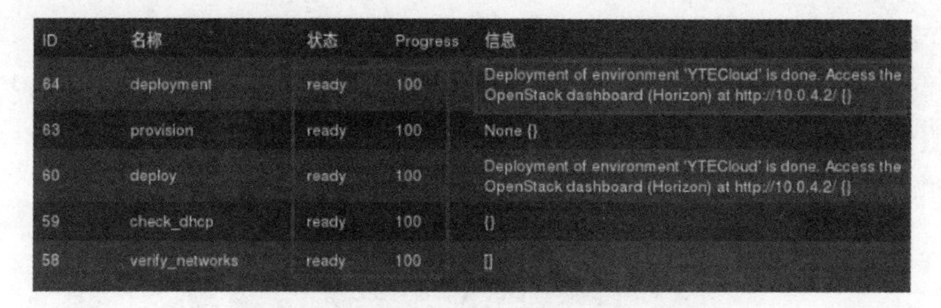

ID	名称	状态	Progress	信息
64	deployment	ready	100	Deployment of environment 'YTECloud' is done. Access the OpenStack dashboard (Horizon) at http://10.0.4.2/ {}
63	provision	ready	100	None {}
60	deploy	ready	100	Deployment of environment 'YTECloud' is done. Access the OpenStack dashboard (Horizon) at http://10.0.4.2/ {}
59	check_dhcp	ready	100	{}
58	verify_networks	ready	100	[]

图 9-50　部署完成界面

第10章 云操作系统的高可用

典型云操作系统部署完成后，能满足业务应用的基本运行要求，但在保护用户的业务程序对外不间断地提供服务、把软件/硬件/人为因素造成的故障对业务的影响降低到最低程度方面还尚有欠缺。本章主要对云操作系统增加高可用，需要的硬件要求、软件配置进行论述。

10.1 HA介绍

高可用（High Availability，HA）是指在本地系统单个组件出现故障情况下，仍能继续访问应用的能力，无论这个故障是业务流程还是物理设施还是IT软/硬件的故障。最好的高可用，就是一台机器宕机了，使用该服务的用户完全感觉不到。

10.1.1 冗余和故障切换

HA需要使用冗余的服务器组成集群来运行负载，包括应用和服务。这种冗余也可以将HA分为两类，分别为Active HA和Passive HA。

Active/Passive HA：集群只包括两个节点，简称主备。在这种配置下，系统采用主用和备用机器来提供服务，系统只在主设备上提供服务。在主设备出现故障时，备用设备上的服务被启动来替代主设备提供服务。典型地，可以采用CRM软件（比如Pacemaker）来控制主备设备之间的切换，并提供一个虚拟机IP地址来提供服务。

当机器宕机时，在该机器上运行的服务肯定得做故障切换（Failover），切换有两个维度的标准：RTO（Recovery Time Objective）和 RPO（Recovery Point Objective）。RTO 是服务恢复的时间，最佳的情况是 0，这意味着服务立即恢复；最坏的情况是无穷大，意味着服务永远恢复不了；RPO 是切换时向前恢复的数据的时间长度，0 意味着使用同步的数据，大于 0 意味着有数据丢失。比如“RPO = 1 天”意味着恢复时使用一天前的数据，那么一天之内的数据就丢失了。因此，恢复的最佳结果是 RTO = RPO = 0，但是这个太理想，或者实现成本太高，全球估计只有 Visa 等少数几个公司能实现，或者说几乎能实现。

10.1.2 无状态和有状态服务

HA 将服务分为两类，具体如下。

- 有状态服务：后续对服务的请求依赖于之前对服务的请求；
- 无状态服务：对服务的请求之间没有依赖关系，是完全独立的。

10.1.3 主从和主主集群

HA 需要使用冗余的服务器组成集群来运行负载，包括应用和服务。这种冗余性也可以将 HA 分为两类，具体如下。

- Active/Passive HA：集群只包括两个节点时简称主备。在这种配置下，系统采用主用和备用机器来提供服务，系统只在主设备上提供服务。在主设备出现故障时，备用设备上的服务被启动来替代主设备提供的服务。典型地，可以采用 CRM 软件（比如 Pacemaker ）来控制主备设备之间的切换，并提供一个虚拟机 IP 地址来提供服务。
- Active/Active HA：集群只包括两个节点时简称双活，包括多节点时称为多主（Multi-Master）。在这种配置下，系统在集群内所有服务器上运行同样的负载。以数据库为例，对一个实例的更新，会被同步到所有实例上。这种配置下往往采用负载均衡软件（比如 HA Proxy）来提供服务的虚拟 IP 地址。

10.2 基本环境的配置

10.2.1 硬件要求

可从网络、计算及存储的高可用来考虑硬件的选型和配置。如网络层建议采用双路万兆交换机；计算采用双电源，NIC teaming；存储采用故障转移群集，并采用大容量存储系统来存储数据镜像等。

10.2.2 Memcached

（1）安全并配置组件

安装软件包：

```
# yum install memcached python-memcached
```

（2）完成安装

启动 Memcached 服务，并且配置它随机启动：

```
# systemctl enable memcached.service
# systemctl start memcached.service
```

10.3 配置共享服务

10.3.1 数据库

MySQL 是多数 OpenStack 服务的默认数据库服务程序。实现 MySQL 的高可用包括以下步骤：

- 为 MySQL 数据库配置一个 DRBD 设备；
- 配置 MySQL 使用建立在 DRBD 设备之上的数据目录；
- 选择并绑定一个可以在各集群节点之间迁移的虚拟 IP 地址（即 VIP）；
- 配置 MySQL 监听该 IP 地址；
- 使用 Pacemaker 管理上述所有资源，包括 MySQL 数据库。

10.3.2 消息队列

RabbitMQ 是多数 OpenStack 服务的默认 AMQP 服务程序。实现 RabbitMQ 的高可用包括以下步骤：

- 为 RabbitMQ 配置一个 DRBD 设备；
- 配置 RabbitMQ 使用建立在 DRBD 设备之上的数据目录；
- 选择并绑定一个可以在各集群节点之间迁移的虚拟 IP 地址（即 VIP）；

- 配置 RabbitMQ 监听该 IP 地址；
- 使用 Pacemaker 管理上述所有资源，包括 RabbitMQ 守护进程本身。

10.4 配置控制器

10.4.1 Pacemaker 架构

Pacemaker 承担集群资源管理者（Cluster Resource Manager，CRM）的角色，它是一款开源的高可用资源管理软件，适合各种大小集群。Pacemaker 由 Novell 支持，SLES HAE 就是用 Pacemaker 来管理集群的，并且 Pacemaker 得到了来自 Redhat、Linbit 等公司的支持。它用资源级别的监测和恢复来保证集群服务（aka.资源）的最大可用性。它可以用基础组件（Corosync 或者 Heartbeat）来实现集群中各成员之间的通信和关系管理。Pacemaker 架构如图 10-1 所示。它包含以下关键特性：

- 监测并恢复节点和服务级别的故障；
- 存储无关，并不需要共享存储；
- 资源无关，任何能用脚本控制的资源都可以作为服务；
- 支持使用 STONITH 来保证数据一致性；
- 支持大型或者小型的集群；
- 支持 quorum（仲裁）或 resource（资源）驱动的集群；
- 支持任何的冗余配置；
- 自动同步各个节点的配置文件；
- 可以设定集群范围内的 ordering、colocation 和 anti-coloc。

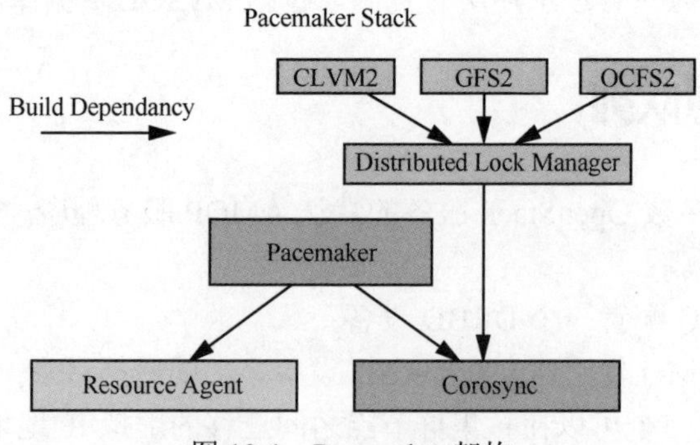

图 10-1 Pacemaker 架构

Pacemaker：资源管理器（CRM），负责启动和停止服务，而且保证它们是一直运行着的以及某个时刻某服务只在一个节点上运行（避免多服务同时操作数据造成的混乱）。

Corosync：消息层（Messaging Layer）组件，管理成员关系、消息和仲裁。

Resource Agent：资源代理，实现在节点上接收 CRM 的调度从而对某一个资源进行管理的工具，这个管理的工具通常是脚本，所以通常称为资源代理。任何资源代理都要使用同一种风格，接收 4 个参数：{start|stop|restart|status}，配置 IP 地址的资源代理也是同样的，每种资源代理都要完成这 4 个参数的输出。Pacemaker 的 RA 可以分为 3 种：Pacemaker 自己实现的；第三方实现的，比如 RabbitMQ 的 RA；自己实现的，比如 OpenStack 实现的它的各种服务的 RA，这是 MySQL 的 RA。

10.4.2 Pacemaker 集群

Pacemaker 支持多种类型的集群，包括 Active/Active、Active/Passive、*N*+1、*N*+*M*、*N*-to-1 及 *N*-to-*N* 等。

主动/被动模式下，需要先安装和配置 Pacemaker 集群管理软件。Pacemaker 是 Linux 平台下的先进的高可用性和负载均衡管理软件。Pacemaker 集群中的所有主机，必须通过 Corosync 消息传递层建立集群通信。Corosync 用于高可用环境中提供通信服务，位于高可用集群架构中的底层，扮演着为各节点（Node）之间提供心跳信息传递的角色。Pacemaker 位于 HA 集群架构中资源管理、资源代理的层次，它本身不提供底层心跳信息传递的功能，它要想与对方节点通信就需要借助底层的心跳传递服务，将信息通告给对方。这涉及安装以下软件包（以及和它们有依赖关系的软件包，通常包管理器会自动安装）：

- pacemaker；
- crmsh；
- corosync；
- cluster-glue；
- fence-agents（只适用于 Fedora，所有其他发行版都使用 cluster-glue）；
- resource-agents。

安装完软件包之后，需要设置 Corosync，然后启动 Corosync，最后启动 Pacemaker。一旦 Pacemaker 服务已经开始，Pacemaker 将创建一个默认空集群配置，没有资源。一旦 Pacemaker 集群已经创建，就可以设置一些基本集群属性。具体配置可参考官方文档。

10.4.3 配置 VIP

首先选择并绑定一个可以在各集群节点之间迁移的虚拟 IP 地址（即 VIP）。

该配置新建了一个 p_ip_mysql 资源，是 API 节点将会使用的虚拟 IP 地址（192.168.42.103）：

```
primitive p_api-ip ocf:heartbeat:IPaddr2 \
    params ip="192.168.42.103" cidr_netmask="24" \
    op monitor interval="30s"
```

10.4.4 HAProxy

HAProxy 是一个非常快速和可靠的高可用性解决方案，支持负载均衡，并为基于 TCP 和 HTTP 的应用程序提供代理。它特别适合高负荷的 Web 站点，足以支持数以万计的连接访问。

至少需要两个节点来运行 HAProxy，可以分别运行于 cloud controller node A 和 cloud controller node B 上。可以通过访问集群的虚拟 IP 地址访问相关的 OpenStack 服务，虚拟 IP 地址和服务节点的关联就是通过 HAProxy 的配置文件实现的。具体配置可参考官方文档。

10.4.5 Memcached

大多数 OpenStack 服务都会使用一个应用程序用于存储持久和临时数据（如令牌）。Memcached 就是其中一个，Memcached 容易扩展并且不需要任何特殊的技巧。可参考官方文档进行安装和配置。

10.4.6 Keystone

OpenStack 身份认证服务被很多其他服务使用。实现 OpenStack 身份认证服务主/从模式的高可用包括以下步骤：

- 配置 OpenStack 身份认证服务监听虚拟 IP 地址；
- 使用 Pacemaker 管理 OpenStack 身份认证服务；
- 配置 OpenStack 服务使用该虚拟 IP 地址。

10.4.7 Telemetry

Telemtry（ceilometer）是 OpenStack 系统中的计量和监控服务。监控中心收集包括虚拟机实例和计算节点在内的各种资源的使用情况。Telemetry 监控中心的主/从模式高可用是通过 Pacemaker 管理其后台守护进程实现的。

（1）在 Pacemaker 中添加 Telemetry 监控中心资源步骤如下。

首先，下载 Pacemaker 资源代理：

```
# cd /usr/lib/ocf/resource.d/openstack
# wget https://raw.github.com/madkiss/openstack-resource-agents/
master/ocf/ceilometer-agent-central
# chmod a+rx *
```

现在可以在 Pacemaker 中添加 Telemetry 监控中心相关资源。执行 crm configure 命令进入 Pacemaker 配置菜单，然后加入下列集群资源：

```
primitive p_ceilometer-agent-central \
ocf:openstack:ceilometer-agent-central \
params config="/etc/ceilometer/ceilometer.conf" \
op monitor interval="30s" timeout="30s"
```

这个配置创建 p_ceilometer-agent-central 资源，对 Telemetry 监控中心进行管理。crm configure 支持批量输入，因此可以将上面的操作复制粘贴到现有的 Pacemaker 配置中，然后根据需要再作修改。

配置完成后，在 crm configure 菜单下输入 commit 提交所有配置变更。随后 Pacemaker 会在其中一台节点服务器上启动 Telemetry 监控中心(包括所有相关资源)。

（2）配置 Telemetry 监中心步骤如下。

编辑 /etc/ceilometer/ceilometer.conf：

```
# We use API VIP for Identity Service connection:
os_auth_url=http://192.168.42.103:5000/v2.0

# We send notifications to High Available RabbitMQ:
notifier_strategy = rabbit
rabbit_host = 192.168.42.102

[database]
# We have to use MySQL connection to store data:
sql_connection=mysql://ceilometer:password@192.168.42.101/ceilometer
```

10.5　配置网络服务

10.5.1　网络的 DHCP Agent

Neutron DHCP 代理程序使用 dnsmasq（默认情况下）为虚拟机实例分配 IP 地

址。Neutron DHCP 代理程序高可用也通过 Pacemaker 实现。

在 Pacemaker 中添加 Neutron DHCP 代理程序资源步骤如下。

首先，下载 Pacemaker 资源代理。

```
# cd /usr/lib/ocf/resource.d/openstack
# wget https://raw.github.com/madkiss/openstack-resource-agents/
master/ocf/neutron-agent-dhcp
# chmod a+rx neutron-agent-dhcp
```

现在可以在 Pacemaker 中添加 Neutron DHCP 代理程序相关资源。执行 crm configure 命令进入 Pacemaker 配置菜单，然后加入下列集群资源。

```
primitive p_neutron-dhcp-agent ocf:openstack:neutron-agent-dhcp \
    params config="/etc/neutron/neutron.conf" \
    plugin_config="/etc/neutron/dhcp_agent.ini" \
    op monitor interval="30s" timeout="30s"
```

该配置会创建 p_neutron-agent-dhcp 资源，对 Neutron DHCP 代理程序进行管理。

crm configure 支持批量输入，因此可以将上面的操作复制粘贴到现有的 Pacemaker 配置中，然后根据需要再作修改。

配置完成后，在 crm configure 菜单下输入 commit 提交所有配置变更。随后 Pacemaker 会在其中一台节点服务器上启动 Neutron DHCP 代理程序（包括所有相关资源）。

10.5.2 网络的 L3 Agent

Neutron L3 代理程序负责实现 L3/NAT 转发，让运行在租户网络上的虚拟机实例能够访问外部网络。Neutron L3 代理程序实现高可用也基于 Pacemaker。

在 Pacemaker 中添加 Neutron L3 代理程序资源步骤如下。

首先，下载 Pacemaker 资源代理。

```
# cd /usr/lib/ocf/resource.d/openstack
#wget https://raw.github.com/madkiss/openstack-resource-agents/
master/ocf/neutron-agent-l3
# chmod a+rx neutron-l3-agent
```

现在可以在 Pacemaker 中添加 Neutron L3 代理程序相关资源。执行 crm configure 命令进入 Pacemaker 配置菜单，然后加入下列集群资源。

```
primitive p_neutron-l3-agent ocf:openstack:neutron-agent-l3 \
    params config="/etc/neutron/neutron.conf" \
    plugin_config="/etc/neutron/l3_agent.ini" \
    op monitor interval="30s" timeout="30s"
```

这个配置创建 p_neutron-l3-agent 资源，对 Neutron L3 代理程序进行管理。

crm configure 支持批量输入，因此可以将上面的操作复制粘贴到现有的 Pacemaker 配置中，然后根据需要再作修改。

配置完成后，在 crm configure 菜单下输入 commit 提交所有配置变更。随后 Pacemaker 会在其中一台节点服务器上启动 Neutron L3 代理程序（包括所有相关资源）。

10.6　配置存储

10.6.1　Glance API

OpenStack 镜像服务用于发现、登记以及获取虚拟机镜像。实现 OpenStack 镜像服务主/从模式的高可用包括以下步骤：

- 配置 OpenStack 镜像服务监听虚拟 IP 地址；
- 使用 Pacemaker 管理 OpenStack 镜像服务；
- 配置 OpenStack 服务使用该虚拟 IP 地址。

（1）在 Pacemaker 中添加 OpenStack 镜像服务资源

首先，下载 Pacemaker 资源代理：

```
# cd /usr/lib/ocf/resource.d/openstack
# wget https://raw.github.com/madkiss/openstack-resource-agents/master/ocf/glance-api
# chmod a+rx *
```

现在可以在 Pacemaker 中添加 OpenStack 镜像服务相关资源。执行 crm configure 命令进入 Pacemaker 配置菜单，然后加入下列集群资源：

```
primitive p_glance-api ocf:openstack:glance-api \
params config="/etc/glance/glance-api.conf" os_password="secretsecret" \
os_username="admin" os_tenant_name="admin" os_auth_url="http://192.168.42.103:5000/v2.0/" \
op monitor interval="30s" timeout="30s"
```

这个配置用来创建 p_glance-api 资源，对 OpenStack 镜像服务进行管理。

crm configure 支持批量输入，因此可以将上面的操作复制粘贴到现有的 Pacemaker 配置中，然后根据需要再作修改。例如，可以从 crm configure 菜单中进入 edit p_ip_glance-api，编辑资源以匹配可供使用的虚拟 IP 地址。

配置完成后，在 crm configure 菜单下输入 commit 提交所有配置变更。随后 Pacemaker 会在其中一台节点服务器上启动 OpenStack 镜像服务（包括所有相关资源）。

（2）配置 OpenStack 镜像服务

编辑 /etc/glance/glance-api.conf：

```
# We have to use MySQL connection to store data:
sql_connection=mysql://glance:password@192.168.42.101/glance

# We bind OpenStack Image API to the VIP:
bind_host = 192.168.42.103

# Connect to OpenStack Image Registry service:
registry_host = 192.168.42.103

# We send notifications to High Available RabbitMQ:
notifier_strategy = rabbit
rabbit_host = 192.168.42.102
```

（3）配置 OpenStack 各服务使用高可用的 OpenStack 镜像服务

其他 OpenStack 服务也相应地使用高可用、虚拟 IP 地址的 OpenStack 镜像服务，而不再使用其所在服务器的物理 IP 地址。

以 OpenStack 计算服务为例，如果 OpenStack 镜像服务的虚拟 IP 地址是 192.168.42.103，那么在 OpenStack 计算服务的配置文件（nova.conf）中应该使用如下配置：

```
 [glance]
...
api_servers = 192.168.42.103
...
```

对于 Juno 之前的版本，该配置项对应的是 [DEFAULT] 段之下的 glance_api_servers。

在 OpenStack 身份认证服务中需要为该 IP 地址创建对应的服务端点。

10.6.2 Cinder API

实现 OpenStack 块设备存储服务（Cinder）主/从模式的高可用包括以下步骤：

- 配置 OpenStack 块设备存储服务监听虚拟 IP 地址；
- 使用 Pacemaker 管理 OpenStack 块设备存储服务；
- 配置 OpenStack 服务使用该虚拟 IP 地址。

（1）在 Pacemaker 中添加 OpenStack 块设备存储服务资源

首先，下载 Pacemaker 资源代理：

```
# cd /usr/lib/ocf/resource.d/openstack
# wget https://raw.github.com/madkiss/openstack-resource-agents/master/ocf/cinder-api
# chmod a+rx *
```

现在可以在 Pacemaker 中添加 OpenStack 块设备存储服务相关资源。执行

crm configure 命令进入 Pacemaker 配置菜单，然后加入下列集群资源：

```
    primitive p_cinder-api ocf:openstack:cinder-api \
    params config="/etc/cinder/cinder.conf" os_password="secretsecret" 
os_username="admin" \
    os_tenant_name="admin" 
keystone_get_token_url="http://192.168.42.103:5000/v2.0/tokens" \
    op monitor interval="30s" timeout="30s"
```

这个配置创建 p_cinder-api 资源，对 OpenStack 身份认证服务进行管理。

crm configure 支持批量输入，因此可以将上面的操作复制粘贴到现有的 Pacemaker 配置中，然后根据需要再作修改。例如，可以从 crm configure 菜单中进入 edit p_ip_cinder-api，编辑资源以匹配可供使用的虚拟 IP 地址。

配置完成后，在 crm configure 菜单下输入 commit 提交所有配置变更。随后 Pacemaker 会在其中一台节点服务器上启动 OpenStack 块设备存储存服务（包括所有相关资源）。

（2）配置 OpenStack 块设备存储服务

编辑 /etc/cinder/cinder.conf：

```
# We have to use MySQL connection to store data:
sql_connection=mysql://cinder:password@192.168.42.101/cinder

# We bind Block Storage API to the VIP:
osapi_volume_listen = 192.168.42.103

# We send notifications to High Available RabbitMQ:
notifier_strategy = rabbit
rabbit_host = 192.168.42.102
```

（3）配置 OpenStack 各服务使用高可用的 OpenStack 块设备存储服务

其他 OpenStack 服务也相应地使用高可用、虚拟 IP 地址的 OpenStack 块设备存储服务，而不再使用其所在服务器的物理 IP 地址。

在 OpenStack 身份认证服务中需要为该 IP 地址创建对应的服务端点。

10.6.3　共享文件系统

在选择共享存储解决方案时，通常从 NAS（Network Attached Storage，网络附加存储）和 SAN 中选择，还有如集群存储，典型集群存储有两种实现方式：一种是硬件+软件，如 SAN 架构+IBM GPFS；另一种是专用集群存储，如 NetApp GX，NetApp GX 是构建在 NAS 基础架构之上的，通过操作系统实现集群存储。

（1）NAS

NAS 基于网络共享，传统 NAS 提供文件级别的存储服务。NAS 服务器一般由存储硬件、操作系统以及其上的文件系统等几个部分组成。在 Linux 集群中，NAS 通常采用 NFS 提供文件共享，也可以选用 CIFS。NAS 的优点是价格合理、设置简单、便于管理。在集群中最重要的是要避免网络中出现单点故障，所以如果计划使用 NAS 服务器作为共享存储时，需要考虑冗余。一般 NAS 具有一定的可扩展性，但是它的可扩展性不是线性的，在某一临界点曲线变为水平后，NAS 就无力应付此时的负载。而目前有集群 NAS 解决方案，它是一种横向扩展（Scale-Out）存储架构，具有容量和性能线性扩展的优势。

HA 集群中使用 NAS 的原因是 NAS 可以提供并发访问，而 SAN 不行，除非在客户端使用 OCFS2、GFS2 等文件系统。

（2）SAN

SAN 提供块级别的存储服务，能够提供很好的冗余的同时提供高性能，SAN 还具有无限扩展能力，但是构建比较复杂。通常采用磁盘阵列，采用一个专用网络来访问这些磁盘，SAN 可以使用 FDDI、以太网或其他方式实现（后面会介绍 FC 和 iSCSI 两种）。典型的场景中，SAN Filer 中的磁盘阵列通常使用 RAID 来确保冗余。在阵列之上，创建 LUN，集群节点连接到 LUN，当作本地磁盘使用。典型环境中所有部件都要保证冗余，节点都分别连接到两个 SAN 交换机，依次连接到 SAN 存储的两个不同的控制器。

（3）集群文件系统

集群文件系统是同时挂载到多个服务器来共享的一种文件系统。集群文件系统可以解决共享磁盘不一致的问题。使用服务器间网络互相通信来进行同步，可以使用以太网、SAN 或一些快速低时延的集群内联设备。

（4）多路径

SAN 通常配置冗余。在典型架构中，集群节点有 4 条路径到 LUN，在节点上会发现/dev/sda、/dev/sdb、/dev/sdc、/dev/sdd，实际上是同一个设备。正如 4 个/dev/sdx 绑定到一个特定的路径，不该连接到其中的任意一个。如果连接的路径断掉了，节点将断开连接。这就是为什么要使用 multipath。

multipath 是一个可加载的驱动，用来分析上面的存储设备，它会发现/dev/sdx 其实是同一个 LUN，同时创建一个特定的设备供节点连接。当 multipath 驱动加载后，“multipath-l”可以确认拓扑，可以在/dev/mapper 目录下看到一个新建的设备。

10.6.4 存储后端

每个卷在 Cinder 中都有一个对应的 Host 负责管理，主要是为了解决卷操作的竞争问题（当然 LVM 实质上只有该 Host 才能操作），对于一个卷的所有操作对会被 API 节点转发到对应的 Host 上处理。这个 Host 实际上就是创建该卷的

Cinder-Volume Host 名。因此，如果某一个 Cinder-Volume 所在的主机宕机，会导致该主机之前创建的所有卷无法操作。对于共享存储类型的 Backend 来说，它需要能够让其他 Cinder-Volume 也能处理这些请求。

（1）利用 Migrate API

既然由 Volume 的 Host 字段来负责请求的分发，那么最初的方案就是直接修改一个卷的 Host，如使用 Cinder Migrate-Volume。对于共享存储类型的 Backend 来说，只需要简单修改 Host 就行了。那么这样就可以在每次 Cinder-Volume 宕机以后迁移所有属于该 Host 的 Volume，对于共享存储类型来说实际上还是很轻量的，只需要修改数据库的一个字段。

（2）利用 RabbitMQ

上面这个方案在面对私有云内部来说实际上还是有点麻烦，那么利用 RabbitMQ 就是做到类似 Proxy 的机制，在两个不同的服务器上启动两个 Cinder-Volume，但是在 cinder.conf 里指定 Host 名为同一个，那么这样就可以利用 RabbitMQ 默认的 round-robin 调度策略来轻松实现卷操作的高可用。

除此之外，还可以利用 VIP 和 Placemaker 实现 Host 可达方案。

（3）Cinder 的多 Backend

通常来说，用户的存储需求是多样化且复杂的，因此需要 Cinder 提供不同类型的 Backend 支持。这里举例使用 Cinder Multi-Backend 机制来实现 Ceph 多个 Pool 的管理。

首先基本的管理和指南可以参考官方的文档 Configure Multiple-storage Backends。在已存在卷的 Cinder 环境下，如果将 Cinder 配置切换成支持 Multi-Backend 的版本，需要一些 Tricky 的方式来修改卷的 Host。在配置好 Multi-Backend 以后，可以看到 Cinder-Volume 的 Host 会变成原来的 Host 名加上 Backend 名，因此数据库中原来卷和 Snapshot 都需要修改对应的 Host。

Ceph 的多 Pool 支持就可以简单修改对应 Backend 配置组里的“rbd_pool”，使用户可以使用 Volume-type 来指定卷所属的 Pool。

10.7 配置计算节点

部署方式如下。

- 使用 Pacemaker 集群作为控制平面。
- 将计算节点作为 Partial members 加入 Pacemaker 集群中，受其管理和监控。这时候，其数目不受 Corosync 集群内节点总数的限制。

HA 实现细节如下。

- Pacemaker 通过 pacemaker_remote 按照顺序 neutron-ovs-agent→ceilometer-compute→nova-compute 来启动计算节点上的各种服务。前面的服务启动失败，后面的服务不会被启动。
- Pacemaker 监控和每个计算节点上的 pacemaker_remote 的连接，来检查该节点是否处于活动状态。发现它不可以连接的话，启动恢复（Recovery）过程。
- Pacemaker 监控每个服务的状态，如果状态失效，该服务会被重启。重启失败则触发防护行为（Fencing Action）；当所有服务都被启动后，虚拟机的网络会被恢复，因此，网络只会短时间受影响。

当一个节点失效时，恢复（Recovery）过程会被触发，Pacemaker 会依次：

步骤 1 运行“nova service-disable”；

步骤 2 将该节点关机；

步骤 3 等待 Nova 发现该节点失效了；

步骤 4 将该节点开机；

步骤 5 如果节点启动成功，执行“nova service-enable”；

步骤 6 如果节点启动失败，则执行“nova evacuate”把该节点上的虚拟机移到别的可用计算节点上。

其中：

- 步骤 1 和步骤 5 是可选的，其主要目的是防止 Nova-Scheduler 将新的虚拟机分配到该节点。
- 步骤 2 保证机器肯定会关机。
- 步骤 3 中目前 Nova 需要等待一段较长的超时时间才能判断节点宕掉了。

Liberty 中的 Blueprint 添加一个 Nova API 可将节点状态直接设置为 down。其余一些前提条件如下。

- 虚拟机必须部署在 Cinder-Volume 或者共享的临时存储，比如 RBD 或者 NFS 上，这样虚拟机 Evaculation 将不会造成数据丢失。
- 如果虚拟机不使用共享存储，则必须周期性地创建虚拟机的快照并保存到 Glance 中。在虚拟机损坏后，可以从 Glance 快照上恢复。但是，这可能会导致状态或者数据丢失。
- 控制和计算节点需要安装 RHEL 7.1+。
- 计算节点需要有防护机制，比如 IPMI、硬件狗等。

第11章 大规模集群设计与优化

在云操作系统的运维过程中，需要对集群内物理主机和虚拟机实例的运行状态进行高效实时的检测和监控来保障系统健康运行。由于企业级私有云集群通常部署大量的虚拟机实例和物理机，监控系统需要处理大量的实时数据，这对传统架构的监控系统构成一个挑战。通过采用大数据方法，结合分布式存储框架 Hadoop 与分布式计算框架 Spark，可以实现云资源调度的优化。本章对这部分内容进行重点介绍。

11.1 私有云待优化问题

私有云通常部署应用于大中型企业，基于虚拟化技术为其各项业务提供标准的计算、存储、网络支持。集群运行时的状态信息是私有云集群的运维人员保证集群服务可靠性所必须知晓的关键信息。需要根据这些原始工作状态数据做出分析，从而监控海量虚拟机实例的工作状态以及集群整体的运行状态。

同时由于虚拟机实例的资源分配量通常都是有一定标准粒度的（在 OpenStack 中称为 Flavor），长时间的集群运行后在不断的初始化与注销虚拟机实例的过程中会产生许多不能合理利用的碎片物理资源，譬如一台物理机剩余较多的 vCPU，但由于该物理机内存不足，故这些 vCPU 资源无法利用。集群运维人员需要通过对集群的各种资源的宏观利用情况有所了解，才能合理利用这些碎片化资源。

（1）现有私有云监控系统

传统的监控技术主要分为集中式监控结构和分布式监控结构。集中式监控结构通过一台或多台监控服务器对虚拟机的运行状态进行直接的监控，负责对所有服务器的数据进行采集、持久化和处理。分布式监控结构主要分为 3 个层次，分别是底层的数据采集、中间层的数据持久化与计算分析和上层的利用计算分析数据结果进行的监控、自动化运维等应用构建。分布式监控结构的可扩展性对虚拟机数量庞大的私有云集群更有意义。市场上存在着一些分布式结构的监控系统，如开源的 Zabbix、Ganglia 与收费的 BMC 公司的 Cloud Operations Management 监控系统及 Zenoss Enterprise。同时 OpenStack 也拥有一个 Ceilometer 组件，负责监控集群的状态。

Ganglia 项目要求每台机器部署一个 gmond 守护进程来收集与发送度量数据，同时部署若干台 gmetad 服务器来与各机器的 gmond 进程进行通信来了解整体的状态，最终在 Web front-end 端展示监控状态。Ganglia 系统的 gmetad 模块需要定期地主动抽取各 gmond 进程之上的监控数据，并使用一个中心服务器来一致化从而获取系统的整体监控状态。这样的架构会给弹性扩展的大型集群带来严重的网络抖动问题，这个问题制约了原生 Ganglia 在大型集群中的应用。

OpenStack 的 Ceilometer 组件在框架范围内获取各个虚拟实例各自物理及虚拟资源的使用情况，并将这些数据收集保存在关系型数据库之中。OpenStack Liberty 版本引入了一个 aodh 组件来利用现有的 Ceilometer 计量的信息提供虚拟机实例的监控报警，但 aodh 服务部署在 OpenStack 控制节点上，必须依赖 SQL 数据库进行存储，在有大量并发性监控需求的实际生产集群上会出现单点瓶颈问题，仅能通过高可用性（HA）架构部署多个控制节点来有限缓解，因此迫切需要引入新的架构与技术解决这一问题。

开源监控系统 Zabbix 采用分布式架构，其主动监控模式要求在被监控的节点上部署 Agent 提供监控数据的来源，它的分布式架构基于多个 Zabbix Proxy 实现高可用性，但它的这些 Proxy 在进行全局监控时需要维护一致性，此时中心的 Zabbix Server 与数据库存在网络 I/O 瓶颈。实际上原生的 Zabbix 仅能支持中小型集群的监控，在监控目标增长时，由于上述瓶颈的存在，其监控状况会出现问题。故迫切需要引入新的架构与技术，解决中心瓶颈问题。

BMC、Zenoss 等商业监控系统，也存在类似的问题。本质上在于大型私有云拥有理论上无限的可扩展性，仅仅局限在 Master-Slave 结构的分布式架构必然会在 Master 集群带来高吞吐量与一致性维护的挑战。采用大数据的方式，引入 Kafka 消息分发集群、Hadoop 存储集群与 Spark 计算集群，来构建一个可扩展性极高的数据持久化与分析层，为私有云的监控需求与优化需求提供存储与计算上的保障。

（2）私有云的碎片化资源浪费问题及解决思路

在现有的基于 Hypervisor 的虚拟化方案中，虚拟实例的创建所需的资源必须完全依赖于同一台物理机。由于物理机配置的不同及不同 Flavor 之间所需资源的侧重项的不同，必然存在资源碎片无法使用的情况。例如 A 物理机所有内存资源均分配完但是 CPU 资源还剩余很多，但 B 物理机恰恰相反。这种现象的存在使得许多珍贵的计算资源无法得到有效利用。

OpenStack 默认基于 KVM Hypervisor 工作，KVM 支持虚拟机热迁移，热迁移是 KVM 提供的标准服务，通过网络传输内存镜像、CPU 寄存器镜像到目标物理机之上，来实现不宕机地迁移虚拟机的需求。可以利用 OpenStack Nova API 对热迁移的封装，根据资源的分布来优化资源利用情况，通过迁移占用资源重点不同的虚拟机实例，可以更加有效地利用这些珍贵的碎片资源。

（3）系统监控资源优化服务集群简介

本研究的目的是为了满足某大型国有企业的私有云的监控需求。该私有云基于 OpenStack 框架进行搭建，在全国各地共部署有 20 多个集群（Cluster），每个集群平均部署有几十台物理机，运行着数千台虚拟机。整个私有云集群共有 10^5 数量级别的虚拟机实例在运行，私有云集群提供一系列 Flavor 供用户选择，部署量较大的 Flavor 是 8 个 vCPU、8 GB RAM、20 GB 硬盘的计算节点和 1 个 vCPU、8 GB RAM，20 GB 硬盘的 Web 服务器节点。部署在各虚拟机实例之上的 Agent 每分钟执行一次监控任务并将大小约 1 KB 的数据以 JSON 格式发送到约定好的 API，每日约生产 100 GB 的原始数据。本系统使用前面所叙述的 Hadoop 存储集群和 Spark 计算集群来存储和分析这种量级的数据，提供实时监控并为集群综合资源优化提供数据层面的指导。

Spark 技术可以分布式部署在多台计算机之上，充分利用多台计算机的计算和内存资源来处理大量数据的运算，并且可根据运算任务的大小弹性扩展[11]。同时相比于同类型的 MapReduce 计算框架，Spark 最大的优势是将数据缓存在内存中，实验证明，Spark 相比于 Hadoop 在大规模运算上拥有更高的计算效率。这对满足本课题对实时计算的需求很有帮助。同时在持久化数据时使用 Parquet 列式存储在 Hadoop 存储集群之中。Parquet 采用列式存储，相比于关系型数据库，它可以在分析计算时有效地过滤冗余数据来减少 I/O 访问量，并可以采取更高效的压缩编码节约存储空间。

集群的性能主要通过通信、函数、模块、任务调配几个方面进行实现。

11.2　资源监控系统

11.2.1　监控系统简介

系统监控系统主要分为三大层次：数据采集层、数据分析层与应用层。系统的设计思想可以概括为可扩展、低耦合、模块化。图 11-1 是系统各个组件总体架构。

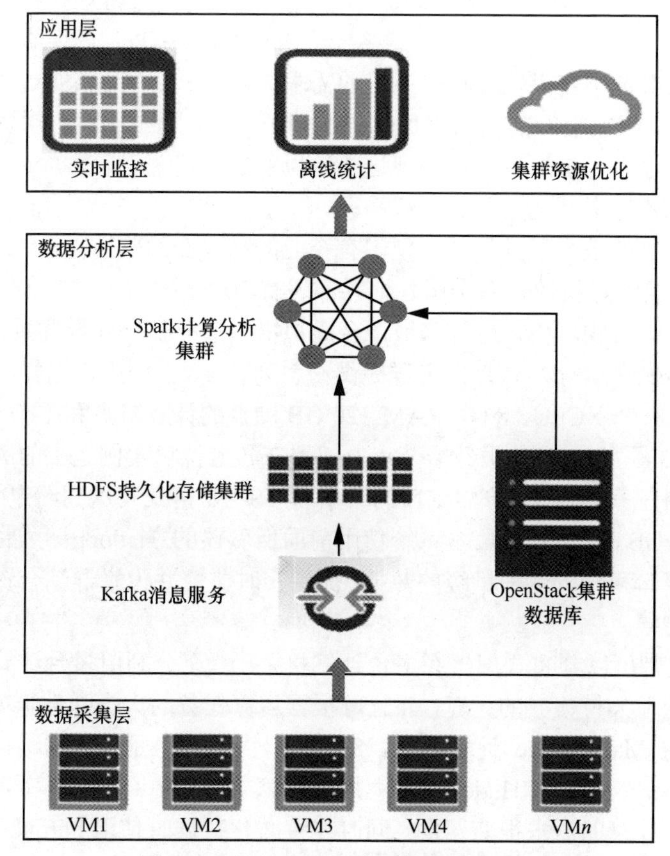

图 11-1　性能监控与资源优化系统架构

在数据采集层，系统在各虚拟机之上部署低开销的守护进程来实时收集监控数据。收集数据的 Agent 作为 Kafka 消息分发服务的 Producer，发布原始数据。

数据分析层包括数据持久化与计算分析 2 个任务。首先使用部署的 Kafka 集群来将消息以 Parquet 的格式存储在 HDFS 集群之中完成监控信息的持久化，接着进行计算分析任务，主要包括 Spark 离线的批量分析与 Spark Streaming 的实时流式处理。分析计算的结果作为应用层的数据支持。

应用层主要分为 3 种应用：基于实时分析的在线警报、基于离线分析的资源碎片情况用来作为资源优化的基础以及基于二者发布的集群运行状态展示。

（1）数据采集层

作为数据采集层的守护进程 Agent，要求做到插件化、低开销。监控任务需要对每台虚拟机进行实时监控，这要求数据采集的频率会较高。由于大部分应用都是

Web 应用，权衡了服务器对 Web 请求的响应速度所需的时间与数据量的大小之后采用 1 min 作为守护进程生产消息的频率。系统将 Agent 部署在私有云的标准 Image 之中，并且搭建了 RPM 仓库与 DEB 仓库服务器，允许用户在自己的机器上利用 apt 与 yum 等分组管理工具自动安装该服务，在集群内所有虚拟机之上进行扩展部署。

（2）数据分析层

数据分析层 Hadoop 分布式存储平台用来作为数据持久化的中心，将各 Agent 获得的实时计量数据汇总在这里，以列式存储结构 Parquet 存储在 HDFS 文件系统中。这些监控信息和存储私有云虚拟机基本配置限额信息的 OpenStack Nova 关系型数据库，二者结合作为分析计算的依据。需要指出的是，后者提供的是相对固定的数据，利用缓存来降低数据库访问的 I/O 压力，并设置触发机制仅在虚拟机生命周期变化之时进行有限的数据库连接来更新缓存数据。

Spark 分布式计算平台提供两种计算，第 1 种是进行基于 Spark Streaming 的实时分析，流式处理实时数据第一时间找到异常虚拟机。在获得异常机器之后，通过 OpenStack Nova 组件的接口将消息反馈给所属机器的管理员进行报警；第 2 种是执行一些定时的 Spark batch 任务，来对集群宏观状态进行分析，在宏观上对集群当天的计量信息进行分析，利用宏观状态监控集群整体状态并在监控 Web 端进行显示，同时利用整体资源情况数据，基于虚拟机热迁移，通过算法找到虚拟机迁移方案来对碎片资源进行回收利用。

（3）应用层

得到持久化分析中心的监控结果之后，系统通过一个基于 Spring MVC 框架的 Web 服务将监控结果进行应用。对于集群实时监控，将监控图表展示在基于 Grafana 开源项目的界面之上，便于用户与管理员查看，同时任务通过邮件系统将检测到的警报及时告知相应的管理员；对于集群整体的监控数据，经过定时的集群计算后，将计算后的关键指标，如开销最大的某些机器列表展示出来；同时利用计算得出的监控数据，支持资源优化模块的算法得出合理的迁移队列，定时执行迁移队列来自动化整理集群内不可用的碎片资源，降低购买硬件设施的成本。

11.2.2　监控系统效率

测试系统在全国分布有 20 余个基于 OpenStack 的物理集群，共有 5 000 台以上的物理机，上面运行着近 10 万台虚拟机实例。在实际的生产过程中，各物理机及虚拟机实例每分钟由 Agent 发送一条监控消息，每日需要分析约 100 GB 的原始数据。本节对虚拟机实例资源监控、集群资源监控以及资源碎片的优化效果进行展示。

1. 对虚拟机实例的监控

监控系统的一个重要监控目标是对各虚拟机实例进行实时监控。使用前文所述的 Spark Streaming 技术对 Agent 采集的数据进行实时分析，并在前端将虚拟机实例的运行状况向其管理员进行展示，包括图 11-2 的对虚拟机 CPU 负载的实时监控、图 11-3 对虚拟机内存使用率的实时监控、图 11-4 对虚拟机硬盘写 I/O 的实时监控、图 11-5 对虚拟机网络连接数（SS）的实时监控等各项指标的实时监控，并且在越过阈值触发监控警报时向虚拟机管理员提供邮件或短信报警。

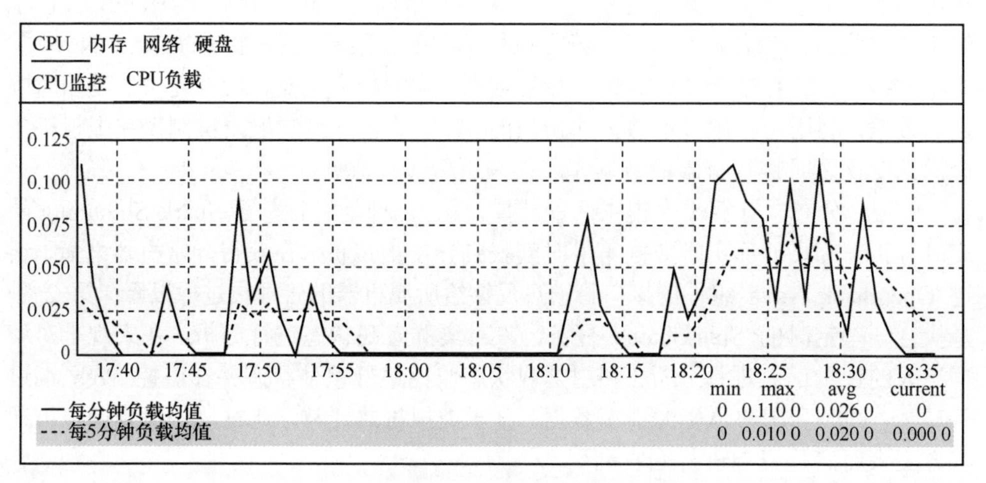

图 11-2 对虚拟机 CPU 负载的实时监控

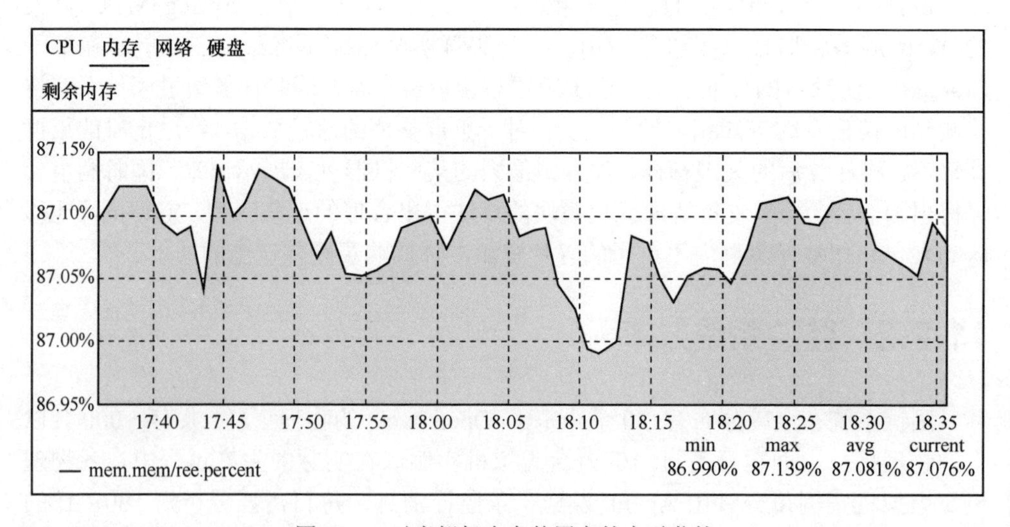

图 11-3 对虚拟机内存使用率的实时监控

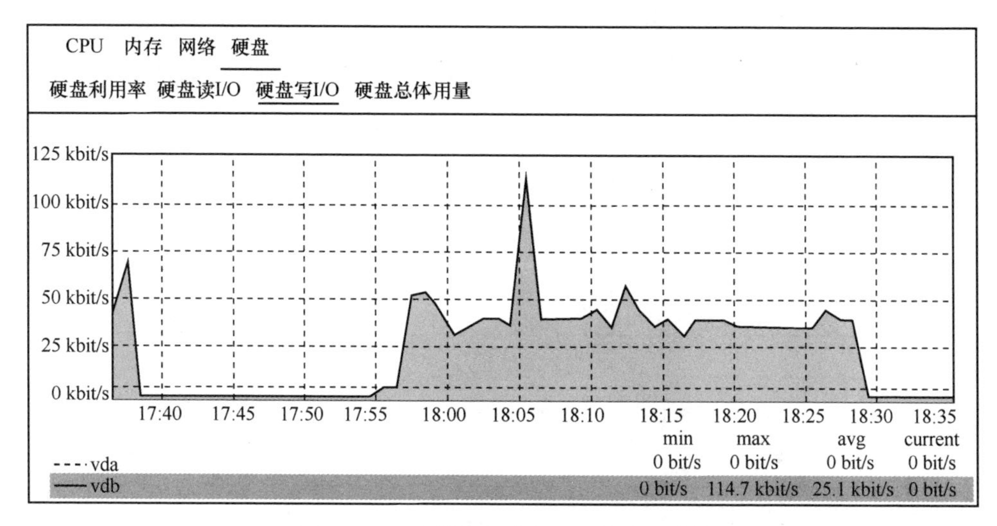

图 11-4　对虚拟机硬盘写 I/O 的实时监控

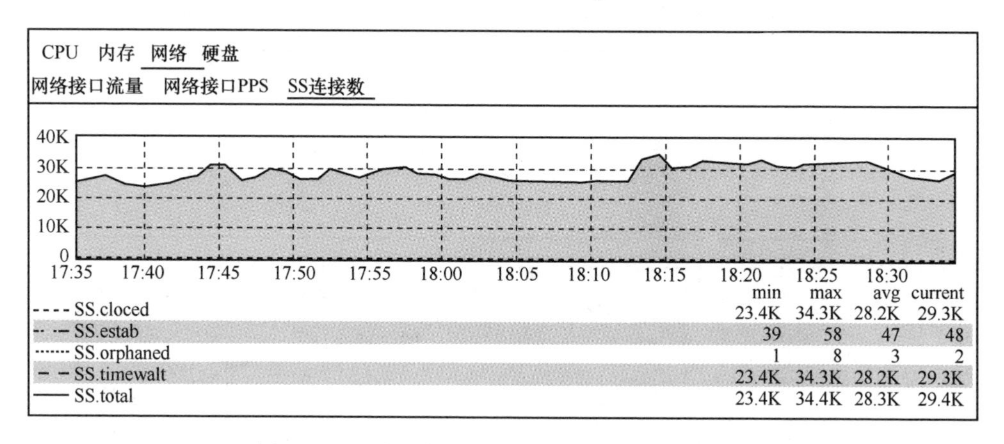

图 11-5　对虚拟机网络连接数（SS）的实时监控

2. 对各个集群的监控

监控系统另一个重要的工作是监控私有云各集群的资源使用情况。图 11-6 展示了监控系统统计出来的一天内 CPU 负载最高的前 10 个集群的 CPU 负载情况，图 11-7 展示了所有集群上所有已部署虚拟机数量，图 11-8 展示了集群资源支持新建虚拟机的容量。图 11-6 对找到资源开销最高的集群具有重要的现实意义，因为这种集群潜在地存在由于资源不足导致的进程频繁切换或者内存与磁盘的频繁段页交换，有必要在下一步的运维工作中采购新的机器帮助缓解这一问题。同时图 11-7、图 11-8 便于及时把握集群整体虚拟机运行数及可建新虚拟机的容量趋势，也对集群的运维采购工作有重要的指导意义。

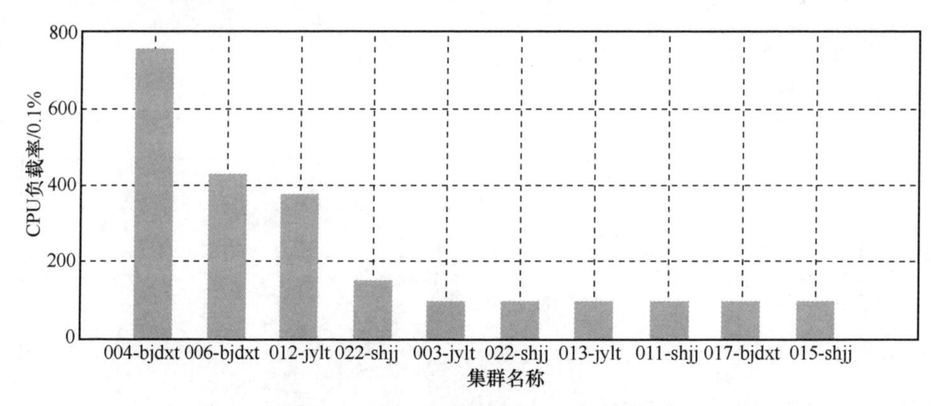

图 11-6　CPU 负载最重的前 10 个集群

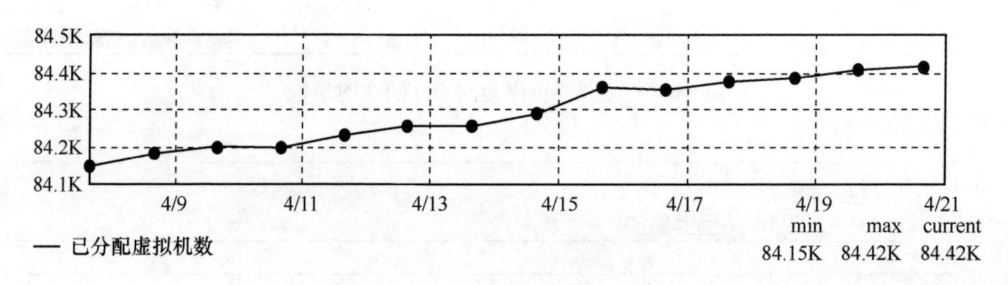

图 11-7　集群已分配虚拟机数量

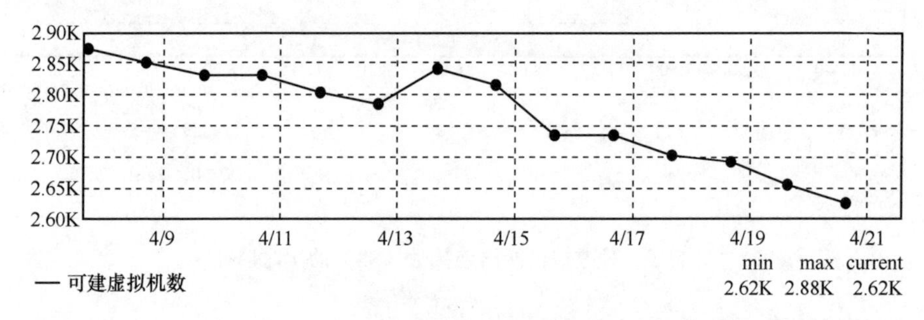

图 11-8　集群可建虚拟机数

3. 资源碎片整理的优化效果展现

对私有云集群的碎片资源整理是优化工作的重要内容。根据伪代码计算得到迁移表之后，使用 OpenStack Nova 的热迁移 API 对需要迁移的虚拟机实例进行处理。对于本私有云系统的 22 个域，图 11-9 展示了对内存紧缺但 vCPU 资源利用不足，无法新建虚拟机实例的集群的物理机带来的优化成果。在各个集群中总共执行了 296 次成功的热迁移，并释放了 163 个标准 Flavor（4 个 vCPU、8 GB RAM、20 GB 硬盘），在发生热迁移的 244 台 vCPU 资源严重浪费的物理机之上，vCPU

利用量由 4 877 提升到了 5 529，提升了 13.37%，带来了可观的收益。

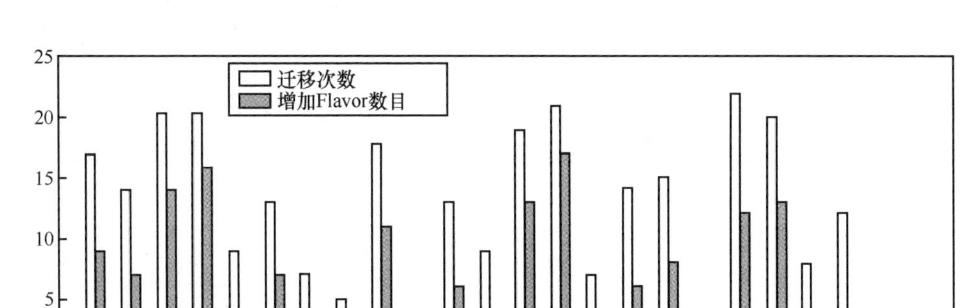

图 11-9　集群资源优化效果

11.3　通信性能优化

在测试大规模并发作业时发现，当作业数量超过 1 000 时就容易出现运行时间变长的现象。分析监控曲线和日志，发现 AppMaster 发给 Master 的资源请求出现大量消息超时，AppMaster 迟迟拿不到资源，资源请求处理的时延很高。

消息从到达 Master 进程到最终被处理返回的总时间主要包括在队列中等待时间和实际处理的时间，因此时延高无非是两个原因：消息处理本身的 OPS 下降；消息堆积在待处理队列中未被及时处理。顺着这一思路，在通过 Profiling 发现 Master 资源调度关键函数并没有占到整个消息处理时延的大部分后，“罪魁祸首”就只剩下消息堆积了。在绘出了 Master 中资源调度消息队列中消息堆积的曲线之后，果然发现当作业数量增加时，堆积的请求数量剧增（如图 11-10 所示），每一条请求的处理时间也较小规模时高出很多。

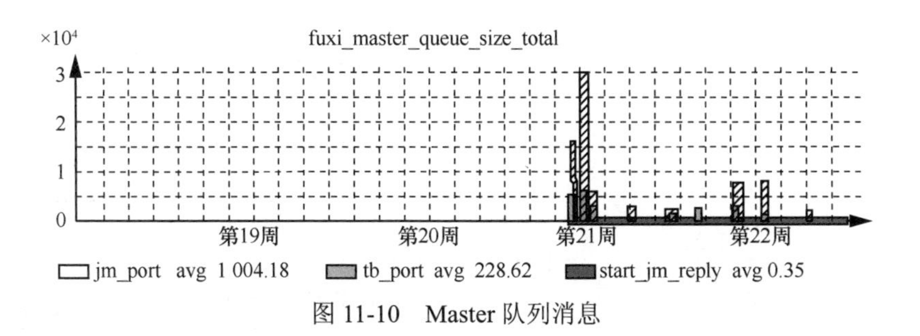

图 11-10　Master 队列消息

为什么在 Master 队列中会堆积如此多的消息？在系统中，守护进程 Agent 和 AppMaster 都需要向负责资源调度的 Master 查询资源状态，在通信策略上采用了定期 Polling 的方式，缺省是每秒查询一次。采用 Polling 通信方式主要基于其简单性，能比较顽健地应对网络故障，消息传递发送过程比较自然有规律。然而在 5 000 规模集群中，这个策略必须进行调整优化，否则会造成 Master 被大量请求"DDoS 攻击"而无法服务。

定位到消息堆积的问题后，立即对消息通信策略进行了流控，算法简单有效：发送端检查如果上次询问的请求结果已经返回，表明目前 Master 请求处理较为顺畅，则间隔一个较短的时间后进行下一次询问。反之，如果上次询问的请求超时，说明 Master 较忙（例如有任务释放大批资源待处理等），发送端则等待较长时间后再发送请求。通过这种自适应流控的通信策略调整，Master 消息堆积问题得到了有效解决。

此外，还解决了 Master 消息的队头阻塞（HoL）问题。AppMaster 需要与 Master 通信获得资源调度结果，同时也与 Agent 通信进行 Worker 的启停。由于 Agent 数量远大于 Master，在极端情况下，如果 AppMaster 采用同一个线程池来处理这些消息，那么 Master 消息会被前面大量的 Agent 消息阻塞。将消息处理的全路径包括从发送到处理完毕等各个时间段进行了 Profiling，结果印证了队头阻塞现象。当一个任务的 Worker 较多时，AppMaster 需要与之通信的 Agent 也会增多，观察到 AppMaster 拿到资源的时间明显变长。针对队头阻塞问题，在通信组件中加入了独立线程功能以达到 QoS 的效果，并应用在 AppMaster 处理 Master 消息的通信中。如图 11-11 所示，Master 的消息单独使用一个线程池，其余消息则共用另一个线程池。

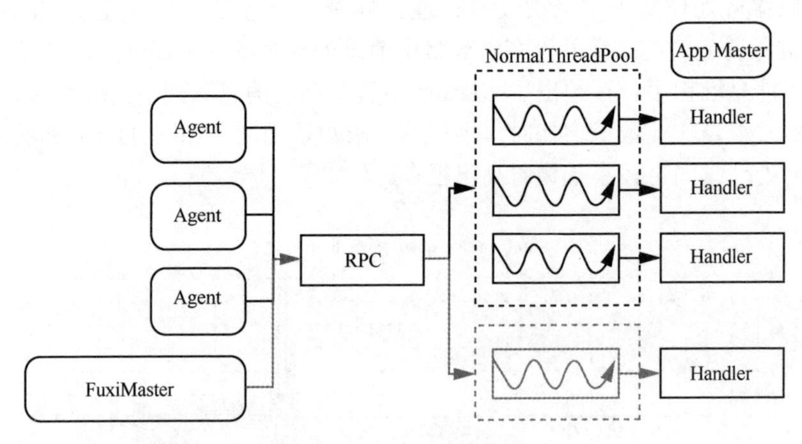

图 11-11　Master 线程池

11.4　键函数优化

Master 在调度资源时的一个关键操作是：比较一个节点的空闲资源能否满足该节点上排队等待的所有资源的请求，从而决定该资源分配给哪个任务。这个函数的调用次数会与机器规模和请求数量成正比，因此其速度对 Master 的调度 OPS 有决定性影响。

在调度资源时支持多个维度，如内存、CPU、网络、磁盘等，所有的资源和请求都用一个多维的键值对表示，例如 {Mem: 10, CPU: 50,net: 40,disk: 60}。因此，判断一个空闲资源能否满足一个资源请求的问题可以简单地抽象成多维向量的比较问题，例如 R: [r1, r2, r3, r4] > Q: [q1, q2, q3, q4]，其中 1、2、3、4 等数字表示各个维度，当且仅当 R 各个维度均大于 Q 时才判断 R > Q。比较次数决定了这个操作的时间复杂度。最好情况下只需比较 1 次即可得出结果，如判断 [1, 10, 10, 10]大于 [2, 1, 1, 1]失败；最差需要 D（D 为维度数）次，如判断 [10, 10, 10, 1]大于 [1, 1, 1, 10]需比较 4 次。在资源调度高频发生时，必须对这里的比较进行优化。

通过 Profiling 分析了系统运行时资源空闲与请求情况，在资源充足时通常值最大的维度最难满足，因此在资源调度场景采用基于主键的优化算法：对每个资源请求的最大值所在维度定义为该向量的主键，当有空闲资源时首先比较主键维度是否满足请求，如果在主键上满足再比较其他维度。此外，对一个节点上排队等待所有请求的主键值再求一个最小值，空闲资源如果小于该最小值则无需再比较其他请求。通过主键算法，大大减少了资源调度时向量比较次数，Master 一次调度时间优化到几毫秒。注意到资源请求提交后不会改变，因此计算主键的系统开销可以忽略不计。

Master 关键调度性能的优化增强了系统的规模扩展能力，用户利用云平台能管理更大规模的集群，容纳更多的计算任务，发挥出云计算平台的成本优势。

11.5　模块依赖性能优化

Master 支持故障恢复，在重启后进行故障恢复时需要从 Nuwa 读取所有任务的描述文件（Checkpoint）以继续运行用户任务。考虑到之前 Nuwa 服务在服务器端对文件内容没有做持久化，Master 在读取了 Checkpoint 后还会再写一次 Nuwa，这个回写操作性能依赖于 Nuwa 模块。在 5 000 节点的集群上，名字解析压力的显著增加导致 Nuwa 在 Server 的回写操作上也出现了性能下降问题，最终通过模块依赖传递到了 Master，从而影响了故障恢复的性能。经测试观察，一次 Checkpoint 回写就消耗 70 s，这大大降低了系统的可用性。

需要对 Master 故障恢复进行优化。首先，从 Master 的角度，在故障恢复时刚刚读取的 Checkpoint 内容在 Nuwa 服务器端是不会发生改变的，因此读取 Checkpoint 后没有必要回写到服务器端，只需要通知本地的 Nuwa Agent 让其代理即可，Agent 会负责服务器宕机重启时向服务器推送本地缓存的文件内容。于是与 Nuwa 合作，在 Nuwa API 中新增加一个只写本地的接口，这样 Master 规避了在故障恢复时回写 Checkpoint 的性能风险。优化后，在 5 000 节点集群和并发 5 000 任务的测试规模下，一次故障恢复中处理 Checkpoint 操作仅需 18 s（主要时间在一次读取）。可见在分布式系统中，对外部模块的依赖哪怕只是一个 RPC 请求也可能是“性能陷阱”，在设计和实现时尽量避免出现在关键路径上。

故障恢复是分布式系统保证可用性必须具备的功能，经过优化，Master 的快速故障恢复增强了云计算平台的可用性和稳定性，屏蔽了硬件故障，使用户的使用过程不受影响。

11.6 任务调配优化

在云计算平台应用的各种技术中，资源调度算法是一个很关键的技术，因为它负责把任务分配到工作节点中运行，云计算平台性能的好坏主要体现在任务分配的合理程度。现有资源调度算法很多，一些经典的算法如 min-min 算法、遗传算法、WQR（Workqueue with Replication）算法（WQ 的改进算法）和 LATE（Longest Approximate Time to End）算法等。这些算法有各自的特点，但也存在不足。有研究提出优先级工作队列资源调度算法，该算法是在 WQ 算法的基础上，加入工作节点模糊评级策略。该算法用运行任务的平均完成时间对工作节点进行评级，避免了根据硬件信息进行评价的困难。工作节点选择算法通过顺序查找等级队列，在找到的等级中随机选择工作节点，然后把任务分配给工作节点运行。工作节点等级迁移算法通过同级比较和异级比较的过程，使等级队列逐渐完成。

资源调度过程中，考虑到云计算的服务质量，云计算服务提供商通过与客户签订 SLA 将非本地的网络资源以更具有针对性、更高速、更廉价的方式提供给用户，并根据 SLA 中签订的内容来保证各自利益。云计算环境下计算中心本身的大规模性、服务器之间可能存在的异构性、节点之间可能存在负载不均的现象，将严重威胁机器性能，用户的服务质量不能得到保证，服务提供商还需根据 SLA 内容缴纳违约罚金。所以在云计算环境下如何建立有效负载均衡机制，合理利用网络资源以保证 SLA，成为必须考虑的内容。

11.6.1　队列资源调度算法

1．主要实体数据结构

（1）工作节点

工作节点是处理任务的单位，即任务分配的对象，是计算资源和存储资源的提供者。云计算中，大量采用虚拟化技术，每一台计算机可以虚拟出一个或多个工作节点。因此实际工作节点的数量可以大大多于实体机器的数量。工作节点定义为：W（IDW，SW，BW，Max，TW，TW，NW，RW，CW），其属性说明：IDW 为工作节点编号；SW 为工作节点可以提供的存储资源的大小，作为工作节点选择的一个重要依据；BW 为工作节点网络带宽，是工作节点选择的一个重要依据；MaxTW 为工作节点可以同时运行的最大任务数量，不同性能的工作节点设置不同的最大任务数量，工作节点的负载也是通过使用此属性来标识；TW 是记录在工作节点上运行的任务的总时间，此值是通过累加任务运行的时间得出的；NW 为在工作节点上运行的任务的总数量，此值是通过累加任务的数量得出的，以 TW/NW 得出的平均运行时间来表示工作节点的快慢，从而间接地评价了工作节点的性能；RW 为工作节点的级别，工作节点的分级是以在此工作节点上运行任务的平均完成时间为基础，平均完成时间越短，级别越高，从而更优先调度，此值只能由工作节点迁移算法更改；CW 为工作节点的使用费用，与任务中的 PT 配合使用，为任务的分配提供选择依据，从而达到使用成本最小的目的。

（2）等级队列

等级队列为多个工作节点分级队列，队列中的工作节点根据平均任务完成时间来分级。等级队列的属性为 RQ（NRQ，MaxWRQ，QRQ），其属性说明如下：NRQ 为等级队列中分级数，分级数的多少直接影响着优先级工作队列算法的性能，分级数越多，本算法的性能越好，但算法的运行时间会越长。分级数由云计算平台的管理员来设置，平台中的工作节点性能差别越大，分级数应该越多，反之越少，当分级数为 1 时，本算法就退化为 WQ 算法；MaxWRQ 为每一个分级中最多包含的工作节点数，这个属性是由算法自动设置的，通常每一级都分配相同数量的工作节点，以达到最好的平均性能；QRQ 为保存工作节点的队列数组，数组的大小为 NRQ，每一个数组项都为工作节点的列表。本文中，默认设定最高级别为 0 级，最低级别为（NRQ−1）级。

2. 资源调度算法

（1）工作队列选择算法

调度算法把在任务队列中的任务合理地分配给工作节点，从而优化任务的平均完成时间和负载均衡。工作节点的选择是指在数量众多的工作节点中选择特定数量的工作节点，为任务分配计算资源和存储资源。工作节点选择算法在待调度任务队列中选择一个任务，分配给某一个工作节点。工作节点的选择会以工作节点的分级信息和数据的存储位置等信息为依据，而工作节点的分级信息是动态变化的，因此工作节点选择算法在调度每一个任务时都要读取一次分级信息。

（2）算法流程设计

调度每一个任务前，都运行一次工作节点选择算法。时间复杂度为 O（NRQ），NRQ 为分级数。算法流程为：

步骤 1 从任务队列中获取一个任务 t，转到步骤 2；如果队列为空，则退出算法；

步骤 2 获取存储有任务输入数据的工作节点列表 L。如果列表 L 中有工作节点 w 存在于待分配任务的工作节点分级集合中，并且 w 为待分配任务的工作节点中最高级别的，则把任务 t 分配给工作节点 w，转到步骤 1；如果没有，则转到步骤 3；

步骤 3 从 i（i 初始为 0）级别开始获取当前级别上待分配任务的工作节点列表 La，如果 La 为空，则设 i=i+1，转到步骤 4；如果 La 不空，转到步骤 5；

步骤 4 如果 i 大于 Nrq−1，则等待，直至收到待分配任务的工作节点信息，设置 i=0，转到步骤 3；

步骤 5 从待分配任务的工作节点列表 La 中随机选择一个工作节点 Wa，把任务 t 分配给工作节点 Wa，转到步骤 1。

11.6.2 作业结构设计

1. 优先级任务队列设计

在作业分类器中设计从用户服务等级协议信息到作业优先级的映射机制。提取服务等级协议中 4 个主要的服务参数（可用性、响应时间、资源弹性和违约罚金）的指标值。对参数的指标值进行等级分类设计，将每个服务参数分为 3 个类别，具体的分类设计见表 11-1。

表 11-1　优先级分类设计

描述	参数	范围	权重
可用性：在一定的时间间隔内，一定的条件下，云计算厂商具备的提供云计算服务的能力	Ava	>95% 90%~95% <90%	0011 0010 0001
响应时间：云计算厂商对大多数用户的业务请示响应时间	Res	<60 s 60 ~180 s >180 s	0011 0010 0001
资源弹性：集群资源动态应用的最大用户弹性变化	Ela	>80 users 20~80 users <20 users	0011 0010 0001
违约罚金：遭受攻击后，不能满足用户与供应商达成协定的要求，需要赔偿金额	Pen	>100 000 元 30 000~100 000 元 <30 000 元	0011 0010 0001

在任务优先级队列设计中，传统 SLA 服务参数采用等级值{A，B，C}的方法设计，在用户服务等级协议与作业等级的映射表 MappingTable 中，定义 SLA：Ava_value=A，Res_value=A，Ela_value=A，Pen_value=A，其中 1~2 个为真，则 JobLevel= High；SLA：Ava_value=B，Res_value=B，Ela_value=B，Pen_value=B，其中 1~2 个为真，则 JobLevel=Low。经过演算认为，当 SLA：Ava_value=A，Res_value= A，Ela_value=B，Pen_value=B，则会出现 JobLevel 既属于 high 又属于 low 的情况，因此改为采用二进制权值的方法来标记参数。

在基于 SLA 的作业优先级机制中，作业 i 的优先级设为 NICE，其取值为：

$$\text{NICE}=\text{Ava}[i]+\text{Res}[i]+\text{Ela}[i]+\text{Pen}[i],\ \text{NICE}\in[4, 12] \tag{11-1}$$

其中，NICE 值越大，优先级越高；反之，优先级越低。作业按照优先级 NICE 值形成优先级队列。一段时间内，若有相同 NICE 的作业出现，则按照先进先出（First In First Out，FIFO）的算法排列在相同 NICE 的作业后。

2. *作业结构设计*

任务队列是待处理的任务的 FIFO 队列，此队列中的任务是最小不可再分的，是分配给工作节点处理的最小单位。任务定义为：T（IDT，UT，IDataT，ODataT，ST，PT），其属性说明如下：IDT 为任务的编号；UT 为任务的所有者标识，通过这个所有者标识可以区分调度的优先级；IDataT 为需要处理的数据，调度算法可以通过把任务分配给有本地数据的工作节点，避免了网络传输数据带来的开销，从而优化云计算平台的网络负载；ODataT 为处理完成后的数据；ST 为任务状态，云计算中的工作节点的稳定性参差不齐，因而会出现任务不能正常运行的情况，通过标示任务的状态，从而为此类任务重新调度时，可以更先调度并赋予更高性能优先级的工作节点，以便迅速完成；PT 为任务费用，由于云平台中不同的工作节点需要不同的处理费用，通过表示任务可付的费用，当调度时可以分配一些成本与之相适应的工作节点，这对于减少云计算平台运行成本至关重要。

Part 4

第四部分

应 用 篇

目前云计算在国内外的发展非常迅速，企业纷纷看好云计算的行业前景，对于云计算的核心云操作系统也更加关注。

本部分内容，针对云计算的公有云、私有云、混合云3种服务模式，对整体的技术趋势发展（如与物联网、人工智能的结合）进行了展望。考虑企业的实际业务需求，对云操作系统涉及的统一封装、多租户隔离等具体的应用场景进行了详细描述。

能源行业国网公司已经将云计算纳入“十三五”规划，并上升为公司战略，并从2015年已经开始筹备相关工作，截至目前已经取得一定成效。本部分将“国网云”的云操作系统的实际应用作为一个典型案例分享给读者，以期对设计或参与私有云建设的读者提供一定的指导。

第12章 云操作系统的应用场景

目前云计算各类出版物中，针对应用场景的比较少。本章从异构资源的统一封装、基础资源弹性伸缩、多租户隔离、一键部署、故障自愈、持续集成以及灰度发布方面对云操作系统的七大场景进行了介绍。

12.1 应用场景综述

12.1.1 公有云

一般来说，公有云是指第三方提供商为用户提供的基于 Internet 能够商业化使用的云，公有云通过互联网使用，可能是成本较低的，甚至免费的，其核心属性是共享资源服务。公有云的实例有很多，可以在整个开放的公有网络中提供服务。企业通过自己的基础设施直接向外部用户提供服务。外部用户不拥有云计算资源，而是通过互联网访问获取服务，因此能够以较低的价格、提供较好的服务给最终用户，创造新的业务价值。作为一个支撑平台，公有云还可以整合如增值业务、广告等上游的服务提供者和下游最终用户，打造新的价值链和生态系统。

1. **公有云的计算模型**

公有云被认为是云计算的主要形态，其计算模型分为 3 个部分。

（1）公有云接入

个人或企业可以通过互联网来获取云计算服务，公有云中的“服务接入点”负责认证接入的个人或企业、判断其权限和服务条件等，个人和企业通过“审查”后，就可以进入公有云平台，获取相应的服务。

（2）公有云平台

公有云平台负责组织协调计算资源，并根据用户的需要提供各种计算服务。

（3）公有云管理

公有云管理主要管理监控“公有云接入”和“公有云平台”，它面向的是端到端的配置、管理和监控，可以为用户提供更优质的服务。

2. **公有云的分类**

根据市场参与者类型分类，公有云可以分为 5 类：

- 传统电信基础设施运营商，如中国移动、中国联通和中国电信；
- 政府主导下的地方云计算平台，如各地的“XX 云”项目；
- 互联网巨头打造的公有云平台，如阿里云、腾讯云、盛大云；
- 部分原 IDC 运营商或 IT 设备商，如世纪互联华为云、联想云；
- 国外企业或引进国外云计算技术的国内企业，如亚马逊 AWS、微软 Azure。

3. **知名公有云**

以下将对亚马逊 AWS、Azure 及阿里云进行简单介绍。

（1）亚马逊 AWS

亚马逊 AWS 是亚马逊提供的专业云计算服务，以 Web 服务的形式向企业提供 IT 基础设施服务，即着力于 IaaS 层建设。

亚马逊网络服务提供的服务主要包括：

- 亚马逊弹性计算网云（Amazon EC2）；
- 亚马逊简单存储服务（Amazon S3）；
- 亚马逊简单数据库（Amazon Simple DB）；
- 亚马逊简单队列服务（Amazon Simple Queue Service）；
- 亚马逊内容发布服务（Amazon CloudFront）等。

亚马逊 AWS 提供了安全、可靠且可扩展的技术服务平台，使来自中国乃至全球的众多客户从中获益。其优势包括以下几个方面。

a）没有前期投资

建立本地基础设施费耗时长、成本高，而且涉及订购、付款、安装和配置昂贵的硬件和软件，而所有这些工作都需要在实际使用之前完成。使用亚马逊 AWS，开发人员和企业再也不必花费时间和资金完成上述活动；相反，他们只需在需要时为所消耗的资源支付费用即可，且支付的金额因所消耗的资源量和种类而异。

b）低成本

亚马逊 AWS 可在多方面帮助降低 IT 总成本。规模化经济效益和效率的提高使亚马逊能够不断降低价格。多种定价模式让客户针对变化和稳定的工作负载优化成本。此外，AWS 还能持续降低 IT 人力成本，客户只需投入相当于传统基础设施成本几分之一的成本就能使用广泛分布、功能全面的平台。

c）灵活的容量

很难预测用户会如何采用新的应用程序。开发人员要在部署应用程序之前决定容量大小，其结果通常有两种，要么是大量昂贵资源被闲置，要么是容量受限，最终导致最终用户体验不佳，这要到资源限制问题得到解决才能结束。使用亚马逊 AWS，这种问题不复存在。开发人员可以在需要时调配所需的资源量。如果需要更多，他们可以轻松扩展资源量。如果不再需要，则只需关掉它们并停止付费。

d）速度和灵敏性

利用传统技术服务，需要花数周时间才能采购、交付并运行资源。这么长的时间扼杀了创新。使用 AWS，开发人员可以在几分钟内部署数百甚至数千个计算节点，而无需任何繁琐的流程。这种自助服务环境改变了开发人员创建和部署应用程序的速度，使软件开发团队能够更快、更频繁地进行创新。

e）应用而非运营

亚马逊 AWS 为客户节省了数据中心投资和运营所需的资源，并将其转投向创新项目。稀缺的 IT 资源和研发资源可以集中用于帮助企业发展的项目上，而不是用在重要但是无法使企业脱颖而出的 IT 基础设施上。

f）覆盖全球

无论 AWS 客户是大型的全球化公司还是小型的初创公司，都有可能在全球拥有潜在最终用户。传统基础设施很难为分布广泛的用户提供最佳性能，且大多数公司为了节省成本和时间，往往只能关注一个地理区域。利用亚马逊 AWS，情况则大不一样：开发人员可以使用在全球不同地点运作的相同亚马逊 AWS 技术轻松部署应用程序，以覆盖多个地理区域的最终用户。

（2）Azure

Microsoft Azure 是微软基于云计算的操作系统。Azure 的主要目标是为开发者提供一个平台，协助其开发可运行在云服务器、数据中心、Web 和 PC 上的应用程序。开发者能使用微软全球数据中心的存储、计算能力和网络基础服务，即更侧重于 PaaS 和 SaaS 层建设。

Azure 服务平台主要包括以下组件：

- Microsoft Azure；
- Microsoft SQL 数据库服务；
- Microsoft .Net 服务；
- Live 服务，用于分享、存储和同步文件的；
- 针对商业的 Microsoft SharePoint 和 Microsoft Dynamics CRM 服务等。

（3）阿里云

作为全球领先的云计算和人工智能科技公司，阿里云致力于以在线公共服务的方式，提供安全、可靠的计算和数据处理能力。阿里云服务着众多领域的领军企业，包括制造、金融、政务、交通、医疗、电信、能源等行业；中国联通、12306 网、中国石化、飞利浦、华大基因等大型企业客户；微博、知乎、锤子科技等明星互联网公司。阿里云在全球各地部署高效节能的绿色数据中心，利用清洁计算为万物互联的新世界提供源源不断的能源动力，目前开通服务的区域包括中国、新加坡、美国（美东、美西）、欧洲、中东、澳大利亚、日本。

亚马逊 AWS 作为商业云计算名义上的先驱，最大的优势还是在于先入为主。以 EC2 和 S3 形成的一系列生态圈和开发者，是亚马逊目前异常坚挺的壁垒。另外，整体来讲，亚马逊在一些关键的服务和功能上，领先于微软。亚马逊 AWS 主要提供 IaaS 层服务，而 Azure 主要提供 PaaS 及 SaaS 服务。亚马逊 AWS 主要吸引资源密集型软件，如企业应用等，而 Azure 的应用主要服务于 LAN 或工作组模式的用户群体。亚马逊对 Linux、Mac OS X 和 Windows 均提供支持，而 Azure 仅对 Windows 提供支持。阿里云作为国内公有云的代表，在国内 IaaS 层面的市场有着相当大的占有率。阿里云在国内接受了万维网的一些客户，同时在中小企业和创业团队中的服务商很有优势，现今主要缺乏的是时间及经验上的积累。

12.1.2 私有云

私有云（Private Cloud）是为一个客户单独使用而构建的云服务，可以提供对数据、安全性和服务质量的最有效控制。私有云要求公司拥有相应的基础设施，并可以控制在此设施上部署应用程序的方式。部署地点方面，私有云既可以部署在企业数据中心的防火墙内，又可以部署在一个安全的主机托管场所，私有云的核心属性是专有资源。

私有云的构建可由公司自己的 IT 机构完成，也可由云提供商完成。在此“托管式专用”模式中，一些云计算提供商（如 Sun、IBM 等）可以安装、配置和运营基础设施，以支持一个公司企业数据中心内的专用云。这种模式赋予公司对云资源使用情况极高的控制能力，也带来了建立并运作该环境所需的专门知识。

和公有云相比，私有云具体有以下优势。

（1）数据安全

虽然每个公有云提供商都对外宣称，自己的服务在各方面都非常安全，尤其是对数据的管理方面。但是对企业而言，特别是超大型企业，和业务相关的数据是企业的生命线，不能有任何形式的威胁，因此，至少短期而言，大型企业不会将其

Mission-Critical 的应用放到公有云上运行。而私有云在这方面十分有优势，因为它一般都有相应的防火墙或隔离设备。

（2）服务质量稳定

私有云一般设在防火墙或隔离调协之后，而不是在某一个遥远的数据中心中，所以当公司员工访问那些基于私有云的应用时，它的服务质量会十分稳定，不会受到诸如网络不稳定等因素的影响。

（3）充分利用现有的软硬件资源

每个公司，特别是许多大公司，都会有很多 Legacy 的应用，而且大多是其核心应用。虽然公有云的技术很先进，但对 Legacy 的应用支持依然不够好，因为很多 Legacy 的应用是用静态语言编写的，主要有 Cobol、C、C++和 Java 等，现有的公有云对这些语言支持较为一般。但私有云在这方面就做得很不错，比如 IBM 推出的 Cloudburst，通过其可以非常方便地构建基于 Java 的私有云。此外，一些私有云的工具可以利用企业现有的硬件资源来构建云，这将大大降低企业的成本。

（4）不影响现有 IT 管理的流程

对大型企业而言，流程是其管理的核心，完善的流程对企业至关重要。因此企业中往往流程繁多，不仅是与业务有关的流程，IT 流程也很多，比如那些和 Sarbanes-Oxley 相关的流程，尽管复杂，但这些流程对 IT 部门非常关键。在这方面，公有云劣势明显。因为假如使用公有云的话，对 IT 部门流程将会有很多的冲击，如在数据管理方面和安全规定方面。而在私有云，由于其一般在防火墙内，因此对 IT 部门流程冲击不大。

下面对私有云中较为知名的华为云和联想私有云进行介绍。

（1）华为云

华为云服务立足于互联网领域，依托于华为公司雄厚的资本和强大的云计算研发实力，面向互联网增值服务运营商、大中小型企业、政府、科研院所等广大企事业用户提供包括云主机、云托管、云存储等基础云服务、超算、内容分发与加速、视频托管与发布、企业 IT、云电脑、云会议、游戏托管、应用托管等服务和解决方案。

华为云产品和服务严格按照行业规范，在行业固有技术的基础上做了许多改进和创新，引入了多项华为独有的新技术，其优势如下。

a）降低成本

华为云服务的付费方式是按需付费，并且产品和服务远低于传统模式的价格，用户不必一次性将资金投入服务器等设施，不必缴纳放置服务器的机柜费用，也不必签署长期的带宽使用协议，完全实现即需即用。

b）弹性灵活

华为云服务提供弹性的计算资源，有利于提高服务器和带宽等资源利用率。当用户业务量上升时，不需要再为服务器等资源的采购问题等待数十天，只需要几分钟即可开通几台至数百台云主机。业务量下降时，也不必担心资源浪费，多余的资源会被自动释放回收。同时，不管使用几小时或数十天，资源使用时间完全在用户的掌控之中，真正实现高效弹性灵活、自由按需使用。

c）电信级安全

华为云服务是经过行业认证和授权的安全持久的专业云计算平台，采用数据中心集群架构设计，从网络接入到管理配备 7 层安全防护，云主机采用如 SAS 磁盘、RAID 技术以及系统券快照备份，确保云主机 99.9%的稳定性和安全性。存储方面是通过用户鉴权、ACL 访问控制、传输安全以及 MD5 码完整性校验确保数据传输网络和数据存储、访问的安全性。此外，基于华为自主研发的监控和故障报警平台，再加上 7×24 h 的专业运维服务团队，提供高等级的 SLA 服务保证。

d）高效自助管理

华为云服务采用基于浏览器的图形化管理平台——华为云管理平台，通过互联网，轻松实现远程对华为云产品或服务的体验、下单、购买、账户充值、账户管理、资源维护管理、系统监控、系统镜像安装、数据备份、故障查询与处理等功能。

FusionSphere 是华为公司面向多行业客户推出的云操作系统产品（如图 12-1 所示），其架构基于 OpenStack 架构开发，整个系统专门为云设计和优化，提供强大的虚拟化功能和资源池管理、丰富的云基础服务组件和工具、开放的 API 等，可以帮助客户水平整合数据中心的物理和虚拟资源，垂直优化业务平台，让企业的云计算建设和使用更加简捷。

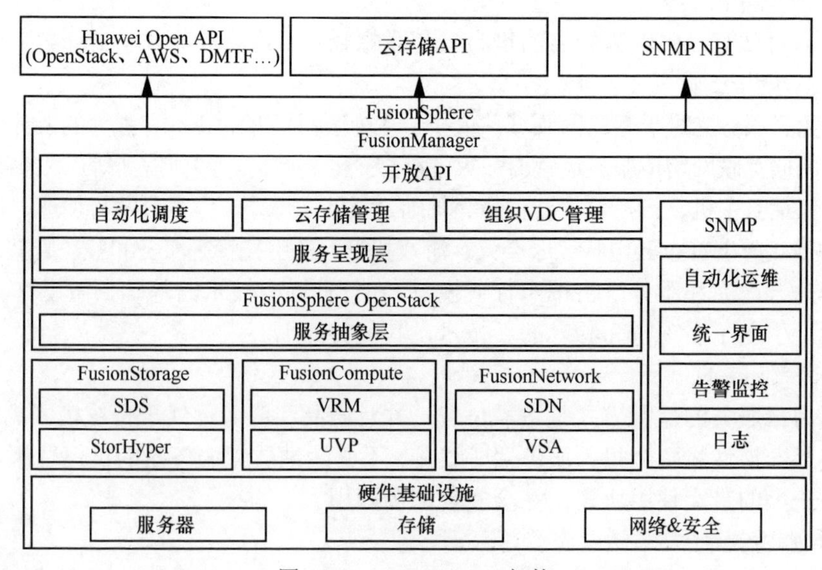

图 12-1　FusionSphere 架构

（2）联想私有云

联想私有云是联想集团推出的一款具有独创性的企业级前后台一体化云存储解决方案。联想私有云提供了安全、可靠、高效的数据存储系统，同时提供了一套数据管理应用系统，以针对企业内部的数据管理。

同时，联想私有云作为企业数据应用系统，可以为员工提供个人数据存储服务和分享服务，保护其数据安全；也可以按照企业的组织架构，组建企业级、部门级、项目级的协同工作服务，提高数据处理效率。除此之外，灵活的空间管理、集中的账户配置、实时的日志审计等，都方便系统管理者全方位地实现管理和监控。

联想私有云的主要优势如下。

- 安全保证：数据加密、数据隔离、冗余存储自动恢复、攻击检测与处理机制。
- 技术保证：数据集中管理与高效协同、权限集中管理、丰富的客户端支持、高性能的读出与写入服务接口。
- 服务保证：专业的网络运营团队，提供 7×24 h 响应和支持。

联想私有云在市场应用中主要有以下定位。

a）中小企业快易存储

现在随着经济的增长，许多中小企业随着业务需求的不断变化对存储设施的扩展性以及数据的安全性有很高的要求。对于这部分受众群，私有云通过自己的高可扩展性以及安全性的优势可以快速地解决，增加该类公司的工作效率。

b）大中型企事业单位的集中存储

许多的大型公司资料冗杂繁多，对于文件存储和集中管理有很强的需求。联想私有云解决方案可以为大中型企业提供数据存储、备份、文件汇总与分发的平台。

c）大型机构的数据仓库

教育单位、电力系统、政府机关等重要机构对于文件的安全性以及时效性方面有相当高的要求，对于这样的企业，联想私有云可以通过多机房多节点的集群式部署方式，满足该需求。

12.1.3　混合云

混合云是近年来云计算的主要模式和发展方向，它融合了公有云和私有云。由于私有企业主要面向企业用户，考虑到安全性，企业更愿意将数据存放在私有云中，但是同时又希望获得公有云的计算资源。在这种情况下，越来越多的企业采用混合云的方式。混合云将公有云和私有云进行混合和匹配，以获得最佳的效果，这种个性化的解决方案，既省钱又安全，获得了许多企业的青睐。

私有云的安全性是高于公有云的，而公有云无限制扩展的计算资源又是私有云无法达到的。在这种矛盾下，混合云完美地解决了这个问题。它既可以利用私有云的安全性，将重要数据保存在本地数据中心；同时也可以利用公有云的计算资源，高效快捷地完成工作，比单独的私有云或公有云都更完美。

混合云突破了私有云的硬件限制，利用公有云的可扩展性，可以随时获取更高的计算能力。企业把非机密功能放置到公有云区域，可以降低对内部私有云的压力和需求。

混合云可以有效地降低成本，企业将应用程序和数据放在最适合的平台上，来获得最佳的利益组合。

虽然现在有很多人呼吁使用混合云，因其可以利用私有云与公有云的好处。但混合云也不是完全没有缺点的，它仍旧包含了一些安全障碍。

（1）数据冗余能力

混合云缺少数据冗余，对于数据而言，做好冗余以及容灾备份是非常有必要的，因此若缺乏数据冗余能力的话，实际上数据安全性也不能得到很好的保证。

（2）法规遵从

维护和证明混合云的法规遵从更加困难。用户不但要确保公有云提供商和私有云提供商符合法规，还必须证明两个云之间的协调是顺从的。此外，用户还需要确保自身数据不会从一个私有云上的法规遵从数据中心转移到一个安全性较低的公有云存储系统。内部系统使用的预防漏洞方法可能无法直接转化到公有云上。

（3）拙劣构架的 SLA

混合云的 SLA 相比于私有云而言有可能会略差，这里的 SLA 指的是运维服务的标准化和统一性。集成公有云和私有云寻求潜在的问题都会破坏服务。例如，如果一个私有云的关键业务驱动在本地保持敏感和机密数据，SLA 就应该体现出在公有云中使用这些服务的限制性。

（4）风险管理

从业务角度，信息安全是管理风险的。云计算，尤其是混合云，使用新的应用程序接口（API），需要更复杂的网络配置，挑战了传统系统管理员的知识和能力。这些因素导致了新的威胁，云计算面临的安全威胁要远高于企业内部基础架构安全，但是混合云是个复杂的系统，管理员在管理上有限的经验，可能会造成风险。

（5）安全管理

现有的安全控制，如身份认证授权、身份认证管理，需要在公有云和私有云中一同工作。为整合这些安全协议，下面两种措施只能选择其一：在两个云中复制控制并保持安全数据同步，或者使用身份认证管理服务，提供单一的服务在云端运转。在计划和实施阶段分配足够的时间，以便解决这些相当复杂的整合问题。

12.2　典型场景一：异构资源的统一封装

12.2.1　场景描述

在信息化建设中，用户积累了不同技术路线、不同架构、不同品牌的硬件产品，包括存储、服务器、网络设备等，可能会部署许多应用，并且可能已部署多种虚拟化环境，如 VMware vSphere、Citrix、XenServer 等。数据中心内积累了非常多的软硬件资源，每个客户在实施云计算过程中都会遇到许多难题，比如怎样将这些资源迁移到云环境中，怎样继续利用原有设备，怎样统一管理数据中心内不同种类的硬件资源、异构的虚拟化系统和不同种类的业务应用，这些问题对统一的资源管理提出了挑战。

在云计算中，云就是用户的超级计算机，数据、应用和服务都存储在云中。因此，云计算要求所有的资源能够被这个超级计算机统一管理。为此，异构资源必须进行统一封装。异构资源的统一封装共分为两个层次：以虚拟化技术及分布式存储进行的第一层封装；以云操作系统对虚拟化技术、分布式存储进行的第二层封装。

12.2.2　实现流程

1. 虚拟化技术及分布式存储

（1）虚拟化技术

虚拟化技术可以抽象物理资源等底层架构，使设备的差异和兼容性对上层应用透明，从而允许云统一管理不同类型的底层资源。此外，虚拟化技术简化了应用编写的工作，开发人员可以仅关注业务逻辑，而不需要考虑底层资源的调度和供给。在虚拟化技术中，这些应用和服务留在自己的虚拟机上，形成了有效隔离。如果一个应用崩溃，不至于影响其他应用和服务的运行。此外，运用虚拟化技术还可以随时方便地调度资源，实现资源的按需分配，应用和服务不会因缺乏资源而性能下降，也不会长期处于空闲状态而浪费资源。最后，虚拟机的易创性使应用和服务可以容错和灾难恢复，从而提高了自身的可用性和可靠性。

服务器虚拟化是指通过虚拟化技术将一台计算机虚拟为多台逻辑计算机。它通过在硬件和操作系统之间引入虚拟化层，从而实现硬件与操作系统的解耦。虚拟化层的主要功能是实现多个操作系统实例同时在一台物理服务器上运行。虚拟化层通过动态分区，使操作系统实例可以共享物理服务器资源，从而使每个虚拟机得到一套独立的模拟出的硬件设备，主要包括 CPU、内存、存储、主板、显卡、网卡等硬件资源。然后再在其上安装自己的操作系统，称之为客户操作系统，用来运行最终用户的应用程序。

（2）分布式存储

分布式存储的目标是利用许多台服务器的存储资源来满足存储需求，这种需求是单台服务器所不能满足的。这种存储方式要求存储资源能够被抽象表示和统一管理，还要保证数据读写操作的安全性、可靠性和性能等多方面要求。

分布式存储技术可以通过若干种方式实现，一种比较典型的实现方式是分布式文件系统。该系统允许用户采用像访问本地文件系统一样的方式访问远程服务器的文件系统，用户可以将数据存储在多个远程服务器中，分布式文件系统基本上都有冗余备份机制和容错机制，以此来保证数据的读写正确性。云环境的存储服务基于分布式文件系统，并根据云存储的特征做了相应的配置和改进。另一类实现分布式存储的方式是分布式存储软件或服务，例如 Ryze 存储服务以及很多 P2P 文件存储系统等。

云计算的出现给分布式存储带来了新的需求和挑战。在云计算环境中，数据的存储和操作以服务的形式提供；数据类型较多，主要包括普通文件、虚拟机镜像文件等二进制大文件，类似于 XML 的格式化数据，甚至数据库的关系型数据等。云计算的分布式存储服务设计必须考虑不同数据类型的大规模存储机制以及数据操作的可靠性、安全性、性能和简单性。

2. **云操作系统**

云操作系统主要有 3 个作用：

- 管理和驱动海量服务器、存储等基础硬件，将一个数据中心的硬件资源逻辑上整合成一台服务器；
- 为云应用软件提供统一、标准的接口；
- 管理海量的计算任务以及资源调配和迁移。

主流云操作系统基本都是基于 OpenStack 实现的，因此以下将对 OpenStack 及其如何将虚拟化技术等封装进行介绍。

（1）OpenStack

OpenStack 既是一个社区，也是一个项目和一个开源软件，它提供了一个部署云的操作平台或工具集。OpenStack 的宗旨是帮助组织运行虚拟计算或存储服务的云，为公有云、私有云，各种大云、小云提供灵活的、可扩展的云计算。OpenStack 旗下包含了一组由社区维护的开源项目，他们分别是 OpenStack Compute（Nova）、OpenStack Object Storage（Swift）和 OpenStack Image Service（Glance），以下分别介绍。

OpenStack Compute 是云组织的控制器，它提供一个工具来部署云，包括运行实例、管理网络以及控制用户和其他项目对云的访问。Nova 是它底层的开源项目名称，它提供的软件能控制 IaaS 云计算平台，类似于 Amazon EC2 和 Rack Space Cloud Servers。实际上它类似于运行在主机操作系统上潜在的虚拟化机制交互的驱动程序，以及基于 WebAPI 的功能。

OpenStack Object Storage 是一个可扩展的对象存储系统，支持多种应用，如复制数据、存档数据、图像服务、视频服务、存储次级静态数据、开发数据存储整合的新应用、存储容量巨大的数据、为 Web 应用创建基于云的弹性存储等。

OpenStack Image Service 是一个虚拟机镜像的存储、查询和检索系统，其服务包括的 RESTful API 允许用户通过 HTTP 请求查询 VM 镜像元数据以及检索实际的镜像。VM 镜像有 4 种配置方式：

- 简单的文件系统；
- 类似 OpenStack Object Storage 的对象存储系统；
- 直接用 Amazon's Simple Storage Solution（S3）存储；
- 用带有 ObjectStore 的 S3 间接访问 S3。

3 个项目的基本关系如图 12-2 所示。

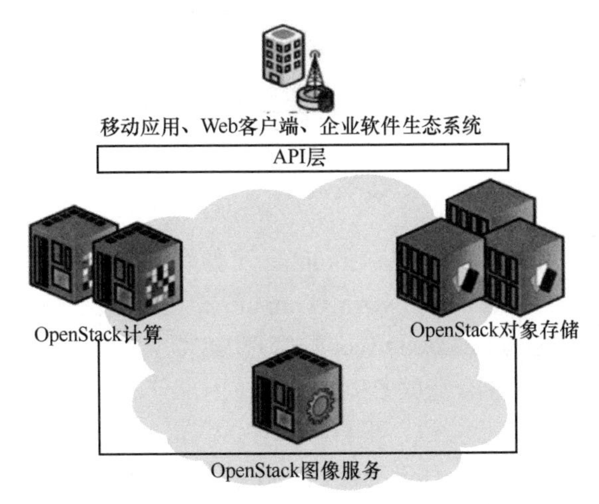

图 12-2　OpenStack 3 个组件的关系

（2）OpenStack 集成 VMware vSphere

在 OpenStack 的 Nova 项目中目前有两个 VMware 相关的 Drive——ESXDriver、VCDriver，如图 12-3 所示。从名字上可以看出，一个是涉及 ESX 的 Driver，另一个是涉及 VCenter 的 Driver。ESXDriver 最早由 Citrix 提供，VCDriver 由 VMware 提供。ESXDriver 将 ESX 作为 Hypervisor 接入 OpenStack，VCDriver 将 vCenter 集群作为 Hypervisor 接入 OpenStack。

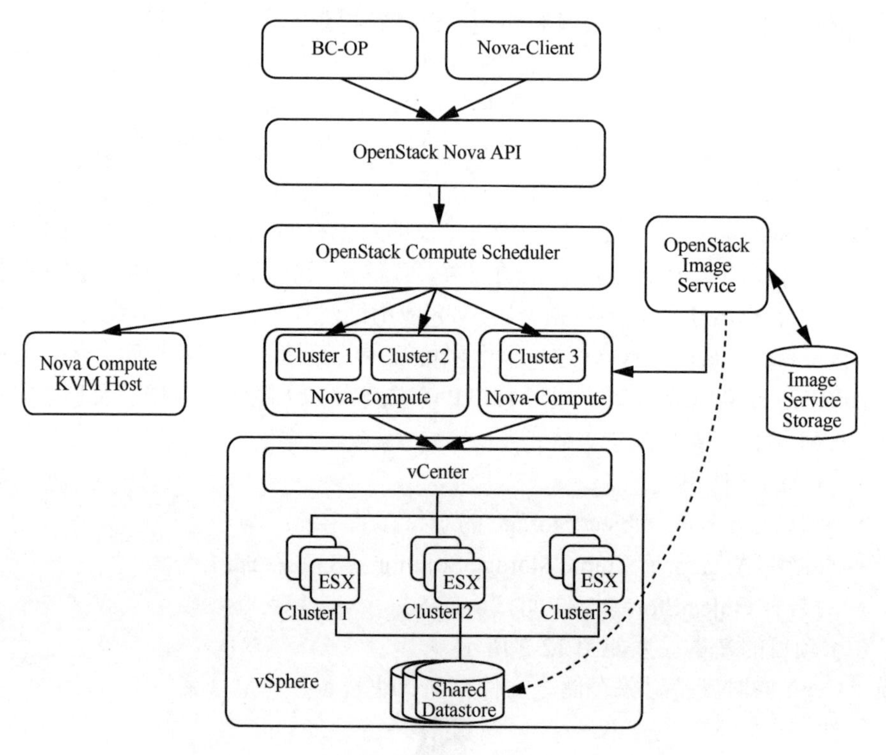

图 12-3　OpenStack 结合 VMware 的整体架构

工作原理介绍如下。

a）虚拟机启动

Nova-Scheduler 可调度的 Nova-Compute 可能有多个，每个 Compute 对应的是 vCenter 上的一个集群（Cluster）。Nova-Compute 需在配置文件中指定的底层 Driver 是 VMware Driver，通过 VMware Driver 与管理 ESX 主机集群的 vCenter Apis 交互，然后 vCenter 会选择集群中合适的 ESX 主机，在内部使用 vCenter DRS 启动虚拟机。

通过 OpenStack 启动虚拟机，虚拟机会在 vCenter 上呈现出来，并且可以支持 VMware 的高级功能，另外，在 Horizon 或者 OP 页面也会呈现，能够像其他 OpenStack 的虚拟机一样管理，但是可能会受到部分 VMware 的限制（如 SSH keys 等）。

b）镜像获取

和 Libvirt Driver 一样，VMware Driver 也会和 Glance 交互，从后端复制 VMDK 镜像到启动虚拟机的 Datastore 中，同时会缓存下来。

c）云硬盘 Cinder 管理

与启动虚拟机原理一样，Cinder 后端指定为 VMware，使用 VMware 的 Driver 创建卷，Cinder Volume 其实是封装了一层，最终都是调用 vCenter 的存储管理的功能。

集成实现流程具体如下：

a）安装 VMware ESXi 5.5；

b）ESXi 初始配置；

c）使用 VMware vSphere Client 连接到 VMware ESXi；

d）创建虚拟机网络端口组；

e）导入 VMware vCenter Appliance 的 OVF 文件；

f）VMware vCenter 初始配置；

g）将 VMware vCenter 虚拟机配置为随 ESXi 自动启动；

h）安装 VMware vCenter；

i）配置 vCenter Server；

j）将 VMware vSphere 集成到 OpenStack；

k）转换云主机镜像；

l）使用 OpenStack 在 VMware vSphere 上运行云主机；

m）Cinder 模块接入。

（3）OpenStack 集成 Ceph

Ceph 是一种为优秀的性能、可靠性和可扩展性而设计的统一的、分布式文件系统。Ceph 同时支持对象存储、文件存储、块设备存储这 3 种，还有高扩展性、高可靠性、高性能的优点，这 3 个特点也是企业级存储需要的。

图 12-4 为 Ceph 的架构，Ceph Client 是 Ceph 文件系统的用户。Ceph Metadata Daemon 提供了元数据服务器， Ceph Object Storage Daemon 提供了对数据和元数据两者的实际存储，Ceph Monitor 提供了集群管理。

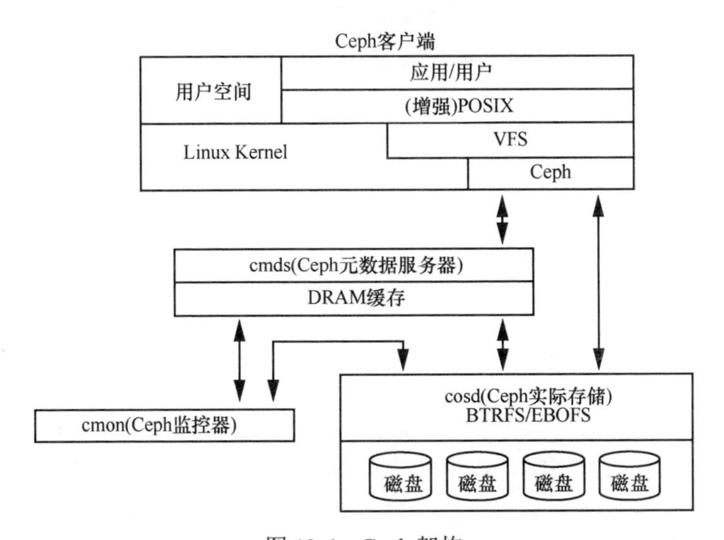

图 12-4　Ceph 架构

Ceph 是一个横向扩展的统一存储平台。OpenStack 最需要的存储能力有两个方面：能够与 OpenStack 本身一起扩展，并且扩展时不需要考虑是块（Cinder）、文件（Manila）还是对象（Swift）。传统存储供应商需要提供两个或三个不同的存储系统来实现这一点。它们不同样扩展，并且在大多数情况下仅在永无止境的迁移周期中纵向扩展。它们的管理功能从来没有真正实现跨不同的存储用例集成。

以下将对实现流程进行介绍。

a）Glance 集成

Glance 是 OpenStack 中的映像服务。默认情况下，映像存储在本地控制器，然后在被请求时复制到计算主机。计算主机缓存镜像，但每次更新镜像时，都需要再次复制。

Ceph 为 Glance 提供了后端，允许镜像存储在 Ceph 中，而不是本地存储在控制器和计算节点上。这大大减少了抓取镜像的网络流量，提高了性能，因为 Ceph 可以克隆镜像而不是复制镜像。此外，它使得在 OpenStack 部署或诸如多站点 OpenStack 之类的概念的迁移变得更简单。

具体步骤如下。

- 安装 Glance 使用的 Ceph 客户端。
- 创建 Ceph 用户并将主目录设置为/ etc / ceph。
- 将 Ceph 用户添加到 sudoers。
- 在 Ceph 管理节点为 Glance 镜像创建 Ceph RBD 池。
- 创建允许 Glance 访问的密钥环。
- 将密钥环复制到 OpenStack 控制器上的/ etc / ceph。
- 设置权限，让 Glance 可以访问 Ceph 密钥环。
- 将密钥环文件添加到 Ceph 配置。
- 创建原始 Glance 配置的备份。
- 更新 Glance 配置。
- 重新启动 Glance。
- 下载 Cirros 镜像并将其添加到 Glance。
- 将 QCOW2 转换为 RAW。建议 Ceph 始终使用 RAW 格式。
- 将镜像添加到 Glance。
- 检查 Ceph 中是否存在 Glance 图像。

b）Cinder 集成

Cinder 是 OpenStack 中的块存储服务。Cinder 提供了关于块存储的抽象，并允许供应商通过提供驱动程序进行集成。在 Ceph 中，每个存储池可以映射到不同的 Cinder 后端。这允许创建诸如“金”“银”或“铜”的存储服务。用户可以决定例如“金”应该是复制三次的快速 SSD 磁盘，“银”应该是复制两次，“铜”应该是使用较慢的擦除编码的磁盘。

具体步骤如下。

- 为 Cinder 卷创建一个 Ceph 池。
- 创建一个密钥环以授予 Cinder 访问权限。
- 将密钥环复制到 OpenStack 控制器。
- 创建一个只包含 OpenStack 控制器上的身份验证密钥的文件。
- 设置密钥环文件的权限，以便 Cinder 可以访问。
- 将密钥环添加到 OpenStack 控制器上的 Ceph 配置文件中。
- 使 KVM Hypervisor 访问 Ceph。
- 在 virsh 中创建一个密钥，因此 KVM 可以访问 Ceph 池的 Cinder 卷。
- 为 Cinder 添加一个 Ceph 后端。
- 在所有控制器上重新启动 Cinder 服务。
- 创建 Cinder 卷。
- 在 Ceph 中列出 Cinder 卷。

c）Ceph 与 Nova 集成

Nova 是 OpenStack 中的计算服务。Nova 存储与默认的运行虚拟机相关联的虚拟磁盘镜像，在/ var / lib / nova / instances 下的 Hypervisor 上。在虚拟磁盘映像的计算节点上使用本地存储有一些缺点：镜像存储在根文件系统下，大镜像可能导致文件系统被填满，从而导致计算节点崩溃；计算节点上的磁盘崩溃可能导致虚拟磁盘丢失，因此无法进行虚拟机恢复。Ceph 是可以直接与 Nova 集成的存储后端之一。

具体步骤如下。

- 为 Nova 创建验证密钥环。
- 将密钥环复制到 OpenStack 控制器。
- 在 OpenStack 控制器上创建密钥文件。
- 设置密钥环文件的权限，以便 Nova 服务可以访问。
- 确保安装所需的 rpm 软件包。
- 更新 Ceph 配置。
- 让 KVM 可以访问 Ceph。
- 在 virsh 中创建一个密钥，这样 KVM 可以访问 Cinder 卷的 Ceph 池。
- 备份 Nova 配置。
- 更新 Nova 配置以使用 Ceph 后端。
- 重新启动 Nova 服务。
- 列表 Neutron 网络。
- 启动使用在 Glance 步骤中添加的 Cirros 镜像的临时 VM 实例。

• 等待直到 VM 处于活动状态。
• 在 Ceph 虚拟机池中列出镜像。现在应该看到镜像存储在 Ceph 中。

d）OpenStack 对接 SDN

OpenStack Neutron 添加了一层虚拟的网络服务让租户（用户）构建自己的虚拟网络。Neutron 是对网络的虚拟化，该网络可以从一个地方移动到另一个地方，而不会影响现有的连接。它可以进一步解释为一个网络管理服务，为创建和管理虚拟网络公开了一组可扩展的 API（通过创建虚拟网络为 OpenStack Compute 节点上的虚拟机提供网络服务）。Neutron 的插件架构为开源社区或第三方服务提供 API。Neutron 还允许供应商研究和添加新的插件，提供相应的网络功能。

SDN 网络中最重要的是 SDN Controller，Controller 完成全网流量的调度和网络之外的应用对接。业界有关于 SDN Controller 的开源项目，各有特点，目前，在企业环境下，各大网络厂商商用的主要开源控制器是 ODL（OpenDaylight）。

整个过程可以分为下面几个步骤。

• 用户通过 OpenStack 的界面（Horizon）输入消息给 Networking API，再发送给 Neutron Server。
• Neutron Server 接受信息发送给 Plugin。
• Neutron Server/Plugin 更新 DB。
• Plugin 通过 REST API 发送消息给 SDN 控制器。
• SDN 控制器接受消息然后通过南向的 Plugins/Protocols，如 OpenFlow、OVSDB 或 OF-Config。

图 12-5 为 Neutron Server 给 Plugin 传送消息的流程。

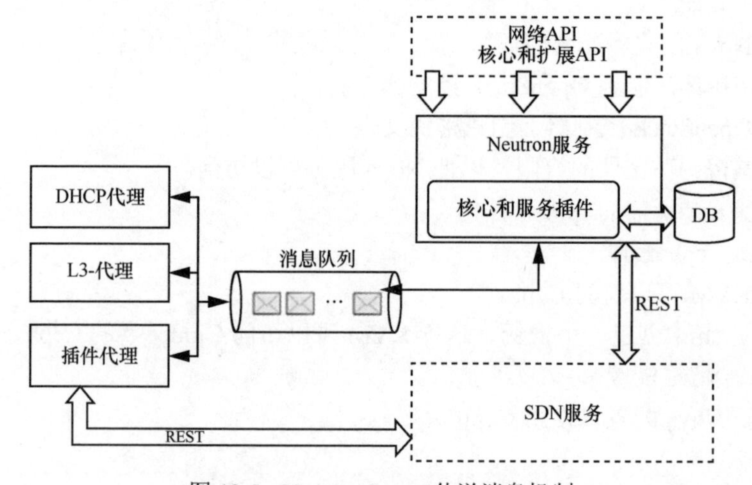

图 12-5 Neutron Server 传送消息机制

12.2.3 应用案例

1. IBM Blue Cloud

IBM Blue Cloud 计算平台是一套软硬件平台，将互联网上使用的技术扩展到企业平台上，使数据中心使用与互联网相似的计算环境。Blue Cloud 大量使用 IBM 成熟的大规模计算技术，结合了 IBM 自身的软硬件系统和服务技术，同时还支持开放标准与开放源代码软件。Blue Cloud 的架构基于 IBM Almaden 研究中心的云基础架构，采用了 Xen 和 PowerVM 虚拟化软件、Linux 操作系统映像和 Hadoop 软件（根据 Google File System 和 MapReduce 的开源实现）。如今，IBM 已经正式推出了基于 x86 芯片服务器系统的 Blue Cloud 产品。

Blue Cloud 计算平台由一个数据中心、IBM Tivoli 部署管理软件、IBM Tivoli 监控软件、IBM WebSphere 应用服务器、IBM DB2 数据库、一些开源信息处理软件和开源虚拟化软件共同组成。Blue Cloud 的硬件平台环境类似于一般的 x86 服务器集群，为增加计算密度使用了刀片的方式。Blue Cloud 软件平台的特点主要体现在虚拟机和对于大规模数据处理软件 Apache Hadoop 的使用上。Hadoop 是开源版本的 Google File System 软件和 MapReduce 编程规范。

Blue Cloud 软件的一个重要特点是虚拟化技术的使用。实现虚拟化的方式在 Blue Cloud 中有两个级别，一个是在硬件级别上实现，另一个是通过开源软件实现。硬件级别的虚拟化使用的是 IBM P 系列的服务器，获得硬件的逻辑分区 LPAR。逻辑分区的 CPU 资源可以通过 IBM Enterprise Workload Manager 来管理。通过此种方式，加上实际使用过程中的资源分配策略，可以将相应的资源合理地分配到各个逻辑分区。P 系列系统的逻辑分区最小粒度是 1/10 颗 CPU。Xen 则是软件级别上的虚拟化，能够在 Linux 基础上运行另外一个操作系统。

Blue Cloud 计算平台中的存储体系结构对于云计算十分重要，操作系统、服务程序和用户应用程序的数据都保存在存储体系中。这种存储体系结构包含类似于 Google File System 的集群文件系统和基于块设备方式的存储区域网络 SAN。

在设计存储体系结构时，需要考虑的问题不仅仅是存储容量。实际上，随着硬盘容量的不断扩充，硬盘价格也在不断下降。磁盘容量可以通过组合多个磁盘变得很大。相比于磁盘容量，在存储中，磁盘数据的读写速度是一个更重要的问题，为达到读写速度快的目标，需要对多个磁盘进行同时读写。这种方式要求将数据分配到多个节点的多个磁盘中。为此，存储技术有两个选择，一个是使用类似于 Google File System 的集群文件系统，另一个是基于块设备的存储区域网络 SAN 系统。

在 Blue Cloud 计算平台上，SAN 系统与分布式文件系统（如 Google File System）并不相互对立，SAN 提供的是块设备接口。为了被上层应用程序所使用，需要在此基础上构建文件系统。而 Google File System 则正好是一个分布式文件系统，能够建立在 SAN 之上。两者都具有可靠性和可扩展性，至于如何使用，这需要由建立在云计算平台上的应用程序决定，这种规则体现了计算平台与上层应用之间相互协作的关系。

2. Amazon EC2

Amazon Elastic Compute Cloud（EC2）是一种云基础设施服务。该服务基于服务器虚拟化技术，希望为用户提供可靠的、大规模的、可伸缩的计算运营环境。通过 EC2 所提供的服务，用户不仅可以便捷地申请计算资源，还可以灵活地定制所拥有的资源，如果用户拥有虚拟机的所有权限，还可以根据需要定制操作系统、安装所需的软件等。EC2 的一个优点是用户可以根据业务需求自由地申请或者终止使用资源，用户只要为实际使用的资源数量付费即可。

Amazon EC2 是一个可以让用户租用云端电脑来运行所需应用的系统。EC2 借由提供 Web 服务的方式，让用户可以弹性地运行自己的 Amazon 机器映像档，用户可以在这个虚拟机上运行任何软件或应用程序。此外，它还提供可调整的云计算能力，旨在使开发者的网络规模计算由难变易。

Amazon EC2 的底层采用 Xen 虚拟化技术，它以 Xen 虚拟机的形式向用户动态提供计算资源，除本身的计算资源外，Amazon 公司还提供多种 IT 基础设施服务。虽然 Amazon EC2 的网络资源拓扑结构是开源的，但是其内部细节只对用户是透明的，因此用户可以按需使用虚拟化资源。Amazon EC2 向虚拟机提供动态 IP 地址，并且具有相应的安全机制来监控虚拟机节点间的网络，限制不相关节点间的通信，从而保障了用户通信的私密性。从计费模式来看，EC2 按照用户使用资源的数量和时间计费，具有充分的灵活性。

EC2 由 Amazon Machine Image（AMI）、EC2 虚拟机实例和 AMI 运行环境组成。AMI 是一个用户可定制的虚拟机镜像，其包含了用户的所有软件配置的虚拟环境，它是 EC2 部署的基本单位。多个 AMI 可以组成一个解决方案，如 Web 服务器、数据库服务器和应用服务器可组合形成一个三层架构的 Web 应用。AMI 被部署到 EC2 的运行环境后，会产生了一个 EC2 虚拟机实例，由同一个 AMI 创建的所有实例都拥有相同的配置。需要注意的是，EC2 虚拟机实例内部并不保存系统的状态信息，存储在实例中的信息随着它的终止而丢失，用户需要借助于 Amazon 的其他服务以持久化用户数据，如前面提到的 SimpleDB 或者 S3。AMI 的运行环境是一个大规模的虚拟机运行环境，拥有大规模的物理机资源池和虚拟机运行平台，在该环境中运行着所有利用 AMI 镜像启动的 EC2 虚拟机实例。EC2 运行环境为用户提供基本的存储服务、访问控制服务、网络和防火墙服务等。

一般来说，EC2 的用户需要先将自己的操作系统、中间件和应用程序打包到 AMI 虚拟机镜像文件中，然后将自己的 AMI 镜像上传到 S3 服务中，最后通过 EC2 的服务接口启动 EC2 虚拟机实例。

与传统的服务运行平台相比，EC2 具有以下优势。

（1）可伸缩性

应用可以利用 EC2 提供的网络服务接口，根据需求动态调整计算资源，并支持同时启动上千个虚拟机实例。

（2）节约成本

用户不需要预先投资应用峰值所需的资源，也不需要雇用专门的技术人员进行管理和维护，可以利用 EC2 轻松地构建用户想要的任何规模的应用运行环境。在服务的运行过程中，用户可以灵活地启、停、增、减虚拟机实例，只需为实际使用的资源付费即可。

（3）使用灵活

用户可以根据自己的需要灵活定制服务，Amazon 公司提供了多种不同的服务器配置、丰富的操作系统和软件组合给用户选择。用户可以利用这些组件轻松地搭建企业级的应用平台。

（4）安全可靠

EC2 构建在 Amazon 公司的全球基础设施之上，EC2 的运行实例可以分布到不同的数据中心，遍布全球，某个节点失效或者局部区域网络故障都不会影响业务的运行。

（5）容错

Amazon 公司通过提供可靠的 EBS（Elastic Block Store）服务，在不同区域持久地存储和备份 EC2 实例，在出现故障时可以快速地恢复到之前正确的状态，对应用和数据的安全提供了有效的保障。

12.3　典型场景二：基础资源弹性伸缩

12.3.1　场景描述

很多用户都在为这样的工作情景苦恼不堪，比如收到告警，就得立即调度更多的资源，进行虚拟机的配置。尤其是常见的请求量波动极大的客户，比如：电商客户遇到大促活动以及限时秒杀活动期间；游戏客户在每天晚上 20:00—24:00 的在线用户高峰期间。视频客户在播放热门直播期间，如遇到重要比赛、庆典晚会、热门电视剧等。

虽然可以预见访问量激增的情况，提前做出冗余。然而过量冗余意味着资源的浪费。冗余不足的后果是灾难性的，包括主机宕机，不得不跟用户道歉，还要承担用户流失的后果。

当业务高峰过后，还需要及时缩容，向公有云服务商退还计算资源，否则会承受不必要的成本。于是需要每天随时待命，对系统进行调整，还要在“不足”与“浪费”之间做着艰难的资源预测。

少数技术能力强的用户，通过调用公有云服务商的 API 进行二次开发，一定程度上做到运维自动化，比如定时增减云主机、根据告警自定义任务，但这种“高阶”玩法门槛太高，灵活性低，而且调试成本不小!

这种状况是违背云计算“弹性”“pay as you use”的初衷的!因为如果采用上述方式，公有云服务与传统的物理机区别就不大了。

事实上，在今天，云计算的发展已经进化到第三阶段，云服务商根据用户的需求，推动自身的技术进程，可以提供弹性伸缩的云服务，帮助客户适应当前的计算业务的需求。

弹性伸缩（Auto Scaling）根据用户的业务需求和伸缩策略，自动调整计算资源。用户可设置定时、周期或监控策略，恰到好处地增加或减少 CVM 实例，并完成实例配置，保证业务平稳健康运行。在需求高峰期时，弹性伸缩自动增加 CVM 实例的数量，以保证性能不受影响；当需求较低时，则会减少 CVM 实例数量以降低成本。弹性伸缩既适合需求稳定的应用程序，同时也适合每天、每周、每月使用量不停波动的应用程序。

云计算对于可伸缩性的要求通常包括及时、适量、自动化、细粒度和预动性。这些要求同样适用于云基础设施。虚拟机的资源调整可以即时生效，满足了及时性要求；资源的伸缩基于应用对于资源的需求，保证了适量要求；CPU、存储资源等可以在非常细的粒度上调整，保证了细粒度要求；基于应用性能及资源需求的自动化可伸缩性管理保证了自动化需求：基于应用模式、应用历史记录及预测模型预测出的可伸缩性调整，满足了预动性需求。

12.3.2 实现流程

可伸缩性是软件系统的一种特性，具备可伸缩性的软件系统能够通过资源的增减来应对负载的变化，并保持相对一致的性能。在设计和编码阶段，许多传统应用程序并没有考虑可伸缩性问题。现代数据中心中的大规模服务在设计之初就开始考虑可伸缩性问题，并做出了很多尝试。

可伸缩性管理的实现方法主要是垂直伸缩和水平伸缩。垂直伸缩是指在已有的服务节点上增减资源，比如增减 CPU、线程池、内存和存储空间等。水平伸缩是指在已有的服务节点上增减服务节点，从而支持不同数量的服务请求。水平伸缩需要原有系统提供对多个服务器组成的集群的管理，包括数据同步、统一监控、性能调优和负载均衡等。

在云计算环境中，对于应用的垂直伸缩和水平伸缩都可以通过云计算的基础设施平台实现。比如在一个基于服务器虚拟化的云基础设施中，垂直伸缩可以通过对虚拟机进行资源调整来实现。虚拟化平台提供了大量接口，使管理员可以方便地调整其 CPU、内存或者存储资源。实现水平伸缩，则可以通过增减应用对应的虚拟机节点来完成。在云计算的环境中，应用在理论上可以做到随意伸缩，即应用所占用的资源可以随着负载的升降而增减，从而保证在不同的负载下仍然能获得一致的性能。

1. 硬件层面的在线扩展与缩容

对应于垂直伸缩，升级更高配置，提高服务器的处理性能。例如在服务器上增加 CPU、内存或磁盘资源，由于硬件限制，扩展性有限。当物理机/虚拟机目前还有富余的资源时，向应用分配更多的资源，比如 CPU、内存、网络带宽、磁盘等。这种分配可以是手工或者自动的。当物理机/虚拟机已经没有空余的资源时，先向物理机/虚拟机增加更多的资源，再分配给应用。

资源调度是指在特定的资源环境下，根据资源使用规则，在不同的资源使用者之间调整资源的过程。这些资源使用者对应着不同的计算任务，如一个虚拟化解决方案，每个计算任务在操作系统中对应若干个进程。通常来说，实现计算任务的资源调度有两种方法：一是在计算任务所在的机器上调整资源使用量；二是将计算任务转移到其他机器上。

目前的技术已经实现了在数秒内将一个操作系统进程从 A 机器迁移到 B 机器。这种动态迁移技术能够实现计算任务在不同的机器之间的迁移。虚拟机的出现使得所有的计算任务都被封装在一个虚拟机内部。由于虚拟机的隔离特性，可以采用虚拟机的动态迁移方案来达到计算任务迁移的目的。云计算的规模庞大，这为资源调度带来了新的挑战，调度时需要考虑到资源的实时使用情况，这就要求对资源进行实时监控和管理。但是由于云计算环境中资源的种类多、规模大，这项工作因此变得十分困难。此外，一个云计算环境可能有上千万个计算任务，这对调度算法的有效性和复杂性提出了更大的挑战。对于基于虚拟化技术的云基础设施层来说，虚拟机的大小一般都在几 GB 左右，大规模并行的虚拟机迁移操作极有可能因网络带宽等各因素的限制而变得十分缓慢。

从调度的粒度来看，用户往往更加关心虚拟机内部应用的调度问题。一个尚未解决的难题是如何调度资源满足虚拟机内部应用的服务级别协定。以性能为例，一个应用资源调度系统需要监控相关的实时性能指标，如响应时间、吞吐量等。通过考虑这些性能指标，结合历史记录和预测模型，分析出未来可能的性能值，并与用户预先制定的优化规则进行比较，得出应用是否需要进行资源调整的结论，并给出如何进行资源调整的方案。目前，大多数虚拟化管理方案只能通过在虚拟机级别上的调度技术，结合一定的调度策略来试图为内部应用做资源调度，普遍缺乏有效性和精确性。

负载管理的实现基于资源监控功能，并且同样依赖于虚拟化集成管理器的黑白盒管理机制。在黑盒管理模式下，虚拟化集成管理器根据收集到的监控信息，通过资源调整和整合的方式进行负载管理。当虚拟机所在的物理服务器上仍有可用资源时，可以通过调用虚拟服务器的接口为虚拟机调整内存、存储等各种资源：当物理服务器上的可用资源不足时，可以通过虚拟机的实时迁移来进行资源整合，从而平衡负载。在白盒管理模式下，虚拟化集成管理器分析代理发出的监控信息，并将动作指令发给代理，代理执行这些指令并将结果返回给管理器。可见，代理在白盒管理中类似于虚拟化集成管理器与虚拟机内部软件监控管理的桥梁，是白盒管理中的核心模块。

2. 虚拟机配置和实例数的在线扩展

对应于水平伸缩，通过管理虚拟机实例数进行弹性伸缩。增加更多机器，直到满足支撑前端请求量。多台机器形成处理集群，分布式架构的扩展性极强。

根据并发连接数的增加情况，动态创建虚拟机，虚拟机最大数量可设定；创建虚拟机，可灵活指定特定的存储；根据并发连接数的减少情况，动态删除虚拟机，虚拟机最小数量可设定；删除虚拟机，可根据时间策略，在固定的时间段内删除虚拟机。

针对业务的健康检查状况，重启健康检查失败业务对应的虚拟机；针对业务的响应时延状况，重启业务响应时延过大的虚拟机；重启虚拟机次数可设定，若重启后仍不能正常工作，可选择是否删除该虚拟机。

3. 容器的弹性伸缩

流量变大的时候自动进行容器的弹性伸缩，要求容器集群有很好的容量规划，必须有多余的集群资源以支持弹性扩容。但问题是当流量变大，容器扩容导致集群资源不够的时候怎么办呢，是否需要手工进行容器集群的扩容？实际阿里云容器服务不仅支持容器级别的自动弹性伸缩，也支持集群节点级别的自动弹性伸缩。从而真正做到从容应对高峰流量的场景，提高自动化运维水平，降低响应时间，提高系统可用性。

Docker 是一个开源的应用容器引擎，开发者可以打包他们的应用以及依赖包到一个可移植的容器中，然后发布到任何 Linux 机器上，也可以实现虚拟化。容器使用沙箱机制，相互之间不会暴露接口。

Docker 使用客户端—服务器（C/S）架构模式，使用远程 API 来管理和创建 Docker 容器。Docker 容器通过 Docker 镜像来创建。容器与镜像的关系类似于面向对象编程中的对象与类。

Docker 采用 C/S 架构 Docker Daemon 作为服务端接受来自客户的请求，并处理这些请求，如创建、运行、分发容器等。客户端和服务端既可以运行在一个机器上，也可通过 Socket 或者 RESTful API 进行通信。

Docker Daemon 一般在宿主主机后台运行，等待接收来自客户端的消息。Docker 客户端则为用户提供一系列可执行命令，用户用这些命令实现跟 Docker Daemon 交互。Docker 架构如图 12-6 所示。

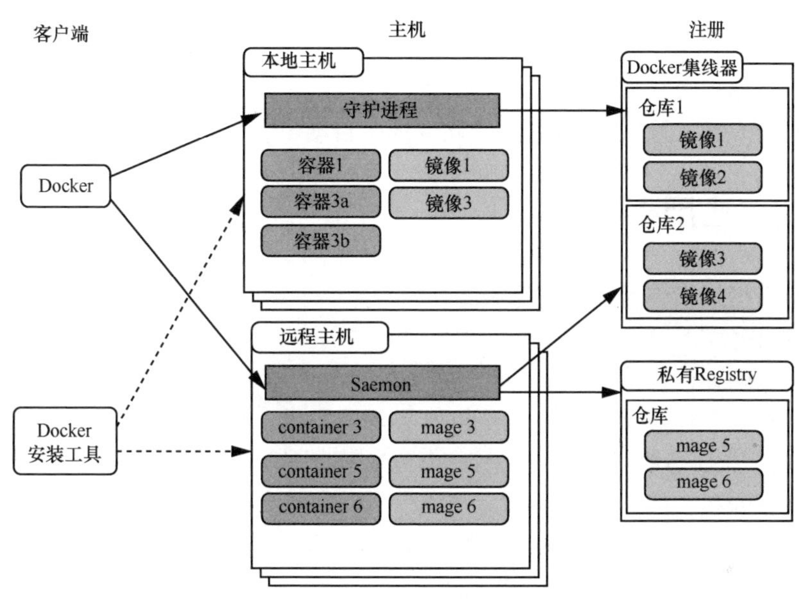

图 12-6　Docker 架构

下面介绍怎样进行集群节点的自动弹性伸缩。

（1）自动伸缩策略

当监测指标值超过所设定的扩容条件时，以用户设定的扩容步长增加节点数量。当监测指标值低于所设定的缩容条件时，以系统默认步长 1 减少节点数量。

自动伸缩的监测指标有：集群 CPU 平均使用量及集群内存平均使用量。

节点缩容只会对通过节点扩容创建出来的节点进行，用户手工创建或者添加的节点不受影响。

节点缩容的时候，系统会删除集群里的 ECS，用户需要提前做好数据备份。请不要调度有状态服务到可缩容节点上。可以参考 Docker Compose 的 constraint。

（2）配置伸缩策略

约束规则如下。

- 扩容条件的可选范围是 50%~100%，缩容条件的可选范围是 0~50%。
- 扩容条件和缩容条件的差值不能小于 30%。
- 扩容步长的可选范围是 1~5，缩容步长目前默认是 1，不支持配置。
- 设置好集群最小节点数及集群最大节点数。缩容的时候当节点数≤集群最小节点数的时候，不会进行缩容操作；扩容的时候当节点数≥集群最大节点数的时候，不会进行扩容操作。

- 最好不要设置复合伸缩策略。
- 请谨慎设置伸缩条件。

（3）查看监控指标

监控可能目标集群，设置弹性伸缩报警规则。

（4）自动扩容集群

当集群 CPU 超过策略设置的时候，开始自动扩容。

12.3.3 应用案例

阿里云提供了弹性伸缩功能服务。

1. **产品功能**

阿里云的弹性伸缩服务主要可以提供的功能包括如下几个方面。

- 根据客户业务需求横向扩展 ECS 实例的容量，即自动增减 ECS 实例。
- 支持 SLB 负载均衡配置：在增减 ECS 实例的同时，自动向 SLB 实例中添加或移除相应的 ECS 实例。
- 支持 RDS 访问白名单：在增减 ECS 实例时，自动向 RDS 访问白名单中添加或移除该 ECS 实例的 IP 地址。

2. **伸缩模式**

弹性伸缩模式主要分为以下几类：

（1）定时模式：配置周期性任务（如每天 13：00），定时地增加或减少 ECS 实例。

（2）动态模式：基于云监控性能指标（如 CPU 利用率），自动增加或减少 ECS 实例。

（3）固定数量模式：通过“最小实例数”（MinSize）属性，可以让您始终保持健康运行的 ECS 实例数量，以保证日常场景实时可用。

（4）自定义模式：根据用户自有的监控系统，通过 API 手工伸缩 ECS 实例。

- 手工执行伸缩规则。
- 手工添加或移出既有的 ECS 实例。
- 手工调整 MinSize、MaxSize 后，ESS 会自动创建或释放 ECS 实例，尽可能将当前 ECS 实例维持在 MinSize～MaxSize 之间。

（5）健康模式

如 ECS 实例为非 running 状态，ESS 将自动移出或释放该不健康的 ECS 实例。

（6）多模式并行

以上所有模式都可以组合配置。

客户预期每天 13 : 00—14 : 00 会出现业务高峰，所以设置定时创建 20 台 ECS 实例的伸缩模式，当客户不确定业务高峰期的实际需求是否会高于客户预期时，如某天实际需要 40 台 ECS 实例，可同时配置动态伸缩模式以应付不可预期的变化。

3. 产品限制

弹性伸缩服务对用户有以下限制。

（1）弹性伸缩的 ECS 实例中部署的应用需要是无状态、可横向扩展的。由于 ESS 会自动释放 EC 实例，所以用于弹性伸缩的 ECS 实例不可以保存应用的状态信息（如 Session）和相关数据（如数据库、日志等）。如果应用中需要保存状态信息，可以考虑把状态信息保存到独立的状态服务器、数据库（如 RDS）、共享缓存（如 OCS）及集中日志存储（如 SLS）。

（2）每个用户所能创建的伸缩组、伸缩配置、伸缩规则、伸缩 ECS 实例、定时任务的数量都有一定的限制。

4. 产品概念与结构

（1）伸缩组包含伸缩配置、伸缩规则、伸缩活动

伸缩配置、伸缩规则、伸缩活动依赖伸缩组的生命周期管理，删除伸缩组的同时会删除与伸缩组相关联的伸缩配置、伸缩规则和伸缩活动。

（2）伸缩触发任务有定时任务、云监控报警任务等类型

- 定时任务独立于伸缩组存在，不依赖伸缩组的生命周期管理，删除伸缩组不会删除定时任务。
- 云监控报警任务独立于伸缩组存在，不依赖伸缩组的生命周期管理，删除伸缩组不会删除报警任务。

5. 工作原理和流程

在用户创建好伸缩组、伸缩配置、伸缩规则、伸缩触发任务以后，系统会自动化执行以下流程（以增加 ECS 实例为例）。

（1）伸缩触发任务会按照各自“触发生效的条件”来触发伸缩活动

- 云监控任务会实时监控伸缩组内 ECS 实例的性能，并根据用户配置的报警规则（如伸缩组内所有 ECS 实例的 CPU 平均值大于 60%）触发执行伸缩规则请求。
- 定时任务会根据用户配置的时间来触发执行伸缩规则请求。
- 用户可以根据自己的监控系统及相应的报警规则（如在线人数、作业队列）来触发执行伸缩规则请求。
- 健康检查任务会定期检查伸缩组和 ECS 实例的健康情况，如发现有不健康的 ECS 实例（如 ECS 为非 running 状态）会触发执行“移出该 ECS 实例”的请求。

（2）系统自动通过 ExcuteScalingRule 接口触发伸缩活动，并在该接口中指定需要执行的伸缩规则的阿里云资源唯一标识符（Ari）

如是用户自定义的任务，则需要用户在自己的程序中调用 ExcuteScalingRule 接口来实现。

（3）根据（2）传入的伸缩规则 Ari（Rule Ari）获取伸缩规则、伸缩组、伸缩配置的相关信息，并创建伸缩活动

- 通过伸缩规则 Ari 查询伸缩规则以及相应的伸缩组信息，计算出需要增加的 ECS 实例数量，并获得需要配置的 SLB 和 RDS 信息。
- 通过伸缩组查询到相应的伸缩配置信息，即获得了需要创建的 ECS 实例的配置信息（CPU、内存、带宽等）。
- 根据需要增加的 ECS 实例数量、ECS 实例配置信息、需要配置的 SLB 实例和 RDS 实例创建伸缩活动。

（4）在伸缩活动中，自动创建 ECS 实例并配置 SLB 和 RDS

- 按照实例配置信息创建指定数量的 ECS 实例。
- 将创建好的 ECS 实例的内网 IP 地址添加到指定的 RDS 实例的访问白名单当中。
- 将创建好的 ECS 实例添加到指定的 SLB 实例当中。

（5）伸缩活动完成后，启动伸缩组的冷却功能。待冷却时间完成后，该伸缩组才能接收新的执行伸缩规则请求

工作流程如图 12-7 所示。

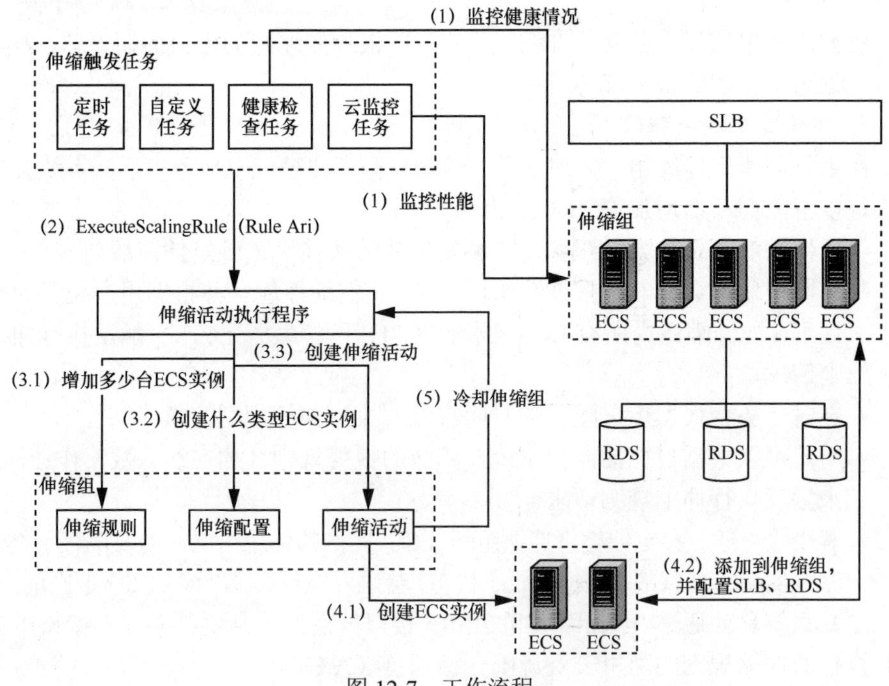

图 12-7　工作流程

12.4　典型场景三：多租户隔离

12.4.1　场景描述

软件的运行和维护均需要部署在数据中心。其中，大部分软件是用户所购买或租用，并且基本上服务于特别指定的个人或企业用户。在部署了云计算的场景中，大部分软件是基于 SaaS 方式发出的，使得更多的企业用户共享云计算平台。在软件维护与运行方面，云计算的场景环境比传统软件更需要好的硬件，软件资源共享，可伸缩性好，任意的用户在企业中都能按需对 SaaS 软件进行配置，而这种客户化的配置不会受到也不会去影响其他的用户。多租户（Multi-Tenant）技术是基于云计算满足上述需求的一项关键技术。

多租户技术使大量的用户能够共享相同堆栈的软、硬件资源，并且任意用户能够按需使用资源，除此之外，能对软件服务进行客户化的配置，同时不影响别的用户的使用。通常任意用户称为租户。多租户平台如图 12-8 所示。

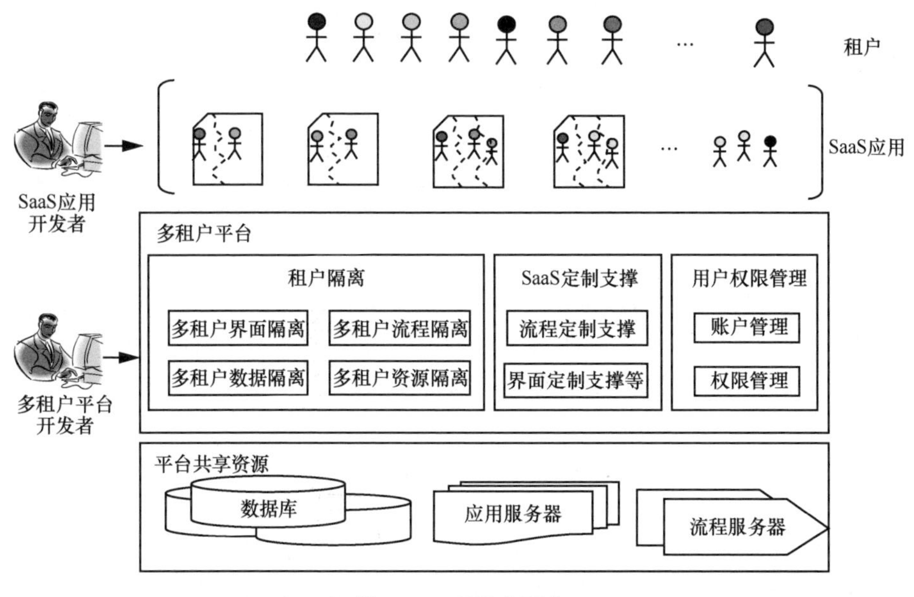

图 12-8　多租户平台

多租户技术最早开始于 20 世纪 60 年代，很多的软件公司向持有大型主机

（Mainframe）的供应商租用一部分的运算资源，以共享一定的软件资源，租户常会用到类似程序，用户的账户账号会按照用户在登录系统时输入的数据来决定，供应商可利用用户的账号计算运算的资源使用量，例如存储器与软盘、磁带和 CPU 等。到了 20 世纪 90 年代，应用程序服务提供者（Application Service Provider）服务模式出现，它的做法与运作模式与租用大型主机时类似，租用的资源运行在软件上，除去操作系统也包含了其上的应用程序（ERP 或 CRM 系统），系统会运行在很多机器上，有些是在相同的主机但共享不一样的数据库，以区分、计算客户的资源使用量，作为计费的标准，这项技术能够有效地缩减供应商的实体机器成本。到了现代，以消费者导向 Web 应用程序（如 Hotmail 或 Gmail 等）能够按照单一应用程序平台支撑任意用户，被称为多租户技术的自然演化，并且多租户技术能够让客户中的部分用户得以定制化地应用程序。

12.4.2 实现流程

多租户技术能够使多个租户共享一个应用程序和运算环境，对于大部分租户来说并不会同时占用太多运算资源，因此，在这种场景下对供应商来说多租户技术能够降低环境的总体部署成本。这里所提到的成本包含硬件成本，也包含操作系统与相关软件的授权成本，这些成本由许多的租户共同来承担。

多租户架构下大部分的租户共享一样的软件环境，所以，对于软件的版本来说，只需要发布一次就可以了，并且能够在任何一个租户的环境上使用生效。

具有多租户架构的应用可以进行定制，然而具有相当大的难度，并且需要更多的平台层面和各种工具的支撑，使复杂度降低。

当今，虚拟化（Virtualization）技术日趋成熟，应用也越来越广泛，因此，多租户技术可以轻松地部署在虚拟化平台上，使用户应用程序与数据之间很好地进行隔离，发挥多租户技术的特点。

目前采用多租户技术的 SaaS 具有两个基本的特征：基于 Web 并且能使大部分租户很好地进行伸缩；使得 SaaS 平台能够提供更多的业务逻辑，使租户可以应对 SaaS 平台以扩展，使大型企业的不同需求得到满足。

1. 计算

在多租户技术当中，基础架构层是最简单的软件栈，一个栈专门用于一个特殊指定的客户。与多租户在数据中心层相比，在成本方面的配置需要更低，这是由于栈是根据实际的客户的具体需求进行部署的。因此，能够由实际的服务使用使得硬件上的需求得到增加。此外，基础架构层的每个用户都可以选择高可用性。

架构扩展是基础架构，它具有灵活和高可伸缩性，能够保证多租户平台在不同负载下正常地工作。在一个典型的多租户情景下，多租户平台需要能够提供大规模租户同时访问的需求，这需要平台具有很高的可伸缩性。这时可以选择一个比较简单的方案，就是在初始阶段使得多租户平台具有海量的资源，使得当负载达到峰值时平台依然具有很好的性能。但是，大部分的时间里，负载不是处于峰值，因此，使用这种方案，会浪费很大的计算资源和能源，还会很大程度上增加多租户平台的运营成本。所以，多租户平台基础架构应该具有灵活性，并且能够根据负载的变化按需伸缩。

2. 存储

多租户技术可以通过各种管理手段和方法进行数据隔离，对于不同的供应商的架构，会得到不同的数据隔离方式，数据隔离法如果很好地规划不但能够降低供应商的维护成本，也可以在合理的授权范围内对数据进行很好的分析，使得服务得到改善。

数据隔离是许多租户在共享相同的系统时，此时用户的业务数据是相互隔离并且独立存储的，不同的数据处理不会相互进行干扰。多租户技术需要实现高效的数据隔离，并且要保证安全，使得租户数据能够安全。

对多租户的数据库管理有 3 种基本方式。

第一种方式是给每一个租户创建单独的数据库，这样做的好处是用户间数据充分隔离。针对不同的租户提供独立的数据库，简化数据模型设计，使得不同租户的不同需求得到满足；若出现故障，能够很快地对数据进行恢复。然而，它却具有增多数据库的安装数量的缺点，这时候数据库管理的成本也比较大，它的开销也随之上升。与传统方案相比，也具有一个客户、一套数据、一套部署的特点，只是在运营商部署稍有不同。

第二种方式是将多个租户的数据保存在同一个数据库中，采用的是不同的 Schema，为租户提供了一定程度的逻辑数据隔离和很高的安全性，不是完全的进行隔离。从而减少了数据库的管理成本和开销，但对于数据隔离的效果有一定影响；

第三种方式是将多个租户的数据保存在一个数据库中，采用相同的 Schema，也就是说将数据保存在一个表或者一类具有相同 Schema 的表中，通过租户的标识码字段进行匹别，这样的管理成本和开销最低，允许每个数据库支持的租户数量最多，但是数据隔离的效果最差，需要大量的安全性检验来保障租户间的数据隔离。具有数据备份、恢复难等缺点。若以最少的服务器为最多的租户提供服务来使得成本降低较为合适。具体考虑因素如下。

- 成本因素：隔离性越好，设计和实现的难度和成本越高，初始成本越高。共享性越好，同一运营成本下支持的用户越多，运营成本越低。
- 安全因素：要考虑业务和客户的安全方面的要求。安全性要求越高，越要倾向于隔离。

- 租户数量：系统要支持多少租户，上百、上千还是上万？可能的租户越多，越倾向于共享。平均每个租户要存储数据需要的空间大小。存储的数据越多，越倾向于隔离。每个租户的同时访问系统的最终用户数量。需要支持的越多，越倾向于隔离。是否想针对每一租户提供附加的服务，例如数据的备份和恢复等。这方面的需求越多，越倾向于隔离。
- 信息监管因素：要考虑政府、机关以及企业的安全和信息监管相关的一些政策和规定。
- 技术储备：共享性越高，对技术的要求越高。
- 扩展性是系统静态属性，是按照系统本身来对数据进行划分、合并。弹性是在负载增大时，可以通过增加数据节点来实现水平扩展的能力。云数据库主要研究针对支持分布式事务，能够自适应的动态负载均衡技术等。

3. 网络和权限

多租户技术可以通过不同的方案对用户的应用程序环境或数据进行切割。

- 数据面：供应商利用切割数据库，切割结构描述来隔离租户的数据，根据需要进行对称或非对称加密以保护敏感数据，隔离做法有不同的实现复杂度与风险。
- 程序面：供应商利用应用程序挂载环境，对不同租户的应用程序运行环境进行切割，保护各租户的应用程序运行环境，要求供应商具有很好的运算环境。
- 系统面：供应商利用虚拟化技术，使得实体运算单元分割成不同的虚拟机，租户可以使用一台或多台虚拟机数据的保存环境，要求供应商具有很好的运算环境。

目前主要的三大类实现方式：物理隔离方式、应用层支持方式和虚拟化方式。

（1）物理隔离方式

表现为一对一模式，也就是一个单独的应用实例对应一个单独的租户，能够满足每个租户的个性化需求，使得每个租户得到应用和数据存储的物理隔离，每个租户拥有独立的计算和存储资源。租户彼此之间基本不会相互影响，安全性高，是 3 种实现方式中级别最高的。但缺点是应用开发商投入成本高，包括软件开发、维护、培训、实施等，软硬件的共享性相应地也是最低的。传统的应用服务提供商（Application Service Provider，ASP）使用这种隔离方式。

（2）应用层支持方式

单实例多租户模式，也就是通过共享一个应用实例，为多个租户提供服务。应用实例通过应用程序级的租户定制方式满足租户的个性化需求，并通过多租户的数据存储设计、性能隔离等方式，使所有租户能够共享存储系统和硬件设备资源，从逻辑上实现租户的隔离。在这种模式下，资源的共享程度达到了最高，软件和硬件的成本下降。

（3）虚拟化方式

通过虚拟机技术共享各种物理资源，也就是利用虚拟机模拟物理机器，在模拟的物理机中满足租户的个性化需求，提供租户间的逻辑隔离。这种方式下，租户间的隔离性相对降低了，但是资源的共享利用率相对来说有所提高，同一台物理机器可能对应多个虚拟机，同时可以支持多个租户，支持的租户数量有所增加。

因此，应用级别的多租户模式的资源共享度最高，利润更高。隔离性低带来的相关需要突破的技术问题，如应用实例的个性化定制、多租户基础管理等。

12.4.3　应用案例

在云计算的加持之下，多租户技术被广为运用于开发云计算的各类服务，不论是 IaaS、PaaS 还是 SaaS，都可以看到多租户技术的影子。多租户技术在实践中应用的成功且广为人知的案例之一，是由 Salesforce 所建置的 CRM 应用系统，该系统还使用了 Force 平台即服务（PaaS）架构。

Force.com 架构如图 12-9 所示。

首先，网关接受访问 Force.com 的所有请求，包括 Sales Cloud 和第三方定制程序。网关根据请求所属的租户将请求转发到对应的 POD（集群服务器），任何 POD 都运行相同的 Force.com 系统。每个 POD 支持大量的租户。Salesforce 总共有十几个 POD 来支持所有服务的运作，并为已有租户分配 POD，通过建立新的 POD 来支持新租户。POD 收到请求后，通过其内置的负载平衡器将请求转发到稍轻的 App Server。由于架构简化，扩展方便，应用程序服务器是无状态的，POD 中将有多个应用服务器来处理大量请求。最后，当应用服务器处理请求时，如果发现请求所需的数据没有被缓存，则应用服务器调用租户所属的共享 DB（共享数据库）来检索相关数据。尽管共享数据库已经成熟地用于 Oracle 数据库产品，但是在数据库表的设计上已经进行了多次优化。

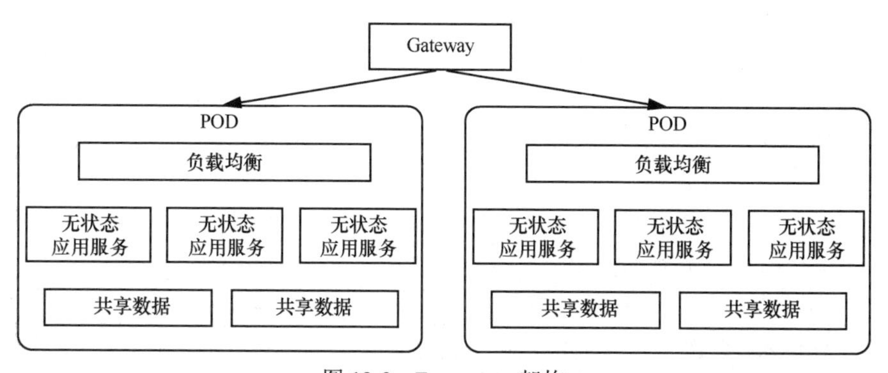

图 12-9　Force.com 架构

1. *元数据 Metadata 驱动*

首先，Force.com 的元数据是基于每个人都熟悉的面向对象的概念，所以元数据也可以被视为一个对象，也就是说，Force.com 是由对象和有效对象组合而成的。com 可以是表单，也可以是 UI，甚至是用户权限等。一个 Force.com 对象和该对象下面的字段可以对应一个数据库表和这个表列以及 Force.com 对象之间的关系（这在功能上类似于数据库的参照完整性约束，但是与数据库相关），每个数据库表对应于一个独立的存储地址，相反，Force.com 使用多个共享的大型数据库表作为堆存储来存放所有对象，另外这些用于存储元数据的表也被称为“通用数据字典（UDD）”。

然后，就应用程序而言，通过组合尽可能多的对象生成在 Force.com 上运行的应用程序实例，或者使用元数据来描述应用程序实例。例如，在应用程序开始时，每个客户端都使用相同版本和相同大小的对象，并且用户添加和更新对象以定制应用程序，例如添加新的 UI 和字段等，而系统将被共享和定制的对象严格分开，使得更新共享代码非常容易，同时也确保了用户的自定义部分不会影响其他用户。在实现中，Force.com 实际上并不为新对象生成数据库表，而且还以存储在几个大表中的元数据的形式生成数据库表，在运行时，Force.com 有一组引擎来分析数据库元数据动态生成虚拟应用程序实例以及所需模块（虚拟应用程序组件）的应用程序，如 Common UI（通用应用程序屏幕）、自定义 UI 和其他对象。此外，虽然元数据驱动的类似 Java 的动态生成机制速度本来就很慢，但 Force.com 也内置了与 Sun 的 Hotspot 技术类似的元数据缓存，以加速对常用元数据的读取。

2. *应用服务器*

应用服务器包括 5 个核心模块。

- 元数据缓存：用于存储那些最近使用和更常用的元数据，以加速应用程序的生成。
- 大规模数据处理引擎：主要用于加速处理大量的数据读写和网上交易。
- 支持多租户的查询优化引擎：该引擎通过维护多租户信息，帮助 Oracle 内置的基于成本的查询优化器更好地适应多租户环境。
- 运行时应用程序生成器：该生成器主要根据用户请求动态生成应用程序，并使用上面提到的查询优化引擎来提高效率。
- 全文搜索引擎：在数据库中同时更新数据，该引擎会异步更新数据的索引。

3. *共享库数据库*

整个共享数据库有 3 种类型的数据库表。

- 元数据表：主要存储用户定义的对象和对象所包含的信息的结构，也称为“UDD”。
- 表：数据字段中包含的用户定义对象和对象的主要存储。
- Pivot 表：维护用于索引唯一性的非规范化数据，以优化系统效率。

此外，在物理层面，数据库中的所有表（包括基础索引）均使用基于每个租户的不同租户 ID（OrgID）的 Oracle Hash 分区技术进行分区。通过 Hash 分区的这一经过验证的技术有助于将大规模数据均匀划分为更小和更易于管理的块，以帮助大型数据库系统在多租户环境中提高速度和可扩展性以及可用性。

4. *大规模数据引擎*

由于 Force.com 有大量的数据可以从 Web 端或 Web 服务端进行处理，因此 Salesforce 在 Force.com 上引入了特制的大型数据处理引擎，用于处理大量的数据读取和写入。它有两个主要的特点：一是大规模数据处理的优化，特别是当一个 API 调用发送了大量待处理数据时，引擎可以很快处理。二是这个引擎有一个内置的错误恢复机制。在处理大规模数据时，如果其中一个步骤出错，则引擎捕获并修复错误，并在此步骤之前保持正确的结果，以避免整个重做。

5. *多租户感知的查询优化引擎*

现在大多数数据库都带有一个基于成本的查询优化器，优化器主要根据数据库表和索引数据等相关值来计算和比较。但是，由于传统的基于成本的优化器主要针对单租户环境设计，因此不适合多租户环境，因为数据库中没有多租户的概念。为了使优化器在多租户环境中运行良好，Salesforce 基于 Oracle 内置优化器构建了多租户感知型查询优化引擎，该优化引擎还具有两个主要功能：一是针对每个多租户的引擎对象维护一组易于优化的数据（租户、组和用户级别）；二是该引擎还维护租户和租户的安全信息，既提高了效率，又避免了不属于租户的数据进行计算，提高了数据的安全性。

6. *全文搜索引擎*

全文搜索可以成为 Web 应用程序的一个基本功能，但对于基于 Force.com 的应用程序，Force.com 基于众所周知的 Lucene 技术在其上构建了全文搜索引擎。当在 Force.com 平台上运行的应用程序更新数据库中的数据时，会有一个后台进程（称为搜索服务器）异步更新与数据相关的索引。这种异步机制不仅可以保证检索不影响事务处理的效率，还可以让用户使用最新的搜索结果。为了优化该检索过程，系统将修改后的数据同步复制到内部的“等待检索”表中，然后检索服务器访问该检索表，从而降低检索服务器 I/O 吞吐量。为了更好地适应多租户环境，搜索引擎会为每个租户自动维护一个单独的索引。

7. *数据库表的设计*

（1）Metadata 表

Metadata 表的作用是存储用户定制的对象和对象所包含的字段的结构信息，不保存具体的数据，主要有两大类：

- Object Metadata 表：这个表主要存储对象的信息，其中主要字段包括对象的 ID（ObjID），拥有这个对象的租户的 ID（OrgID）和这个对象的名字

（ObjName）。

- Field Metadata 表：这个表主要存储对象附带字段的信息，其中主要字段包括字段的 ID（FieldID），拥有这个字段的租户的 ID（OrgID），这个字段的名字（FieldName），这个字段的数据类型（Datatype）和一个布尔字段（IsIndexed）来定义这个字段是否需要被检索。

（2）Data 表

Data 表的作用和 Metadata 表正好相反，它主要存储那些用户定制的对象和对象所包含的字段的数据，主要也包括两大类。

- Data 表：这个表放置着上面那些对象和字段所对应的数据，核心字段有全局唯一的 ID（GUID）、租户 ID（OrgID）、对象的 ID（ObjID）和存放对象名字的“Nature Name（自然名称）”，比如这行和一个会计对象有关，这行的“Nature Name”字段可能是“Account Name”，除了这些核心字段之外，这个表还有名字从 Value0 到 Value500 的 501 个数据列来存储数据，而且这些列都是以 varchar 的形式来承载不同类型的数据的，这种数据列也被称为“flex 列”。
- Clob 表：这个表主要存放那些字符大对象（Character Large Object，CLOB）数据，对象最大支持到 32 000 个字符。

（3）Pivot 表

Pivot 表，也称为“数据透视表”，在 Force.com 中以 Denormalized （去规范化）格式存储那些用于特殊目的的数据，比如用于检索（Indexing）唯一性和关系等，主要作用是加速这些特殊数据的读取以提升系统整体的性能。主要有 5 种 Pivot 表，具体如下。

- Index Pivot 表：由于 Data 表里面数据都是以“flex 列”的形式存储，所以很难在 Data 表的基础上对表中的数据进行检索，所以 Force.com 引入 Index Pivot 表来解决这个问题，系统在运行的时候会将需要索引的数据从 Data 表同步到 Index Pivot 表中相对应的字段以方便检索，比如这个数据的类型是日期型的，那么它将会被同步到 Index Pivot 表中的日期字段。
- UniqueFields Pivot 表：用来帮助系统在 Data 表中字段实现唯一性。
- Relationships Pivot 表：Force.com 提供了“Relationship”这个数据类型来定义多个对象之间的关系，而 Relationships Pivot 表则起到方便和加速“Relationship”数据读取的作用。
- NameDenorm 表：是一个简单的数据表用于存储对象的 ID（ObjID）和这个对象的实例的名字，主要让一些仅需获取名字的查询调用，从而让一些简单的查询无需通过规模庞大的 Data 表。
- FallbackIndex 表：这个表将记录所有对象的名字，来免去成本高昂的“UNION”操作，从而加速查询。

8. APEX

APEX 语言是为 Force.com 量身定制的一种类似于 Java 的强类型面向对象语言，主要通过 APEX 在 Force.com 上创建 Web 服务，编辑复杂的业务逻辑以及整合多个 Force.com 模块和等。APEX 主要有两种方式：一是以单独的脚本的形式，根据用户的需要；二是以触发器的形式，绑定到这个事件的 APEX 代码将在特定的数据处理事件发生之前或之后执行。所有 APEX 代码将作为元数据存储在元数据表中。当 APEX 代码被调用时，APEX 解释器将从 Metadata Cache 中读取已编译的 APEX 代码，并被多个租户同时共享，以提高效率。

那么为什么要在 Force.com 上引入新的 APEX 语言，而不是支持已经有一些像 Google App Engine 这样的市场份额的语言，比如 Java 和 Python。Salesforce 首席架构师这么做的一个关键原因是安全。首先，Salesforce 设计了 APEX 来管理一套管理工具，使得 APEX 脚本能够轻松监控执行情况，并且可以在执行脚本时知道所花费的 CPU 时间、内存容量以及 SQL 语句的数量等数据来判断是否需要中断 APEX 脚本以避免影响属于其他租户的应用程序，如果中断，系统会向上层调用者抛出运行时异常。其次，基于 APEX 的代码可以验证其嵌入式 Salesforce 对象查询语言（SQL）和 SOSL（Saleforce 对象搜索语言），以避免现实世界中的错误。此外，除了 APEX 附带的安全功能外，Salesforce 还要求每个上传到 Force.com 的 APEX 脚本都需要一个覆盖其代码的 75%的测试用例，这不仅显著提高了 APEX 代码的质量、平台的整体稳定性，并可以由 Force.com 自己的更新使用，以确保新的更新不会影响现有的基于 Force.com 的应用程序。

12.5 典型场景四：一键部署

12.5.1 场景描述

云操作系统就像一个运行在普通计算机上的操作系统，就像一个高效的协作团队。个人接受用户的任务，只能一步一步地完成涉及许多事情的任务。高效的协作团队是管理员在接收到用户的任务后，将任务分解为多个任务，然后将每个任务分配给团队的不同成员；所有参与这个任务的团队成员，在完成分配给自己的小任务后，结果将会返回给团队经理，然后由管理员收敛后交付给用户。

云操作系统的最大优点是简单。在一个通用平台上，用户需要管理各种资源，如 CPU、内存、磁盘、负载均衡、网络和容器等资源。此外，支持所有应用程序类型的独立专用网络、二级构建和部署，开发人员习惯没有变化、可配置的微服务架构，全球机房的可用性等都是云操作系统的优势。Heroku 目前只支持简单的 Web 应用程序+数据库结构，不支持非 Web 应用程序和复杂的架构，另外它不支持孤立的专用网络。bluemix 的使用比较复杂，用户需要管理自己的资源，除了在国外的房间，访问速度也是一个大问题。

（1）大数据平台的一键部署

一键部署大数据平台，以云存储为基础，云计算为处理核心，建立海量数据业务支撑的海量数据平台。日常数以千万计的光伏可以承受的访问压力，支持数百万用户和 E8 级别的各种类型的数据存储，如日志文件、图片、文件和视频等。基于这个大数据支撑平台，它不仅可以处理增量数据，而且还可以满足各种实时业务需求。在实时处理领域实现二级突破，可以将业务数据唤醒，实时查看统计，便于快速决策和及时响应客户，以适应当今快节奏的发展趋势。比如传统的年、月、周、日频率监测统计，可以在 24 h 内实现实时监测，并对当前统计仪表板数据进行实时变化管理，实现更多实时 7×24 h 用户行为监控和二次分析。

为了帮助企业发布关键应用程序，未来部署应用程序的开发人员可以简单地共享一个关键的应用程序市场，应用程序可以是任何类型的，如数据库、开发工具、电子商务平台、CMS、中间件、CRM、ERP 等，应用程序可以免费或付费。

（2）数据库的一键部署

数据接入层采用分布式日志系统，实现推拉模式的各种主流方式，并可按需升级为统一数据接入平台，不仅支持日志及页面源码数据，还可以实现各类接口数据的无缝可视化接入，如关系型和非关系型数据、各种主流非结构化数据等。

关系数据库服务（RDS）是一个稳定、灵活和可扩展的在线数据库服务。RDS 开箱即用，兼容 MySQL 和 SQL Server 关系数据库，并提供在线数据库容量扩展、备份回滚、性能监控和分析功能。RDS 和云服务器利用 I/O 性能乘法和内联网互操作性来避免网络瓶颈。

关系数据库服务（RDS）提供即时访问、灵活的可伸缩性和可靠的数据库服务，可帮助用户将基于传统关系数据库的各种应用程序迁移到云中。

RDS 为用户提供了一个优化的数据库实例，可以通过网络在几分钟内生成并投入生产。它支持 MySQL 和 Microsoft SQL Server 两个关系型数据库，适用于所有关系数据库应用领域的中小型企业。

RDS 集群在多层防火墙的保护下，可以有效对抗各种恶意攻击，确保数据安全，允许用户设置访问白名单来消除安全风险。

RDS 采用主从热备机架构，硬件故障发生后 30 s 内自动切换。建议用户的应用程序支持自动重新连接数据库连接。

RDS 会根据用户定制的备份策略自动备份用户的数据库，防止数据丢失和意外删除，确保用户数据安全可靠。

用户无需维护数据库，只需根据用户的需要选择正确的 RDS 实例，并快速轻松地进行部署，显著节省用户硬件和维护成本。

数据访问层采用分布式日志系统，实现各种主流推拉方式，并根据需要升级到统一的数据访问平台。它不仅支持日志和页面源数据，而且可以将各种接口数据访问（如关系数据和非关系数据）以及各种主流非结构化数据无缝地可视化。

（3）容器的一键部署

众所周知，容器技术的出现，深刻地改变了软件交付方式、二级应用启动、轻量级隔离、细粒度资源控制、低性能损失、版本管理可追溯性、独立于环境的交付和部署方法以及在不同的操作环境中循环。这些能力不仅影响了企业软件的开发、建设和交付，提高了交付效率和可靠性，而且对 WRF（Weather Research Forecast）等大型开源气象科学预测软件也有微妙的影响。美国国家大气研究中心（NCAR，也是 WRF 的开发商）在 2016 年开放了自己的集装箱化解决方案。一些国内的团队已经基于 NCAR 解决方案进行了改进和增强，使用户能够一键部署和运行 WRF，同时保持高性能，将复杂的 WRF 工作转变为高效可控的自动化流程。

12.5.2　实现流程

1. **大数据平台的一键部署**

访问大数据平台的常用操作监控指标包括 UV、PV、IP 和访问人数，以及用户访问停留时间的行为、访问次数和访问深度等质量指标跳跃次数等，并进行全局分析的平均保留时间、平均加载时间等三维总结。该平台为企业量身定制业务指标，在此基础上增加客户行为分析、网站访客背景分析、鼠标点击行为等高智能分析功能，为业务发展和运营策略提供强有力的数据支持。该平台不仅可以查看访问网站用户的基本信息（跳出率、回访率、访问频率、状态分析、分析、网络分析、省市位置和移动终端浏览器等），还可以了解客户行为（如源页面、网站和搜索引擎关键字等）。并在此基础上，了解客户访问路径、多维数据采集，并进一步探索网站客户数据的采集与挖掘。

当用户大量增加时，应用扩展只能通过云操作系统的简单配置来实现，并且支持水平和垂直可伸缩性。对于复杂的业务场景，云操作系统已经将微服务架构整合到平台中。复杂的业务场景可以灵活、简单地扩展业务，每个业务场景都可以独立扩展。可以结合用户群特征、个性行为历史和各种显性和隐性反馈来进行人脑分析，从而实现个人用户和群体用户的三维推荐和人工干预的全过程。在算法平台的支持下，建立视觉算法训练，推荐结构的过滤和植入，提高客户的个性化服务配置。实现各种算法的替换、组合和深度学习，如传统的

UCF、ICF 和业务创新的二级修剪算法。数据分析是为了实现人性化的体验。传统风格，如线性、圆柱型和饼型分析图表，能更直观地分析网站访问，访问不同模块和不同类别的访问者。热图等创新风格更加生动、直观，反映了网页不同位置用户的点击密度，实时反映了群体用户的兴趣特点，增强了可操作性。

2. 数据库的一键部署

数据库部署策略是创建数据库，创建成员资格数据库，添加成员资格用户，创建数据库表，将数据插入数据库脚本，在单个脚本文件中分别组织它们，然后使用 osql 命令通过条目批处理文件 A 脚本，所以，只需运行批处理文件就可以完成数据库的部署，下面是这个过程中比较详细的一些技巧。

（1）Membership 数据库

在很多中小型应用中使用 Membership 数据库是一个很好的选择，这样可以使得工作的重点更多地放在业务逻辑中，而不用考虑用户权限等问题。Membership 数据库部署的批处理命令如下：

```
    C:\WINDOWS\Microsoft.net\Framework\v2.0.50727\aspnet_regsql    -S
localhost -E -A all -d [dbName]
```

（2）导入 Membership 用户

在添加 Membership 数据库后，需要添加初始用户 admin 用户。在一键部署中，需要创建一个脚本，先创建一个名为 SP aspnet_Membership_CreateUser 的自动调用成员资格的脚本，然后这个存储过程最复杂的构造就是构造它的密码，并且需要对 salt 的密码 sha1 进行加密，这是推荐的做法，而且这个加密过程不在数据库级别，所以需要在用户自己的脚本中编写加密。数据库部署策略架构如图 12-10 所示。

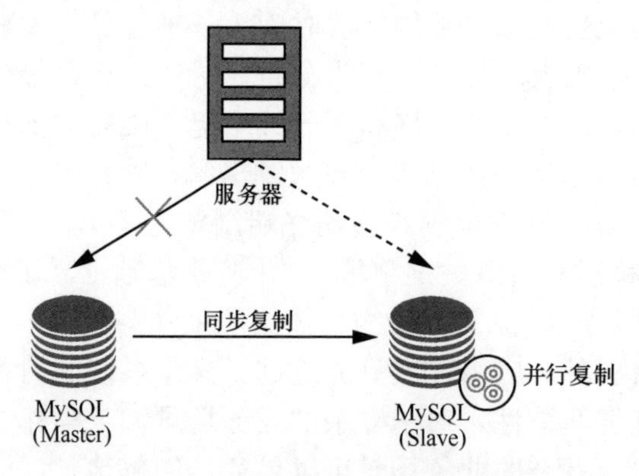

图 12-10　数据库部署策略架构

- 跨可用域部署：高可用性 RDS 实例主要和次要节点部署在单独的可用域中，以确保所使用的物理资源被完全隔离。
- 虚拟同步复制技术：RDS 主从节点采用虚拟同步复制技术，该技术可以保证所有主机在从机器提交第一个磁盘之前进行更新事务，确保主从切换后的数据完全一致。

- 并行复制技术：RDS 并行复制技术应用在从节点上，显著提高从属播放主机事务的速度，复制时延消失，确保主从交换机在第二级完成。
- 硬盘双拷贝：RDS 使用硬拷贝硬盘，通过软 RAID 技术实现硬盘，可以屏蔽硬盘对数据库的影响。
- 自动备份：RDS 提供的自动备份功能可以根据用户设置的备份时间窗口自动备份数据实例。它支持增量备份和完全备份，允许用户设置备份的保留期限。数据备份示意图如图 12-11 所示。

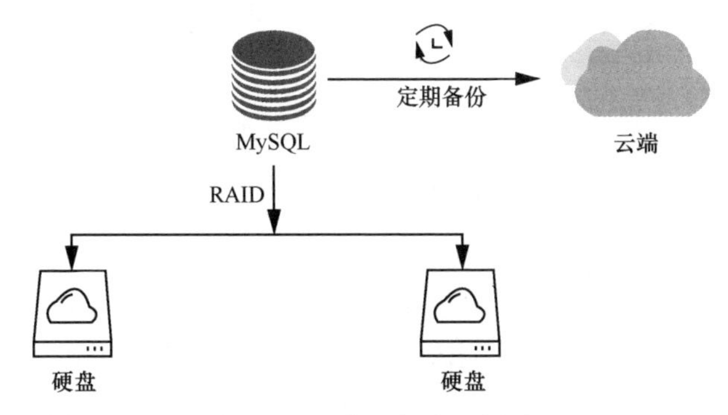

图 12-11　数据备份示意图

- 群组提交技术：由于云计算将存储资源中的计算资源分离开来，所有的 IO 操作都需要在网络上完成，I/O 响应时间显著增加。RDS 通过在 MySQL 事务提交过程中使用组提交模式，显著减少了硬盘 I/O 的数量，导致 MySQL 性能至少提高了两倍。组提交技术示意图如图 12-12 所示。

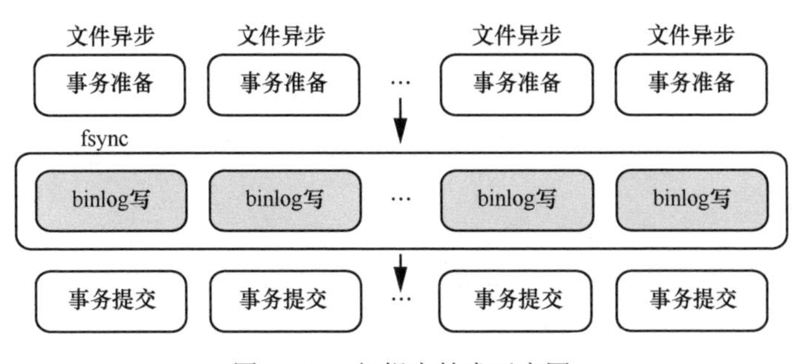

图 12-12　组提交技术示意图

- 支持 SSD 存储介质：为了满足高性能数据库产品的需求，RDS 为 SSD 提供存储解决方案，优化 SSD 存储介质的 MySQL 参数，保证数据库的高性能。

- Scale Up：RDS 基于数据一致的主从切换技术。RDS 通过扩容从设备再切换主设备和从设备，实现了在线存储内存、CPU、存储介质、硬盘读写能力和存储空间的修改，最大支持 64 GB 内存、24 核 CPU、800 GB 的存储空间数据库实例。切换技术示意图如图 12-13 所示。

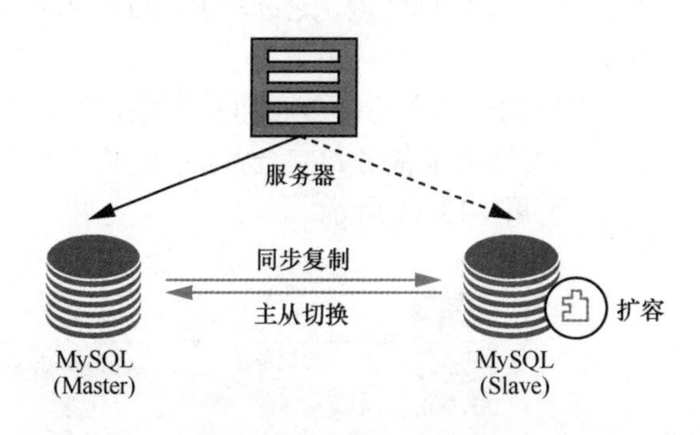

图 12-13　切换技术示意图

（3）容器的一键部署

容器的一键部署分为下面几个步骤。

步骤 1　通过容器镜像标准化 WRF 的构建和配置，同时实现一次构建到处运行。

步骤 2　利用 OSSFS 上传 WRF 配置文件、WPS 配置文件、气象数据以及地理基础数据。

步骤 3　利用容器服务一键式部署和 WRF 应用，并且将运行产生的数据导出到 OSS 上，并可以直接下载。

可以通过参数配置指定运行方式。

步骤 4　利用容器服务一键式部署和运行 NCL 应用，将 WRF 运算出的结果通过 NCL 绘图出来。

从数据到计算再产生数据全过程如图 12-14 所示。

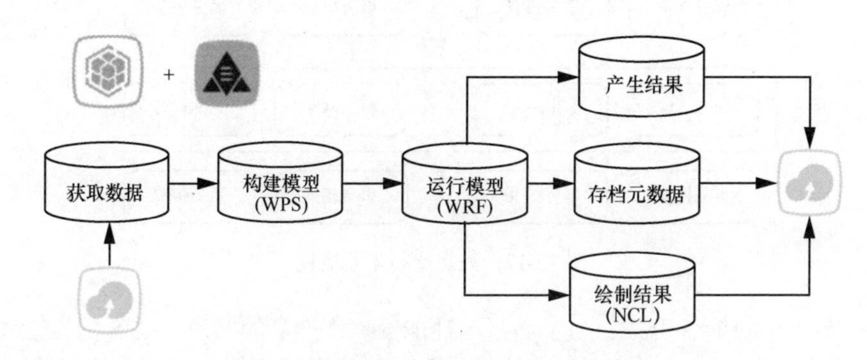

图 12-14　从数据到计算再产生数据全过程

12.5.3 应用案例

1. 青云 QingCloud 大数据平台一键部署

企业级云服务提供商 QingCloud，已正式推出 Spark 服务，作为 QingCloud 大数据基础平台的重要组成部分。使用 QingCloud Spark 服务，用户可以在 2~3 min 内创建 Spark 群集。它支持横向和纵向的可扩展性和丰富的警报监控服务。这极大地简化了大数据集群的运营管理，将繁重的运维工作解放出来，转化为业务创新。

数据是新一代的自然资源，是衡量企业竞争力的试金石。然而，随着数据量的爆炸式增长、数据源和结构的多样化，传统的 IT 基础设施已经不能满足企业的数据处理需求。支持 PB 级数据（如 Hadoop 和 Spark）的分布式存储和分布式计算框架应运而生。

基础设施是大数据应用的基石。如果没有底层数据架构的支持，大数据就是一张纸。Spark 服务的推出基于 QingCloud 稳定、高效、资源秒级响应、灵活的可扩展的 IaaS 之上，以最大限度地提高 Spark 轻便、灵活、快速的优势。

Spark 是继 Hadoop 之后的下一个大数据分布式处理平台。它是一种基于内存的容错分布式计算引擎。Spark 计算速度是 Hadoop MapReduce 的 100 倍，也是 MapReduce 的 11 倍。Spark 卓越的用户体验和统一的技术堆栈几乎解决了大数据世界中的所有核心问题，使得 Spark 迅速成为当今最热门的大数据基础。

Spark 提供了多语言支持，如 Scala、Python、Java 等，支持交互操作。基于 RDD（弹性分布式数据集，容错，并行数据结构），提供多种功能，如 Spark 流、结构化的 SQLSparkSQL、机器学习库 MLlib 和图形计算 GraphX。

具体而言，QingCloud 提供的云服务如下。

一键部署：用一个简单的配置，用户可以在 2~3 min 内从 QingCloud 建立一个 Spark 簇并实现高效便捷的 Spark 操作和维护。QingCloud 提供了多样化、组件化的服务模式，用户可以设置个性化的解决方案，根据各自的业务需求。

在线缩放：Spark 服务支持水平和垂直的在线可伸缩性，以满足用户的计算能力和容量要求。横向可伸缩性不会影响用户服务的连续性。后续还将与 AutoScaling 实现 Spark 集群自动缩放效果配合。

低成本：迁移的 QingCloudSpark 服务功能本地开源解决方案的最新版本（包括目前的最新版本和未来的更新版本），具有用户友好性的 Spark 集群迁移到云的向后兼容性不限制用户从 Spark 服务迁移到自己的集群。有 QingCloud 的 Spark 的服务，用户不必担心供应商锁定。

监测报警：QingCloud 提供了每个节点的资源监控报警服务，包括 CPU 使用率、内存使用率、磁盘使用率、硬盘的 IOPS 和硬盘吞吐量等，帮助用户更好地管理和维护集群的 Spark。

安全性：Spark 集群运行于私有网络内，结合 QingCloud 提供的高性能存储和超高性能存储，在保障高性能的同时兼顾用户的数据安全。

下一步 QingCloud 将会发布一系列大数据相关服务，如 Hadoop、Cassandra、Hive、HBase、Storm 等。未来将大数据、数据库、缓存、对象存储与 IaaS 组件集成，形成 QingCloud 完整的数据产品生态系统，提供一站式的计算，存储和数据处理服务，更好地帮助用户实现数据值。

2. Mevoco 数据库的一键部署

使用 ZStack 构建私有云生产环境的企业包括金融、电信、电子商务、互联网、游戏、教育、汽车和纺织等行业。

上海云轴轻量级云计算管理平台最新版本 Mevoco（1.2 版）于 2016 年 4 月 29 日发布，如图 12-15 所示。Mevoco 1.2 增加了云主机高可用性、分布式 EIP、NFS、网络共享存储、Ceph 存储、数据库定时备份、系统启动管理自动启动和 AWS EC2 模式用户数据等。自动化完善地部署管理节点和云主机的高可用性是很有吸引力的。

图 12-15　Mevoco 1.2 发布：一键部署高可用私有云

Mevoco 管理节点和云主机高度可用，支持一键安装，部署非常简单，如图 12-16 所示。最小的可用环境只需要 2 个物理服务器。当一个管理节点出现问题时，另一个管理节点可以无缝地接管所有操作。更重要的是，这两个管理节点也可以是一个计算节点，实现云主机的高可用性。如果使用共享网络（例如 NFS、Ceph 和共享挂载点等作为主存储），则可充分发挥 Mevoco 云主机的高可用性。当 Mevoco 1.2 检测到物理机器发生故障时，它会自动在物理机器上作为高可用云主机迁移到其他物理机器。

在本地存储的基础上，Mevoco 1.2 增加了对各种网络共享主存储的支持，如 NFS、Ceph 和 Shared Mount Point 等。网络共享主存储的使用可以支持云主机的热迁移。共享安装点大大扩展了 Mevoco 支持的存储类型。任何提供共享挂载点模式的存储都可以使用此类型，例如 Gluster、MooseFS、OCFS2 和 GFS2 等。

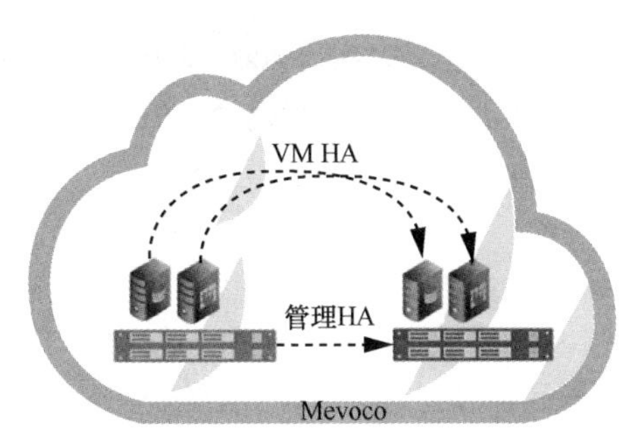

图 12-16　Mevoco 1.2 发布：一键部署

弹性 IP 地址（Elastic IP Adress，EIP）是亚马逊 EC2 的经典网络模型，在其他公共云环境中经常使用。当用户使用 EIP 登录公有云主机时，会发现云主机实际上是在分配一个内网 IP 地址。传统的 EIP 服务由虚拟路由器（Virtual Router）提供，会出现性能和单点故障的问题。Mevoco 1.2 支持分布式 EIP。云主机的 EIP 服务直接由云主机中的物理机提供，最大限度地提高了 EIP 的服务质量和网络性能。对于公有云服务，Mevoco 1.2 还通过 SSH-key 更新了云主机注入的方式，然后将与基于 Amazon EC2 的 SSH-key 注入进行统一。用户从 Linux OS 制造商下载的基于云的 init 镜像文件可以成功使用。

此外，Mevoco1.2 增加了两个重要的操作和维护功能。首先，在 Mevoco 1.2 安装之后，Mevoco 服务（zstack.service）将被 SYSTEMd 接管，用户可以通过 systemctl 命令启动 Mevoco 服务。Mevoco 服务也将在系统重启时自动重启。其次，系统每天自动备份 2 个数据库到管理节点，防止用户误操作。

Mevoco 支持多租户、多级网络、分布式 DHCP、实时监控、超级划分和资源限制等私有云基本功能。定制的 CentOS ZStack 社区版本可以支持 Mevoco 离线安装的无互联网用户。基于开源云引擎 ZStack 的 Mevoco 1.2 平台是第一个面向“虚拟化+”场景的产品级云平台。借助 Mevoco，传统企业的 IT 数据中心可以快速构建在标准的云计算环境中。普通 IT 运营商将在 30 min 内完成私有云环境。使用这个平台至少有一台物理服务器，并且可以随着需求的增加而横向扩展。在线扩容的便利性可以让用户快速添加数以万计的服务器。Mevoco 官网记录了各种详细的用户操作指南，感兴趣的读者可以下载阅读。

Mevoco 为私有云软件提供独特的无缝升级功能。Mevoco 和 ZStack 用户可以免费升级到 Mevoco 1.2。整个升级过程大概需要 3 min，升级过程不会影响在线云主机的正常运行。Mevoco 的新用户可以从 Mevoco 官方网站下载到最新版本，免费试用。该软件提供了多种授权协议，普通用户最多可以申请 10 个计算节点的免费基础版本。

Mevoco 来自 Memory、Volume 和 Computing 3 个单词。内存、存储和计算是

云计算的基本资源。这意味着 Mevoco 融合和管理云计算的基础资源，这是云计算的核心和关键。Mevoco China 的出现可以帮助企业在“互联网+”中迅速转型升级，同时也为看似复杂的云计算软件市场带来了新的风向。

3. 阿里云容器一键部署

利用阿里云高性能计算和容器服务，可以在云中快速部署和执行天气模拟应用，并使传统的 WRF（天气预报模式）应用焕发出新的魅力中。阿里云提供了丰富的天气预报基础设施，从高性能弹性计算、负载平衡到物体存储、日志记录和监控等。

阿里云容器一键部署生成的气象图如图 12-17 所示。

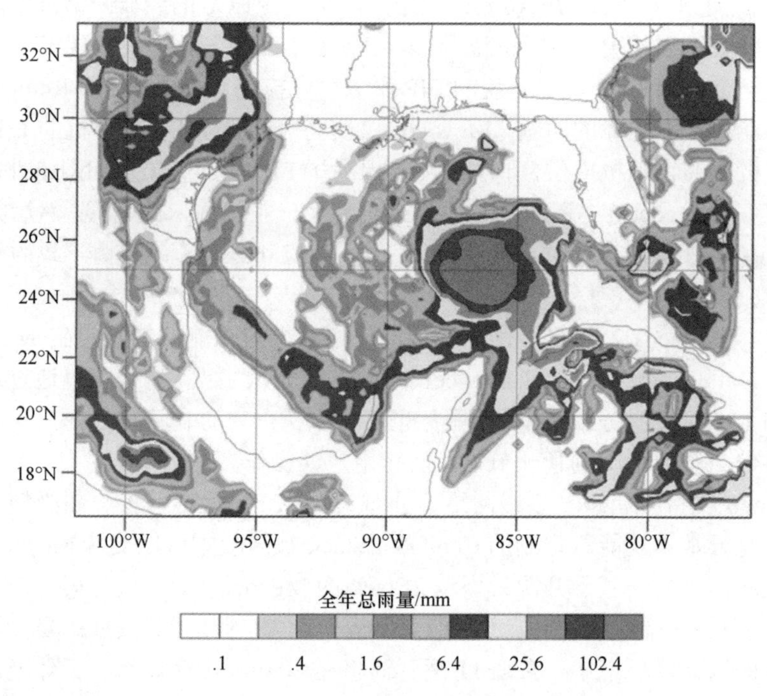

图 12-17 阿里云容器一键部署生成的气象图

容器服务帮客户建立标准化的可追溯性，让客户知道自己在 WRF 配置中有什么，而且很容易复制其配置，系统建设过程透明，整个结构可以说明，降低了运营成本和维护人员避免变化的风险。加快交付速度，缩短生产时间（从一周到一小时），支持 WRF 应用的一键式部署和执行，不需要依赖先进的软件，WRF 能在几个小时内开始工作。支持本地和云建设和测试，以保持一致性。国际 WRF 版本发展很快，跟上国际潮流，保持更新速度。各种软件和配置组合进行比较，并可以选择最佳性能。

12.6　典型场景五：故障自愈

12.6.1　场景描述

故障自愈是一款实现服务器故障自动处理的解决方案，提升企业服务可用性并降低故障处理的人力投入。

通过自动化处理来节省人力投入，通过预定的恢复流程让恢复过程更可靠，通过并行分析达到更快的故障定位和恢复，最终减少业务损失的风险。

一句话概括：实时发现告警，预诊断分析，自动恢复故障，并打通周边系统实现整个流程的闭环。

应用主机故障的原因有很多，可以大致分为如下几大类：

（1）网络或 IDC 异常导致业务异常；

（2）关键模块性能问题或 Bug 导致业务异常；

（3）主机硬件或系统异常导致业务异常；

（4）无效误告引发的伪业务异常。

其中，第（1）、（2）两类是告警最多的，也是最不好明确原因的。第（4）类是最让人纠结的，会让各种故障场景分析变得更加复杂。第（3）类相对最简单，也是目前处于服务试验阶段中接入最多的。

由于监控告警机制普遍存在于微观层面，类似于体检报告中每一个指标的阈值和检测值对比引发的异常点，可以很容易检测出跟生命体征有关的所有指标的结果，但从一堆异常指标直接准确地推测出宏观层面的人体健康状况，还需要医生的经验分析。

类似地，几乎可以做到让告警毫无遗漏地发出来，但从一堆“自说自话”的告警中同样很难直接准确地推导出业务真正的问题及原因，比如应对一个进程告警的情况，恢复进程即可，但应对一堆进程告警的情况，就需要考虑很多可能的原因：进程配置错误、运维操作前未屏蔽告警、程序 Bug 等。

故障自愈的核心思路如图 12-18 所示，主要包含以下几点。

（1）自愈系统自动发现所有告警信息，模拟并代替真人处理告警。

（2）智能告警收敛分析：自愈系统对接收到的所有告警，必需进行收敛分析，分析后进行正确的处理。简单粗暴的自愈处理是危险的。可以说，告警收敛分析是故障自愈服务的关键部分。分析会有几大类情况：

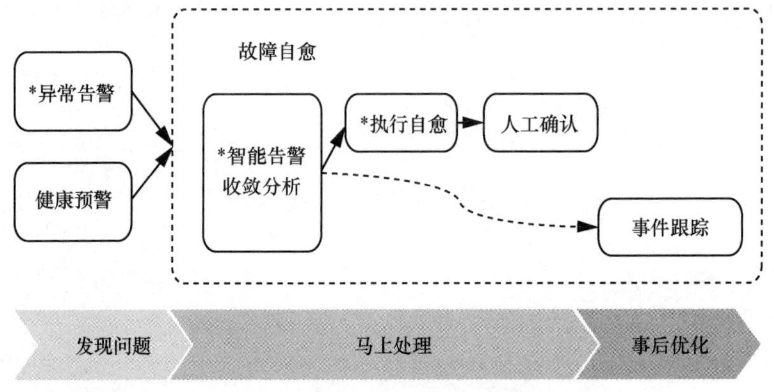

图 12-18　故障自愈的核心思路

- 单一告警可直接自愈；
- 多个关联告警可收敛为同一个事件，需要对事件中涉及的关键告警执行自愈；
- 发现异常告警状况，需要运维人工确认后决定是否自愈；
- 发现极端异常告警状况默认拒绝自愈；
- 流程闭环；
- 自愈成功，无人值守，触发告警处理单自动结单；
- 自愈失败/自愈超时，转运维或职能化团队人工处理；
- 未接入自愈的告警，兼容原告警处理流程不变；
- 后自愈分析。除了上述即时性的故障自愈处理之外，针对一段时间内的大量告警整合分析，还将形成需要持续跟踪的待优化问题。

故障自愈总体实现方案如图 12-19 所示。

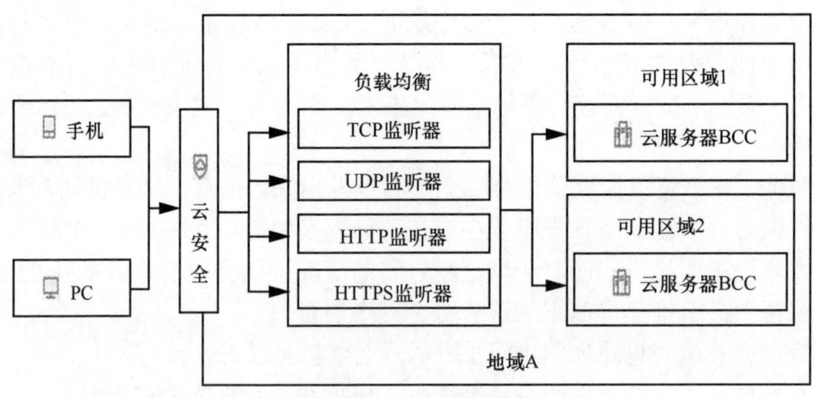

图 12-19　负载均衡服务

故障自愈是一整套严谨的故障自动化处理服务，通过和网络平台、作业调度平台、配置管理中心、告警单据系统等诸多周边系统自顶至下的全流程打通，轻松地实现发现告警、关联配置信息、智能告警收敛分析、自动执行恢复操作、自动流程结单等功能。

负载均衡建立在现有网络结构之上，提供了一种廉价、有效、透明的方法来扩展网络设备和服务器的带宽、增加吞吐量、增强网络数据处理能力、提高网络的灵活性和可用性。

负载均衡（Load Balance），就是把任务分摊到多个操作单元上进行执行，例如 Web 服务器、FTP 服务器、企业关键应用服务器和其他关键任务服务器等，从而共同完成工作任务。

负载均衡服务能够将来自互联网或内网的流量分发至多台后端服务器，实现业务系统的水平扩展，从而提升服务能力，并通过健康检查剔除不可用的主机，提升业务系统可用性。

负载均衡是云操作系统对外提供的稳定、安全、高效的负载工作量相互转移，从而达到平衡的服务，它可以均衡应用流量，实现故障自动切换，消除故障节点，提高业务可用性。

12.6.2　实现流程

故障自愈简易流程如图 12-20 所示。

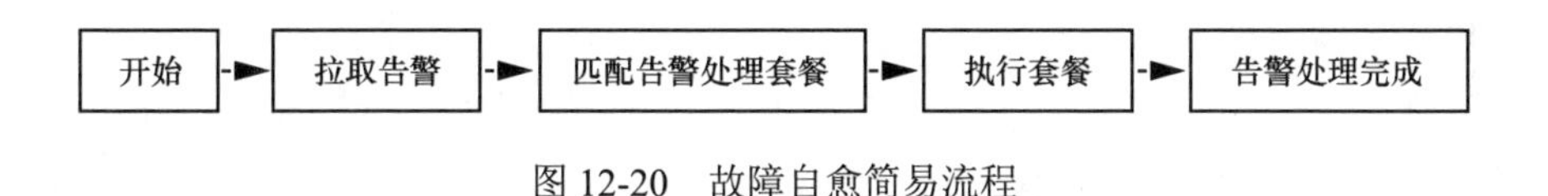

图 12-20　故障自愈简易流程

自愈套餐的处理代码运行在分布式任务引擎上，可以调用大量封装好的周边系统接口，并支持并行、异步等诸多高级功能。处理逻辑可以只是简单地调用一下作业脚本，也可以实现复杂的分析逻辑，如图 12-21 所示。

12.6.3　应用案例

腾讯云蓝鲸平台故障自愈接入：

首先登录腾讯云蓝鲸平台，打开配置平台，按照业务逻辑配置模块信息（提示：“您在腾讯云创建的项目会自动同步到蓝鲸配置平台”）；登录故障自愈配置自愈套餐，快速接入。

（1）创建磁盘清理自愈套餐

首先创建一个磁盘使用率告警的处理套餐，收到磁盘告警后执行对应的操作来清理磁盘。

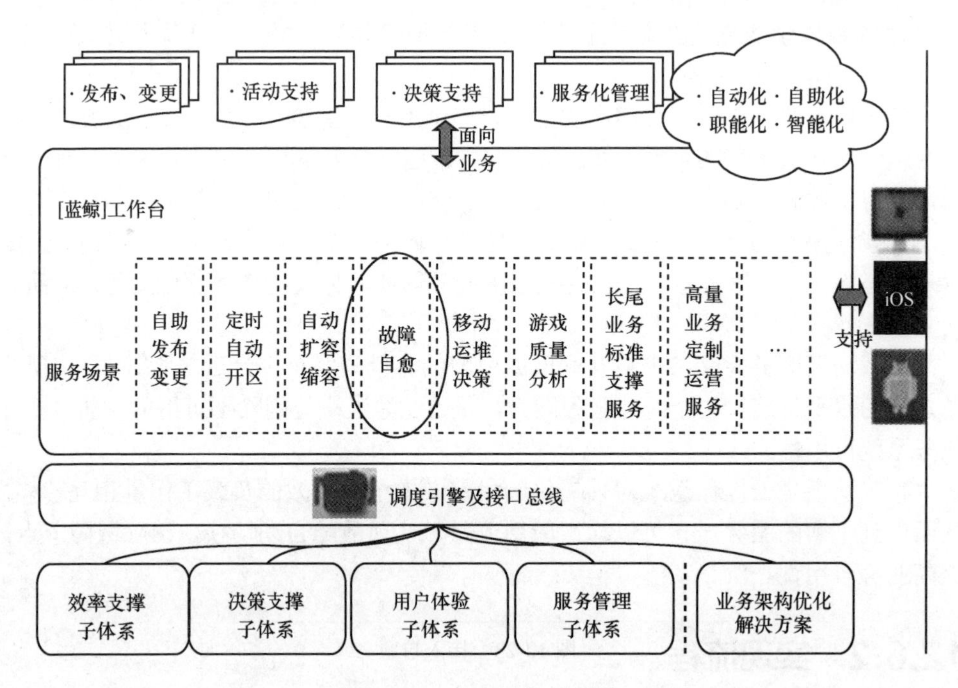

图 12-21　处理逻辑示意图

接入流程：

依次选择“接入自愈”→“套餐管理”→“创建自愈套餐”。

按照磁盘清理（适用于 Linux ）套餐页面的提示，输入套餐命名、磁盘清理的目录，选择删除多少天的文件和待删除文件名描述，然后保存自愈套餐即可，如图 12-22 所示。

图 12-22　创建自愈套餐

该套餐实现出现磁盘使用率告警时，找出“/data/log/”目录下以“.log”结尾的文件并删除。

接下来把磁盘使用率告警接入刚刚创建的磁盘清理套餐。

（2）接入磁盘清理自愈方案

上一步创建了磁盘清理自愈套餐，接下来让磁盘使用率告警接入这个套餐。

单击“接入自愈”，如图 12-23 所示。

图 12-23 接入自愈

进入“接入自愈”页面，做如下配置，如图 12-24 所示。

特别留意，自愈套餐选择上一步创建的套餐“/data/log/”目录的磁盘清理套餐，如图 12-25 所示。

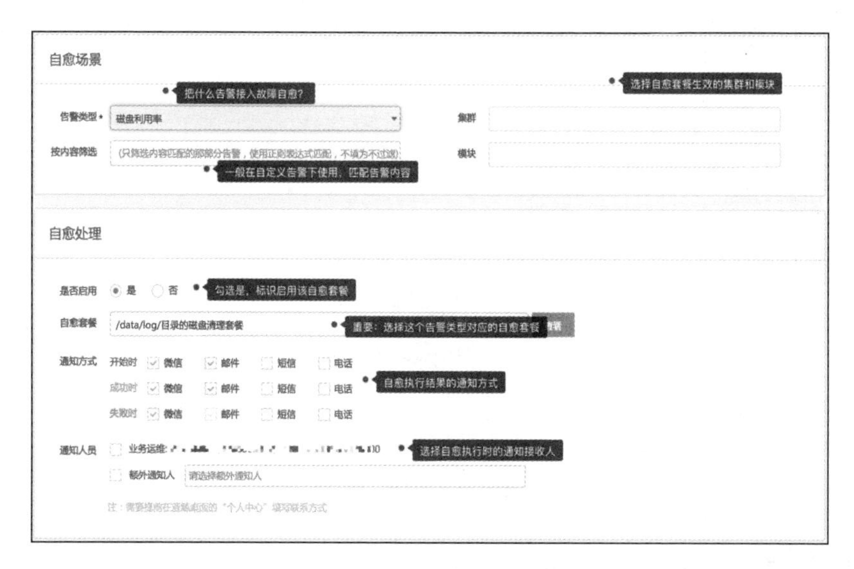

图 12-24 自愈场景和自愈处理

额外信息

超时* 40 分 以上按失败处理 如果自愈执行超过指定时间，则按失败处理，默认40分钟

备注 清理/data/log/目录

保存自愈策略 本策略拷贝至

图 12-25　额外信息

如此，完成磁盘清理告警接入故障自愈，如图 12-26 所示。

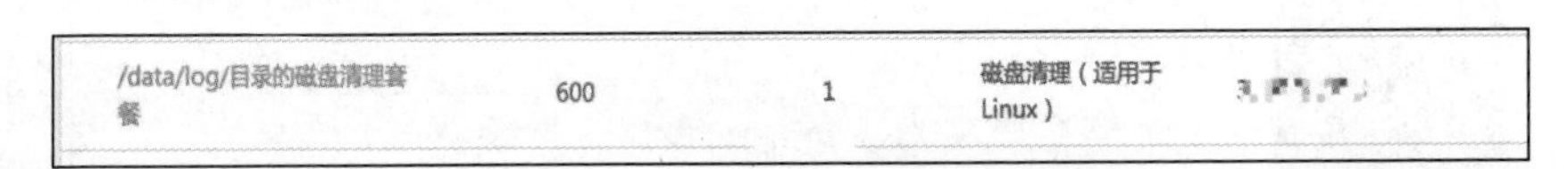

图 12-26　磁盘清理告警接入故障自愈

（3）集成告警源

故障自愈默认集成的监控产品有腾讯云监控、蓝鲸监控、Zabbix 监控、Nagios 监控、Open-Falcon 监控，如图 12-27 所示。其中腾讯云监控和蓝鲸监控为高度集成的，可直接配置故障自愈套餐，Zabbix、Nagios、Open-Falcon 按照接入的指引也可快速接入。

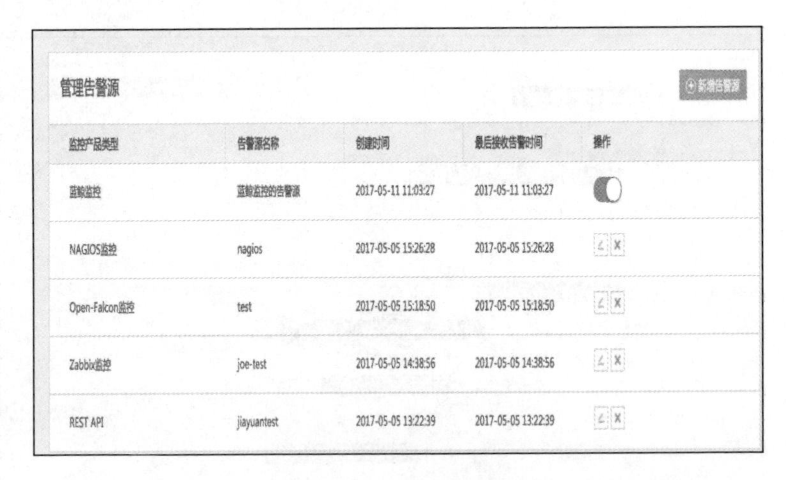

管理告警源　　新增告警源

监控产品类型	告警源名称	创建时间	最后接收告警时间	操作
蓝鲸监控	蓝鲸监控的告警源	2017-05-11 11:03:27	2017-05-11 11:03:27	
NAGIOS监控	nagios	2017-05-05 15:26:28	2017-05-05 15:26:28	
Open-Falcon监控	test	2017-05-05 15:18:50	2017-05-05 15:18:50	
Zabbix监控	joe-test	2017-05-05 14:38:56	2017-05-05 14:38:56	
REST API	jiayuantest	2017-05-05 13:22:39	2017-05-05 13:22:39	

图 12-27　管理告警源

故障自愈默认高度集成腾讯云监控，定时从腾讯云监控拉取告警。在接入自愈选择告警类型时可以找到腾讯云监控对应的告警类型，如图 12-28 所示。

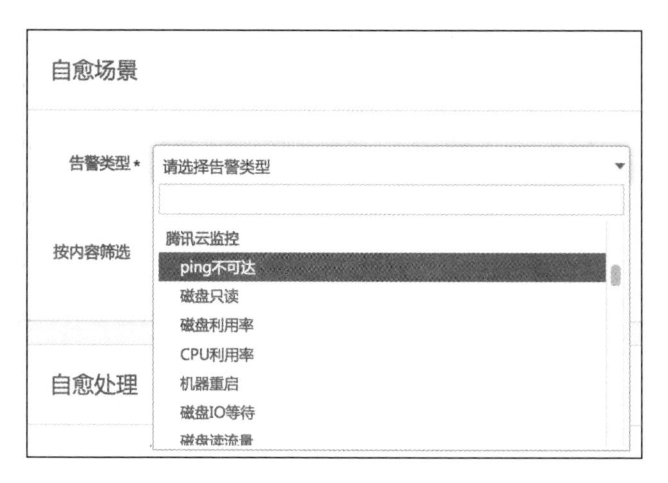

图 12-28　自愈场景

值得注意的是，需要确保在腾讯云设置对应的告警策略并关联告警对象，如图 12-29 所示。

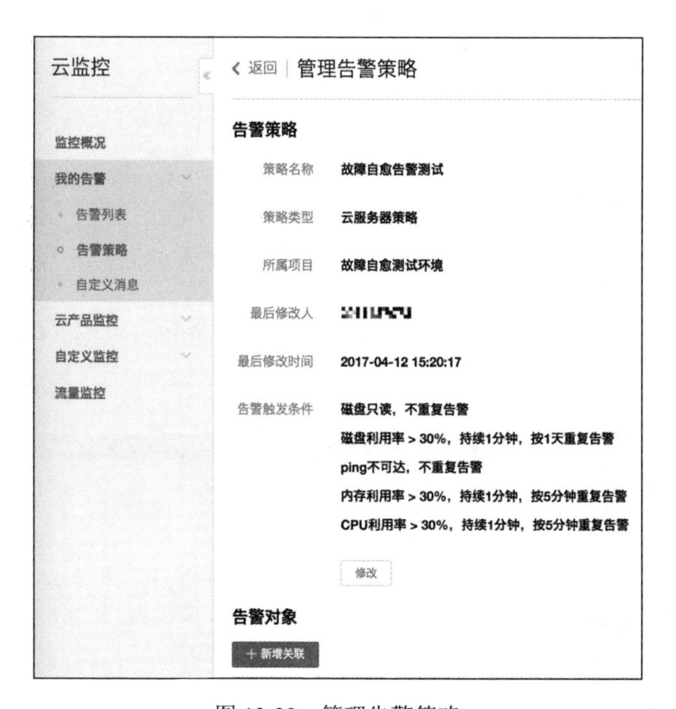

图 12-29　管理告警策略

如此，在产生腾讯云告警时，能在告警列表中找到对应的告警，如图 12-30 所示。

图 12-30　告警列表

集成 Zabbix 故障自愈如图 12-31 所示。

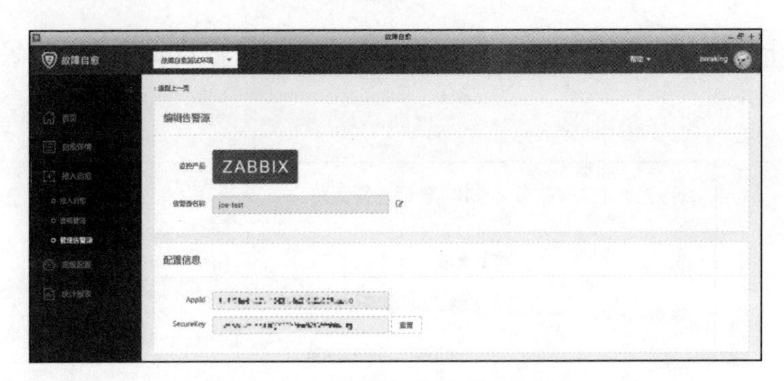

图 12-31　集成 Zabbix 故障自愈

Zabbix 接入流程集成 Nagios 接入流程、集成 Open-Falcon 接入流程、集成 REST API 接入流程如图 12-32~图 12-35 所示。

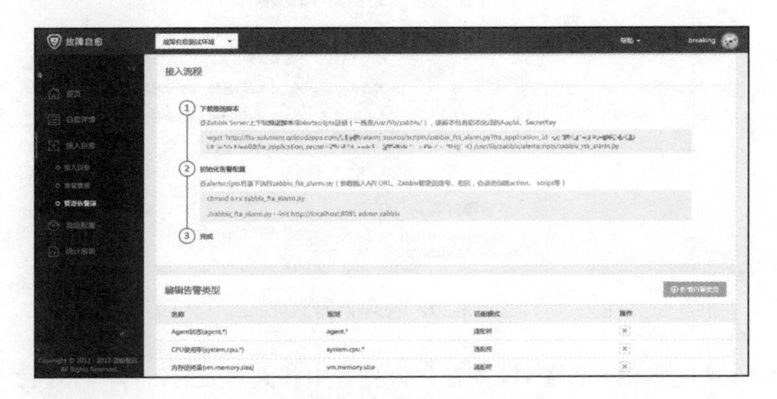

图 12-32　Zabbix 接入流程

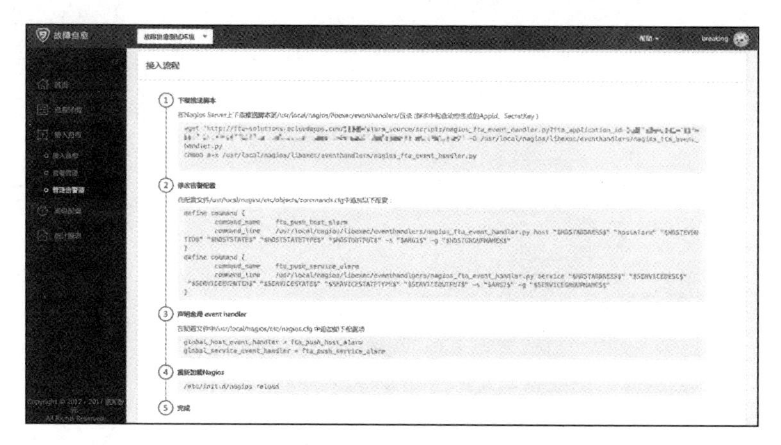

图 12-33　集成 Nagios 接入流程

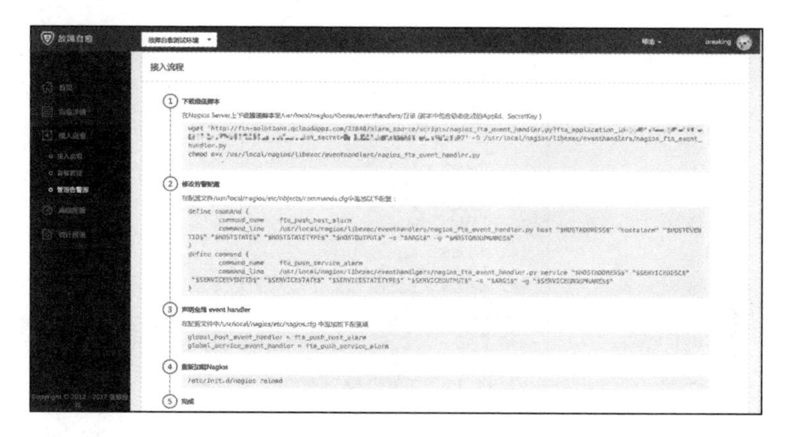

图 12-34　集成 Open-Falcon 接入流程

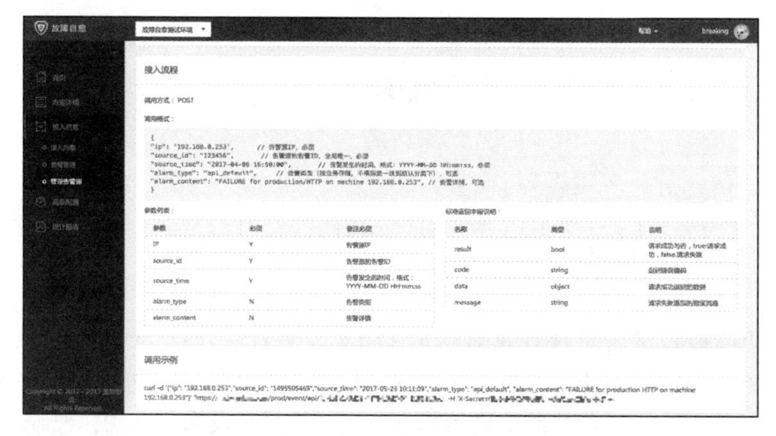

图 12-35　集成 REST API 接入流程

告警通知渠道有 4 种：微信、电话、邮件、短信，如图 12-36 所示。

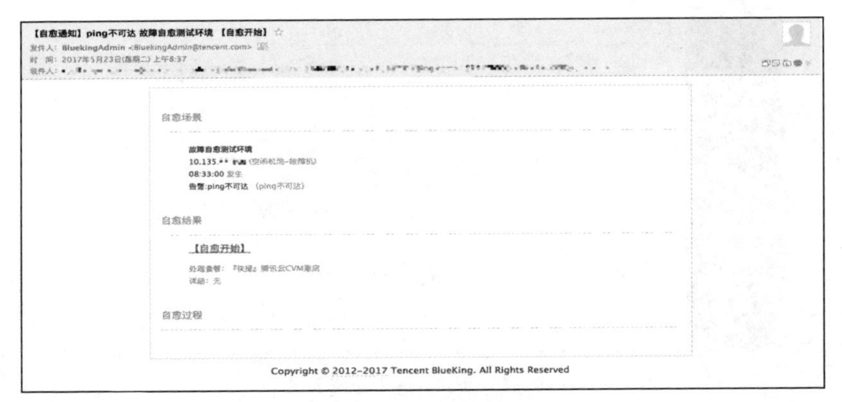

图 12-36 告警通知渠道

告警通知如图 12-37 所示。

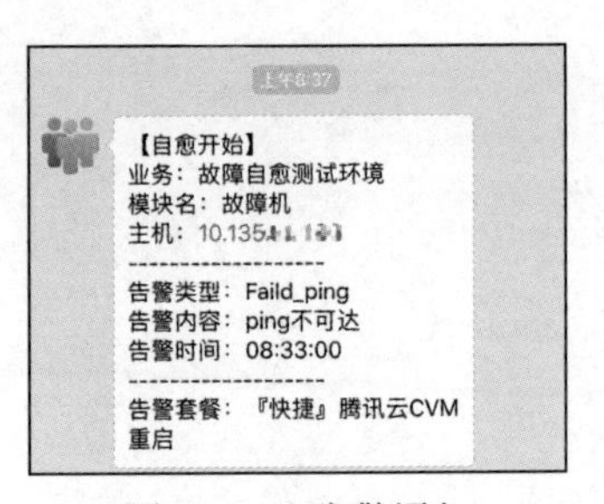

图 12-37 告警通知

电话通知渠道限制每天通知次数的上限为 24 次。

12.7 典型场景六：持续集成

12.7.1 场景描述

持续集成被定义为一种有效的多人共同实现的软件开发实践，即团队开发成员频繁地集成他们的工作成果，根据开发团队成员人数的不同，每天可能会发生多次集成。并且每次集成都通过自动化的构建（包括编译、发布、自动化测试）来验证，从而尽早地发现集成错误。

集成软件的过程不是新问题，如果项目开发的规模比较小，比如一个人的项目，它对外部系统的依赖很小，那么软件集成不是问题，但是随着软件项目复杂度的提高，就会对集成和确保软件组件能够在一起工作提出更多和更高的要求——要早集成，常集成。早集成和频繁的集成使得项目能够在早期发现项目风险和质量问题，如果到后期才发现这些问题，解决问题代价很大，很有可能导致项目延期或者项目失败。

开发者“教父”Martin Fowler 对持续集成的定义是这样的：持续集成是一种软件开发实践，即团队开发成员经常集成他们的工作，通常每个成员每天至少集成一次，也就意味着每天可能会发生多次集成。每次集成都通过自动化的构建（包括编译、发布、自动化测试）来验证，从而尽快地发现集成错误。许多团队发现这个过程可以大大减少集成的问题，让团队能够更快地开发内聚的软件。

减少风险：一天中进行多次的集成，并做了相应的测试，这样有利于检查缺陷，了解软件的健康状况，并减少假定的情况。

减少重复过程：减少这些重复的过程可以节省大量的时间、费用和工作量。但是说起来简单，做起来难。这些浪费时间的重复劳动可能会在项目活动的任何一个环节发生，包括代码编译、数据库集成、测试、审查、部署及反馈。通过自动化的持续集成可以将这些重复的动作都变成自动化的，而无需太多人工干预，让人们的时间能够更多地投入动脑筋的、具有更高价值的事情上。

任何时间、任何地点生成可部署的软件：持续集成可以让开发人员在任何时间发布可以部署的软件。在外界看来，这是持续集成最明显的好处，虽然可以在改进软件品质和减少风险等方面提供帮助，但对于客户来说，可以部署的软件产品才是最实际的资产。利用持续集成，用户可以经常对源代码进行一些小改动，并将这些改动和其他代码进行集成。如果出现了问题，项目成员就会立即收到通知，问题能够在第一时间被修复。在不采用持续集成的情况下，这些问题有可能到交付前集成测试的时候才会被发现，有可能会延迟产品发布，而在急于修复这些缺陷的时候又有可能引入新的缺陷，最终可能会导致项目的失败。

增强项目的可见性：持续集成让开发人员能够注意到趋势并进行有效的决策。如果项目没有真实或最新的数据提供支持，就会遇到麻烦，每个人都会提出其最好的猜测。通常，项目成员通过手工收集这些信息，增加了负担，也很耗时。持续集成可以带来两点正面效果：有效决策，持续集成系统为项目构建状态和品质指标提供了及时的反馈信息，有些持续集成系统能够报告功能完成度和缺陷率；注意到趋势，由于经常集成，能够看到一些趋势，比如构建成功或失败、总体品质以及其他项目信息。

建立团队对开发产品的信心：持续集成能够建立开发团队对开发产品的信心，因为他们清楚地知道每一次构建的结果，知道对软件的改动造成了哪些影响、结果怎么样。

12.7.2 实现流程

要素：

（1）统一的代码库；

（2）自动构建；

（3）自动测试；

（4）每个人每天都要向代码库主干提交代码；

（5）每次代码递交后都会在持续集成服务器上触发一次构建；

（6）保证快速构建；

（7）模拟生产环境的自动测试；

（8）每个人都可以很容易的获取最新可执行的应用程序；

（9）每个人都清楚正在发生的状况；

（10）自动化的部署。

注意事项：

（1）所有的开发人员需要在本地机器上做本地构建，然后再提交到版本控制库中，从而确保他们的变更不会导致持续集成失败；

（2）开发人员每天至少向版本控制库中提交一次代码；

（3）开发人员每天至少需要从版本控制库中更新一次代码到本地机器；

（4）需要有专门的集成服务器来执行集成构建，每天要执行多次构建；

（5）每次构建都要100%通过；

（6）每次构建都能够生成可发布的产品；

（7）修复失败的构建是优先级最高的事情；

（8）测试是未来，未来是测试。

12.7.3 应用案例

阿里云效平台，创立于2012年，由阿里巴巴出品，是业内领先的面向企业的一站式研发效能平台，通过项目流程管理和专项自动化提效工具，能够很好地支持互联网敏捷项目的快速迭代发布，真正实现24 h持续集成、持续交付，如图12-38所示。

图12-38 云效平台示意图

图12-39是最流行的快速持续集成系统，这里选用的都是一些开源的软件，方便大家自行构建，之后会介绍一些持续交付的软件如何与下面的系统进行结合。

GitLab
（1）提交变更
用户
（3）拉取代码并构建镜像
（2）通过Hook执行任务
单元测试
测试报告
Jenkins
（4）提交新镜像
DockerHub
Docker

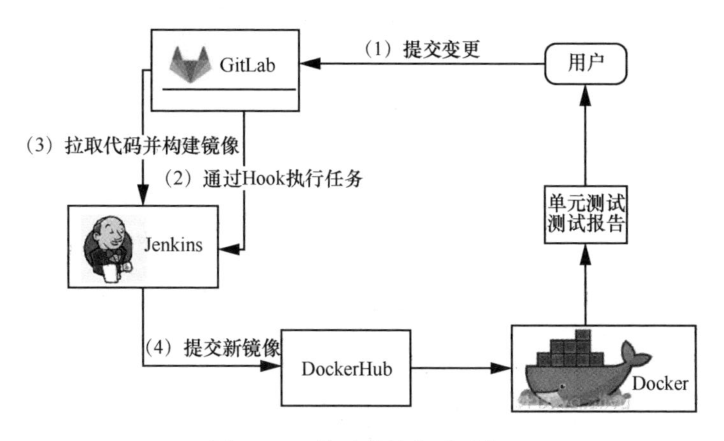

图 12-39　快速持续集成系统

当然阿里云本身容器服务就带有图 12-39 所示的这些功能，因为阿里本身的 Docker 源在国内更适合开发人员们在阿里云的 VPC 网络使用容器服务，无论是速度还是体验上要比 Docker 官方的云要好很多。

上云前云效的架构及配套研发测试模式如图 12-40 所示。

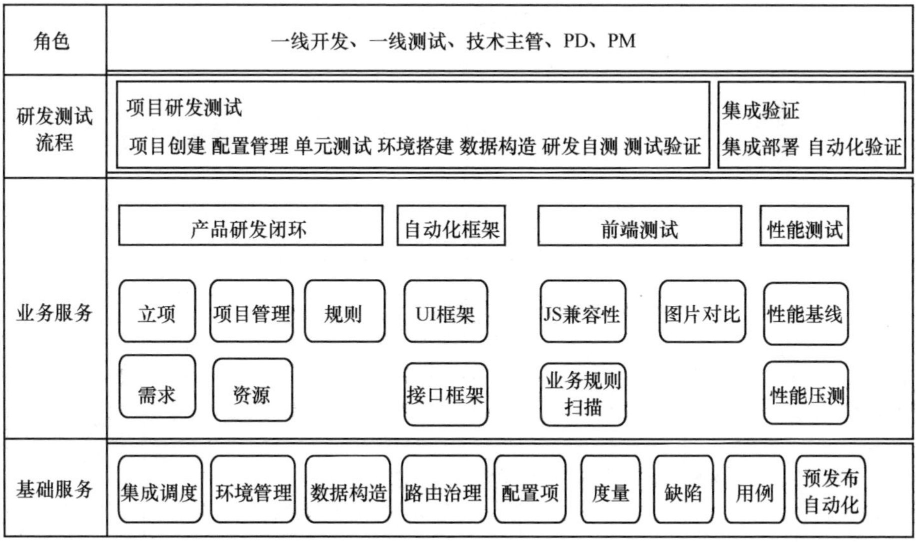

角色
一线开发、一线测试、技术主管、PD、PM
研发测试流程
项目研发测试
项目创建 配置管理 单元测试 环境搭建 数据构造 研发自测 测试验证
集成验证
集成部署 自动化验证
业务服务
产品研发闭环
自动化框架
前端测试
性能测试
立项
项目管理
规则
UI框架
JS兼容性
图片对比
性能基线
需求
资源
接口框架
业务规则扫描
性能压测
基础服务
集成调度
环境管理
数据构造
路由治理
配置项
度量
缺陷
用例
预发布自动化

图 12-40　上云前云效的架构及配套研发测试模式

持续交付并不是单纯地指软件每一个改动都要尽可能快地部署到产品环境中。而是指任何的修改都已证明可以在任何时候实施部署。持续交付（Continuous Delivery）是一系列的开发实践方法，用来确保代码可以快速、安全地部署到产品环境中，它通过将每一次的改动都提交到一个模拟产品测试环境中，使用严格的自动化测试，从而确保业务应用和服务能符合预期。因为使用完全的自动化过程把每个变更自动地提交到测试环境中，所以当业务开发完成之时，开发人员有足够的信心只需要按一次按钮就能将应用安全地部署到正式的产品环境中。持续交付原理示意图如图 12-41 所示。

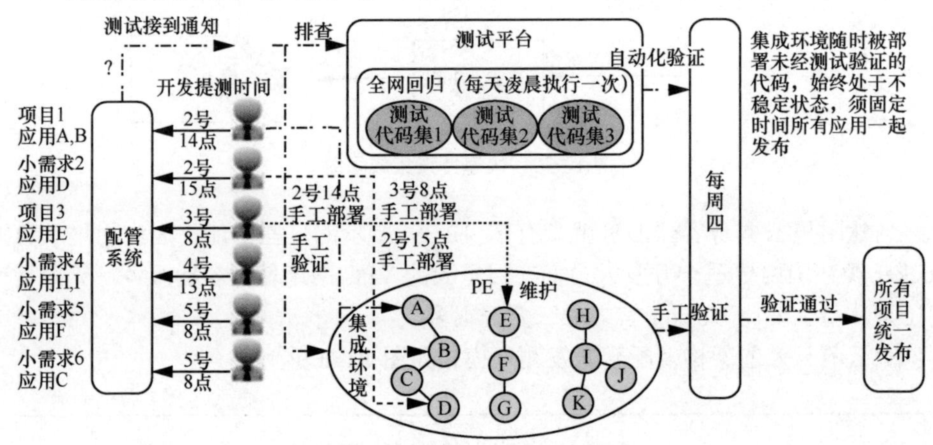

图 12-41　持续交付原理示意图

大型系统持续集成和持续交付的难点如图 12-42 所示，具体如下。

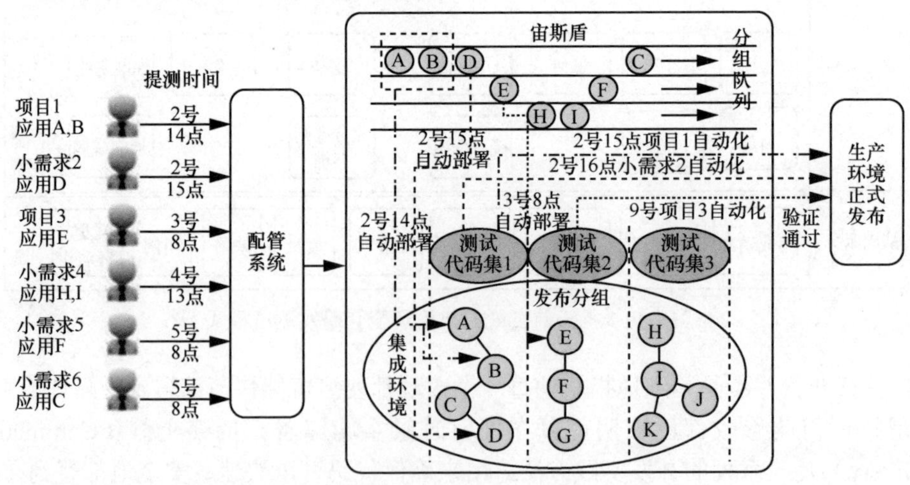

图 12-42　配管系统示意图

- 应用数量众多（数百甚至上千），应用之间调用关系千丝万缕、错综复杂。
- 开发团队人数众多（数百甚至上千）。
- 并行开发的项目小需求众多（数百甚至上千），各项目小需求的商业上线时间各不相同。
- 传统的项目集成及交付软件已经不能满足需求。随着这些公司的硬件及中间件基础设施陆续搬到云上，对云端的基于提升效率的持续集成持续交付的平台的需求日益迫切。

阿里云效平台支持着阿里巴巴网站、速卖通、1688、村淘四大网站，覆盖了阿里60%的事业部。通过项目管理、单测集成、环境管理、UI 自动化、性能自动化、缺陷管理、用例管理等流程管理和分层自动化提供一站式研发效能提升服务，最终实现 24 h 持续集成持续交付。目前提供的产品包括：需求管理、立项管理、资源管理、配置管理、单测集成、环境管理、性能自动化、UI 自动化、接口自动化和集成自动化等。

如何实现持续交付—工作方式的转变？

（1）无发布窗口、24 h 持续发布带来各方的工作方式的转变：

- 测试代码维护更高要求——测试、工具开发；
- 半小时内自动化执行完成；
- 自动化通过率保持在 85%~90%；
- 测试代码的维护成为全天 24 h 日常的工作。

（2）测试结果排查更高要求——测试、工具开发

- 24 h 持续自动化，使执行用例数是用例代码基数的数倍，带来同样倍数的结果排查工作量；
- 保证每次自动化都要在 1 h 内反馈自动化结果，要求更快的问题排查速度。

（3）测试环境维护更高要求——开发、测试、工具开发

为减少用例的非开发代码原因的失败率，从而减少问题排查工作量，环境须保持高可用性。

云效在专有云上的解决方案示意图如图 12-43 所示。

如何实现持续交付——处理好参与各方的开发、测试、过程改进问题：开发对自动化依赖程度大幅提升，自动化环节的任何问题（执行、响应、排查）造成的开发存在放大的可能。

对策：

- 得到开发和测试认可的高效能的工具系统和平台；
- 详细的自动化度量统计，将各方问题透明化；
- 开发和测试、过程改进的共同目标须达成一致；
- 测试自动化能力的提升（所有业务线测试必须参与到自动化工作中）。

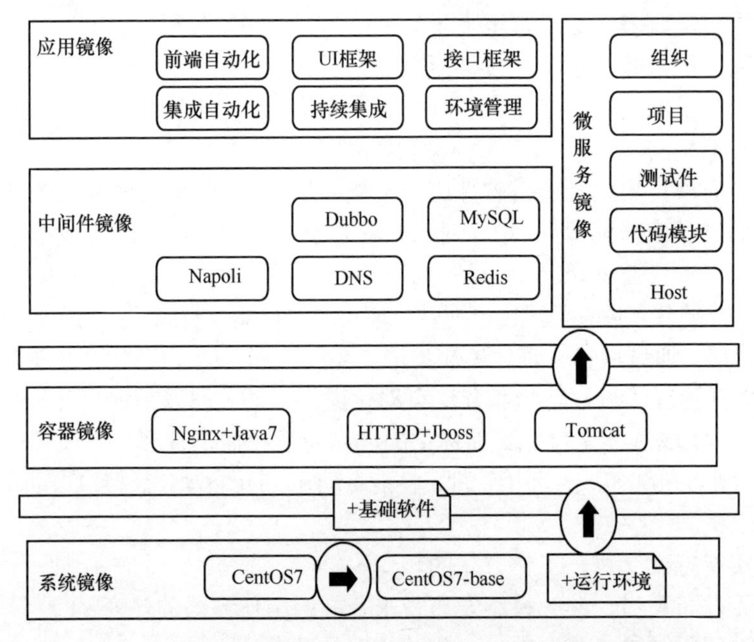

图 12-43　云效专有云上的解决方案示意图

阿里巴巴落地效果分析：

- 所有项目或小需求无发布窗口限制，可随时单独提测，经预发布自动化独立发布；
- 自动化验证环节平均不超过 2 h；
- 全站每天发布项目或小需求过百；
- Java、前端、搜索等项目或小需求均实现持续交付；
- 开发与测试人员配比超过 7.5:1；
- 两年来，全年故障数下降超过一半。

云效在专有云上面临的挑战如下。

一套系统，多套部署运维，版本实时更新的挑战；各行业软件技术团队对持续集成持续交付的不同诉求，如理念观点各不相同、技术团队水平参差不齐、希望能兼容已有的各类工程资产。

云效在专有云上的架构解决方案——自动化运维示意图如图 12-44 所示。

云效平台在专有云上的配套实施方案——塑造新型的测试团队。

- 前提：网站的业务架构和技术架构，各应用的依赖关系。
- 测试团队的三板斧技术：自动化脚本排查技术（UI、接口）；环境维护技术；测试数据自动化技术。

云效应对用户现存工程资产多样性示意图如图 12-45 所示。

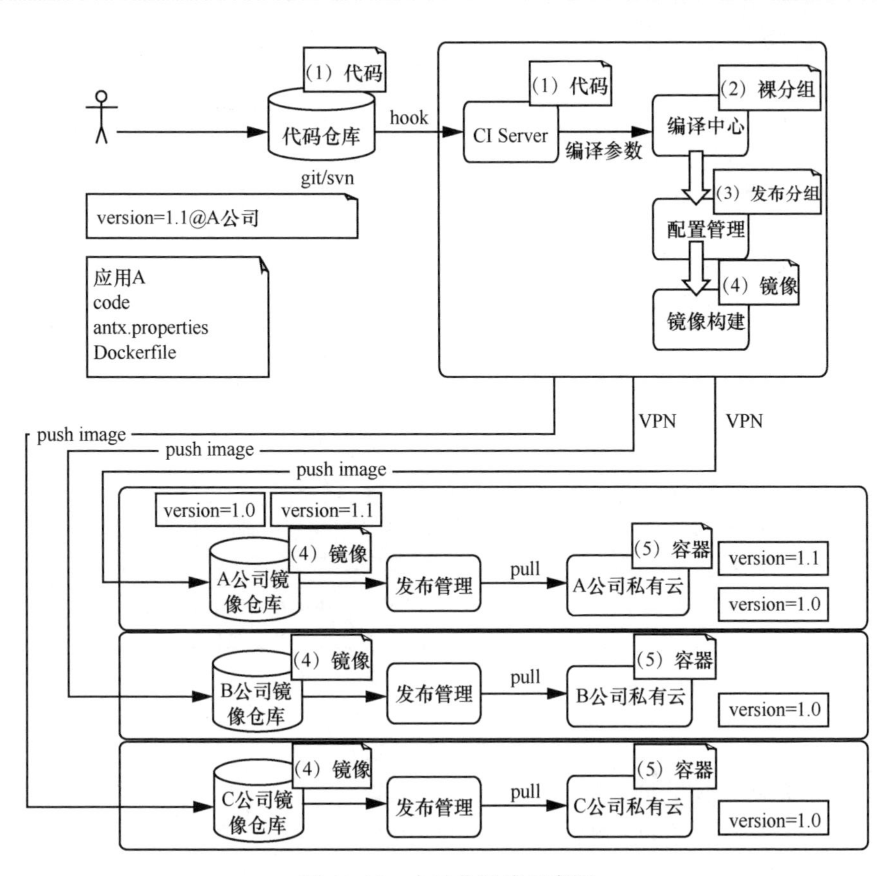

图 12-44 自动化运维示意图

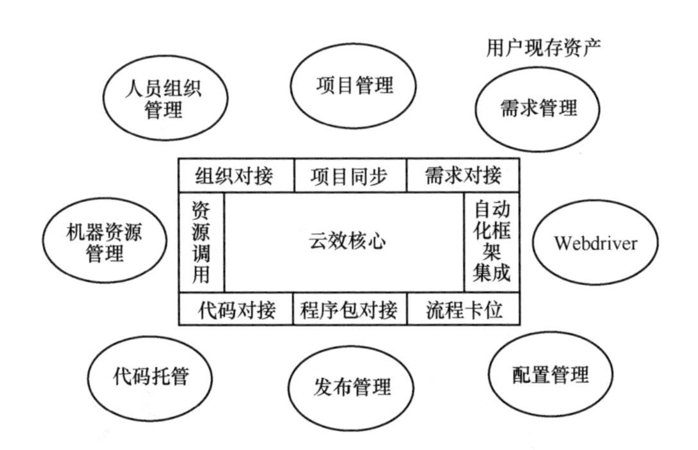

图 12-45 云效对用户现存工程资产多样性示意图

云效在专有云上的架构解决方案示意图如图 12-46 所示。

· 组件化和服务化
· 上层业务定制

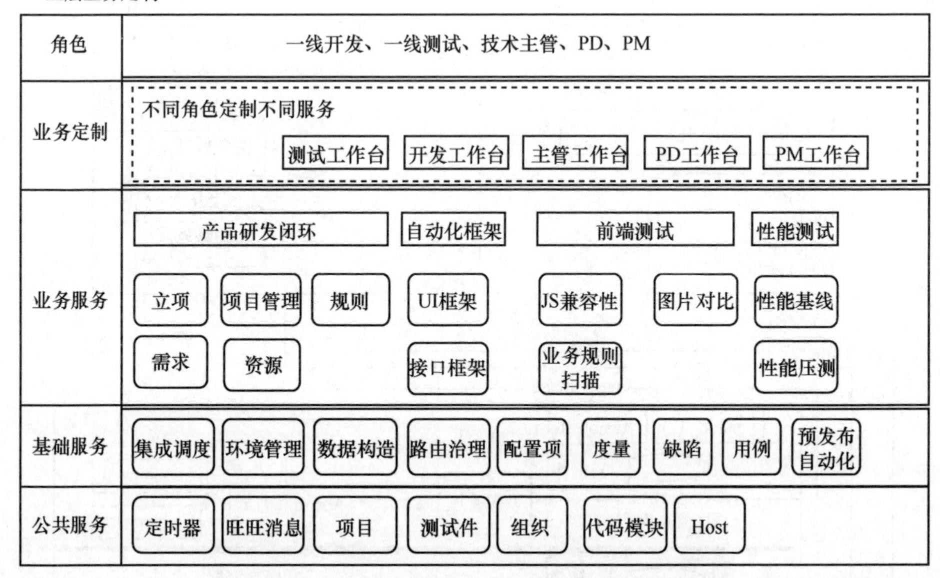

图 12-46　云效在专有云上的架构解决方案示意图

云效平台在专有云上的案例分析——配套实施方案，具体如下。

- 研发测试团队理念分享及成功案例数据分析；
- 专项培训及考试：测试环境管理、分层自动化如何实施、自动化框架使用；
- 研发测试活动数据分析；
- 定期和用户的技术管理层进行实施结果沟通。

众安现存资产案例示意图如图 12-47 所示。

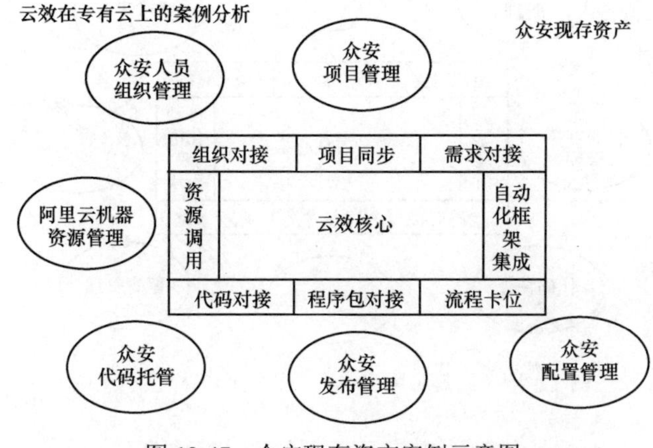

图 12-47　众安现存资产案例示意图

云不仅仅整合了物理资源、使得计算、存储、网络等资源得到虚拟化和更高效的使用，也节省了资源，当然这是 IaaS。而现在 PaaS、SaaS 也大行其道，当平台、软件等都逐渐以服务化的方式提供出来的时候，这也是整个科技发展的一次大的重构。

云时代，服务化、少耦合，随着架构的演进，将在未来创造更多的精彩，极大地改善人们的生活，创业环境，让一切变得简化、高效。

RUP 其实是在讲下面这 3 个特点：

- 用例和风险驱动（Use Case and Risk Driven）；
- 架构中心（Architecture Centric）；
- 迭代和增量（Iterative and Incremental）。

RUP 很注重架构，提倡以架构和风险驱动，开始一定要做端到端的原型（prototype）；通过压力测试验证架构的可行性，然后在原型基础上进行持续迭代和增量式的开发，即开发→测试→调整架构→开发，循环，如图 12-48 所示。

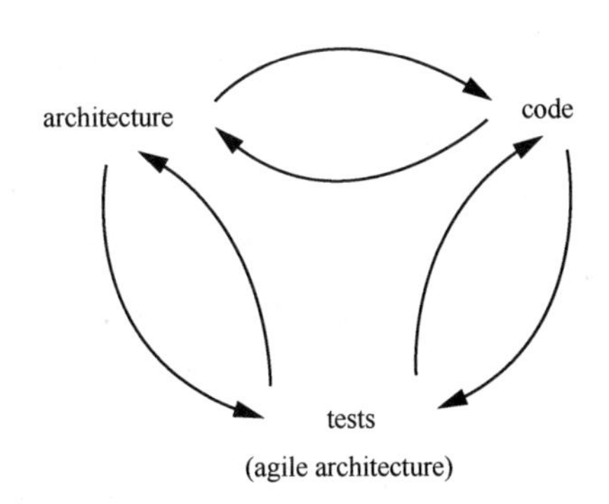

图 12-48 开发→测试→调整架构→开发

架构师做好框架之后，开发人员写代码，测试人员需要尽快对架构进行验证。纸上谈兵式地做架构然后扔给开发团队的做法非常不可靠（除非是已经非常清晰成熟的领域）。另外，做技术架构的人员都有点完美主义倾向，一开始喜欢求大求全，而忽略了架构的演化和迭代性，这种倾向容易造成产品和用户之间不能形成有效和快速的反馈，导致产品最终不能满足用户需求。

其实，架构一直在演进，代码一直在重构，测试一直在优化，才是一个好的循环。微服务是一种新兴的应用软件架构，它通过一组服务的方式来构建一个应用，服务独立部署在不同的进程中，不同服务之间通过一些轻量级的交互机制来实现通信，例如 REST。其中每个服务可以独立扩展伸缩，并且定义了明确的边界，不同的服务甚至可以采用不同的编程语言来实现，由独立的团队来维护。

微服务架构有诸多优点：

（1）通过将巨大的单体式应用分解为多个服务，解决了复杂性问题。在功能不变的情况下，应用可以被分解为多个可管理的分支或服务。每个服务自身都有一个用 REST API 定义清楚的边界。微服务架构给那些采用单一编码方式很难实现的功能提供了模块化的解决方案，而单个服务易于开发、理解和维护。

（2）这种架构使得每个服务都可以由专门的开发团队进行开发。开发者可以自由选择开发技术，提供 API 服务。当然，许多公司为了避免混乱，只提供某些技术选择。然后，这种自由意味着开发者不需要被迫使用项目初期所采用的过时技术，他们可以自由选择最新的技术。因为服务都是相对简单的，所以即使用现在的代码技术重写以前的代码也不是一件很困难的事情。

（3）微服务架构要求每个微服务都做到独立部署。开发者不需要再去协调其他服务部署对本服务的影响。这种改变可以明显加快服务部署速度。微服务架构模式使得持续化部署成为可能。

（4）微服务架构模式使得每个服务能够独立地进行扩展。可以根据每个服务的业务量来针对性地部署可以满足其需求的规模。

服务发现的基本思想是，任何一个应用的实例能够以编程的方式获取当前环境的细节，而新的实例可以嵌入到现有应用环境而不需要人工干预。服务发现工具通常是用全局可访问的存储信息注册表来实现，它存储了当前正在运行的实例或者服务的信息。大多数情况下，为了使这个配置具有容错与扩展能力，这个工具以分布式形式存储在多个节点上。

服务发现减少或消除了组件之间的“手动”连接。当开发人员把应用程序推送进生产环境的时候，所有的这些事情都可以进行具体配置：数据库服务器的主机和端口、REST 服务的 URL 等。在一个高可扩展性的架构中，这些连接可以动态改变。一个新的数据库节点可以被添加，一个后端也可以被停止，应用程序需要适应这种动态环境。

12.8 典型场景七：灰度发布

12.8.1 场景描述

灰度发布是一种在黑白之间进行平滑过渡的发布方式。在其上可以进行 A/B

testing 即：首先选择一部分用户采用 A，剩余的另外一部分用户采用 B，采用 B 的用户如果没有反对意见，就扩大范围，将采用 A 中的用户逐步都迁移到 B 上面来。灰度发布在保证系统的稳定方面有着出色的表现，它可以在初始灰度的时候通过逐步地发现、调整发布进而保证其影响度。

灰度发布的主要作用为：相比其他发布，能够更快、更早地获得用户的反馈意见，并借此逐步地完善产品功能，提升产品质量，通过让用户参与产品测试的环节来加强产品与用户的互动，以期在最大程度上减小由于产品升级所造成的用户的影响范围，最终实现新老版本的在线更新。

灰度发布的关键是选择合适的灰度策略，把符合策略的流量引入新版本上。灰度策略的选择需要考虑待发布对象在链路或系统中的位置角色（如客户端、移动 App、服务后台等）、用户属性和发布需求目标等。

在传统软件产品发布过程中（如微软公司的操作系统发布过程中），一般情况下都会经历 Pre-Alpha、Alpha、Beta、Release Candidate（RC）、RTM、General availability or General Acceptance （GA）等几个阶段（参考 Software Release Life Cycle）。可以看出传统软件的发布是从最初版本、测试版本、最终到正式版本过渡的演化阶段，而针对服务用户的范围也是逐渐扩大的过程。在互联网行业，产品的发布过程也通常和上述过程类似，产品的发布不是一次完成的，需要逐渐的演变，用户范围也是逐渐扩大的。在发布过程中，发布者可以根据不同阶段范围用户的反馈及时地调整和完善产品功能。这类发布方式，在中国被称为 “灰度发布”“灰度放量”或者“分流发布”。

12.8.2　实现流程

（1）定义目标；

（2）选定策略：用户群体大小、发布频率、功能、回滚方法、运营方法、新旧系统更新方法等；

（3）筛选用户：用户的特征、用户群体规模、用户常用功能、用户的范围等；

（4）系统上线：新系统上线、用户行为分析（Web Analytics）系统上线、分流规则的设定、运营的数据分析、分流规则调整；

（5）发布总结：针对用户使用行为的分析、对于用户使用情况的问卷调查、对于媒体意见收集、产品功能改进列表；

（6）产品完善；

（7）新一轮产品发布。

在服务配置管理页单击“制定发布计划”。

选择这一次灰度要发布的目标机器和发布类型，如图 12-49 所示。

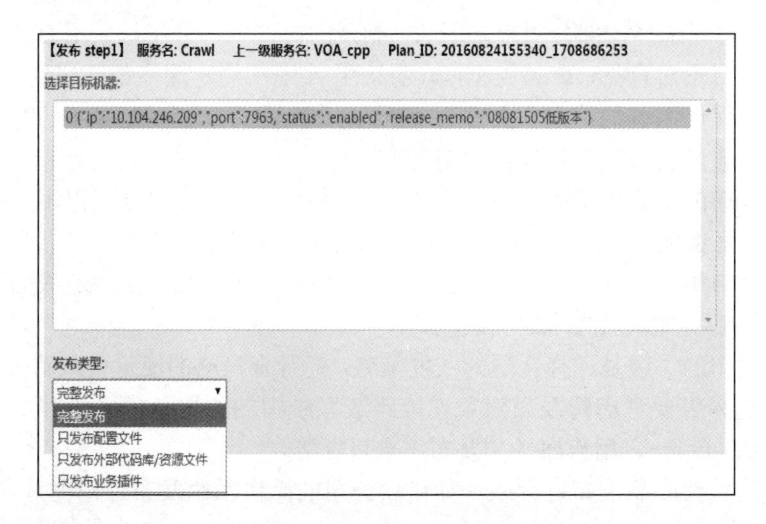

图 12-49　服务配置管理

在接下来的向导中选择正确版本的配置文件、外部库、业务插件等，这样就完成了发布计划的制作，如图 12-50 所示。

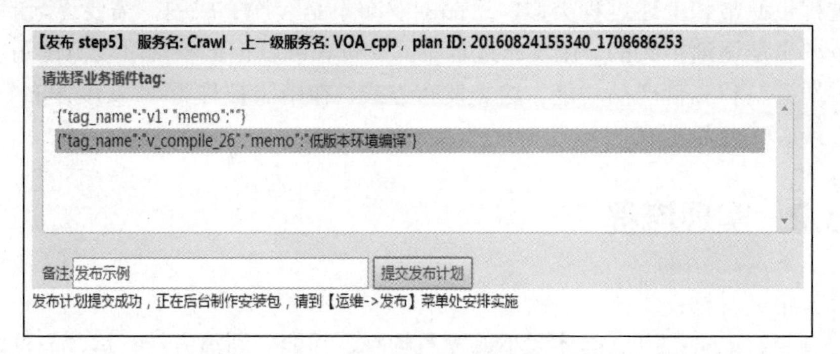

图 12-50　发布计划的制作

接着，单击菜单“运维→发布”，可以查询所有发布计划，对于已经发布的计划，可以做回滚操作。单击“详情”可以查看发布计划更详细信息，并执行发布。

12.8.3　应用案例

1. Gmail Labs 灰度发布

Gmail Labs 是一个很特别的产品发布系统，用户可以自己选择一些测试版本的产品进行体验，不喜欢可以回退，在这个过程中，对于产品新功能进行了体验，同时也作为测试者对产品进行了测试。

这种发布策略比传统的灰度要优秀得多，对于用户更加尊重：

- 没有强迫用户，用户是否参与测试与体验完全取决于自身；
- 产品的新特性并不是绑定在整个大产品中而是分割开来，用户可以选择具有部分功能的特性进行测试与体验；
- 用户体验不好可以随时退出测试。

当然这些好处也是有代价的：

- 要开发上架一个测试产品和新的功能需要对系统的前台和后台做相应的修改；
- 新特性需要按照规则进行约束，才能发布；
- 体验用户量增加可以对系统负荷造成压力。

对 Google 来说，以上这些问题都不算问题。另外，现在互联网产品展示的新特性，都注明了开发者的名字，针对 Gmail Labs 可能也会在将来开放这个平台让外部开发者也能提交特性，这就变成了一种开放的开发模式，非常适合 Google 的 Web App 产品线。

互联网产品有一个特点，就是版本会不停地更新换代。大多数项目组，基本上保持每周一个版本的发布频率，系统升级也伴随着风险；新旧版本不能兼容的风险，用户使用习惯突然改变而造成用户流失的风险、系统崩溃的风险等。正因为有了这些风险，很多产品的发布都选用了灰度发布的策略，先从选择一部分用户进行测试，然后再扩大用户测试群，如果出现问题就很容易回退。

QZone 也是采用灰度发布的产品。大家都见证了这个产品从发布到最后的巨大改变，就像房子一样通过逐步装修焕发生机。这个产品的很多次发布和升级都是采用灰度发布的方式，用户数据的升级和迁移不是一次性完成的，而是通过选择一部分用户进行先升级，同时可以访问之前的数据，当系统稳定用户体验符合预期的时候，才进行大面积的升级和数据迁移。

QQ 的很多产品发布都采用灰度发布，如选择部分 QQ 号段先提体验新系统，然后根据用户反馈再决定是否扩大范围升级。

2. MaxCompute Task 灰度发布

MaxCompute flighting（Sprint21）实现了 MaxCompute 框架和 Task 的解耦，MaxCompute 框架和 Task 可以根据各自的研发规划进行独立的发布。同时对 Task 引入了版本化管理（大版本/小版本），MaxCompute 框架支持同种 Task 的多个大版本并存且独立提供服务。这些特性为 Task 灰度发布提供了基础支持。

MaxCompute 目前支持 SQL_RELATIVE_TASKS，PS_TASK 等 Task Package 类型，Task 的灰度发布便是对这些 Task Package 发布，希望：

- 各 Task Package 独立进行灰，互不干扰；

- 发布过程对用户透明；
- 灰度范围、影响面和结果可控；
- 具有快速可靠的灰度结果评估机制；
- 操作简单，可自动化/半自动化运维；
- 版本管理简单，易于进行版本维护；
- 特殊场合，允许开发线上进行基于灰度测试。

在介绍 MaxCompute 的 Task 灰度原理前，先了解下其业务流程。用户提交作业后，请求首先到 Worker，Worker 为每个 Job 创建 InstanceID，然后 RPC 到 Executor 进行 TryRun，TryRun 时由支持该 taskType 的 Package 处理，如果是同步 Task，则直接处理并将结果返回，如果为异步 Task 则返回给 Worker，Worker 发送给 Scheduler，在 Executor 轮训请求 Task 时发送给其并继续处理。

为了保证 Task 执行一致性，Worker 向 Executor 发送请求前需要选定 Package 的版本，并且后续请求（异步）也需要该版本 Package 提供，绑定过程在第二步完成。考虑以上事实，可通过在 Worker 读取灰度流量配置，根据用户属性特征和流量配置决定执行 Task 的 Package 版本选择结果。

灰度发布前，PE 或者开发人员初始化灰度配置，灰度配置信息包含预备进行灰度发布的版本、参与灰度的用户特征以及灰度时的流量分配，详见 Task 灰度元数据。准备工作完成后可进行灰度发布。在灰度发布过程中，Worker 定时与 OTS 同步灰度配置并根据当前灰度配置，选取满足特征要求的用户请求参与灰度；按照灰度流量配置引导流量到灰度发布的 Package 版本上，在灰度发布过程中，PE 或者开发人员根据灰度进展状况决定继续灰度还是停止灰度，决定将反映在灰度配置的修改上。

（1）Task 灰度元数据

基于如上的考虑，MaxCompute 设计了各 Task 独立的灰度发布流程，体现在独立的灰度元数据设计上——每种 Task 都有独立的用户特征分组信息（Tier）；考虑 MaxCompute 的多控场景和各控制集群独立的分组管理器方式，灰度配置信息上多加了一层控制集群维度，每个控制集群对 Task 灰度发布共享 Tier 分组信息，独享灰度配置信息。

（2）Tier 配置

Tier 是 MaxCompute 灰度配置的最小粒度，可以对每个 Tier 设置不同的流量分流信息 grayInfo 和控制集群维度下的共享 Mapping 信息。grayInfo 信息配置了流量在不同版本上的分流情况，所有隶属于该 Tier 的 Project 的该种 Job 都按照这个配置进行流量分流；Mapping 信息设置了版本 Tag 到实际的 Task Package Version 的映射，特别的，每个 Tier 也可以设置独立的 Mapping 信息，Load 灰度配置时，优先使用 Tier 的 Mapping 信息。Tier 的私有 Mapping 设置是通过保留字段进行扩展的。

鉴于线上 MaxCompute 多控集群现状，且每个控制集群都有独立的分组管理器，在升级/回滚时需要考虑 MaxCompute 框架和 Task Package 的兼容性等问题，需要对灰度元信息进行一定的处理：灰度信息管理见表 12-1。

表 12-1　灰度信息管理

元数据	升级&回滚
Tier 分组信息	保留
Tier 流量分流	重置目标集群

（3）版本管理

MaxCompute flighting 解耦了 MaxCompute 框架和 Task，理论上各功能块可独立管理发布，这给 MaxCompute 的发布管理带来了挑战，考虑兼容性，MaxCompute 对版本管理做了如下约定：

- MaxCompute 框架随 Sprint 大版本进行发布，并且在 Sprint 发布时强行进行一次与各 Task 的版本对齐，携带各 Task Package 的 default 版本；
- 后发布的对兼容性负责；
- 每种 Task 有两个正式大版本 default 和 flighting，default 随每个 sprint 发布，flighting 在需要对 Task 进行灰度发布时发布；
- 固定使用 default 记录 Task 发布历史，灰度发布成功的版本需要重新提交成 default 的一个新的小版本。

（4）配套设施

MaxCompute Task 灰度发布涉及多个工具，包括 Task Package 的部署工具、灰度配置工具（Admin Task）以及灰度过程中衡量灰度结果的统计工具和监控报警工具。

（5）分组部署工具

OPDS flighting 开发了独立的 Task Package 部署工具 package_util，可用于管理 Task 的控制集群分组和计算集群分组；通过它可对 Task Package 进行 deploy &rollback 等操作。

（6）灰度配置工具

OPDS 的 Task 灰度配置元信息存储在 OTS 中，需要使用 Admin Task 命令实现对灰度配置修改的目的，目前支持的命令如下。

- 初始化某类型的 Task 灰度配置；
- Tier 的 CRUD；
- 修改集群标签下的共享 Mapping；
- 修改 Tier 的流量配置；
- 修改 Tier 特定的 Mapping；
- 升级/回滚时是否清楚灰度进度信息。

（7）衡量灰度的指标和监控报警

MaxCompute Task 灰度发布的结果衡量有两个层面：一个是框架层面普遍一般的统计，如 Task 的成功率/失败率，通过与 default 版本的对比，来进行评估；另一个是 Task 层面做的专业的评估。框架层面的评估会比较笼统简单，更专业、复杂的评估需要 Task 层面去进行。MaxCompute 框架使用 shennong“实时”地输出统计。

（8）Task 灰度发布

- PE 初始化灰度信息；对 Project 进行 Tier 分组；制定灰度发布方案和应急回滚方案；
- PE 使用 flighting 版本，部署预进行灰度发布的 Task Package；
- PE 按照方案操作更新 Tier 灰度配置，按部就班地实施灰度发布；
- 开发和 PE 通过统计和监控工具实时关注灰度进展，根据灰度结果判断继续灰度还是停止灰度。

（9）线上灰度测试

- PE 初始化灰度信息；创建灰度测试专用的 Tier 分组，制定测试方案和应急回滚方案；
- PE 部署预进行灰度测试的 Task Package；
- PE 按照测试方案设置 Tier 灰度配置，包括 Mapping、分流信息；
- 开发通过统计和监控工具实时关注灰度测试进展，根据灰度结果判断测试继续还是停止灰度。

（10）灰度信息使用

MaxCompute MaxCompute_worker 定时读取灰度配置到灰度判决 Cache 中，间隔为 1 min，当有 Job 请求到 MaxCompute_worker 时，在向 Executor 发出 TryRun 前使用灰度缓存中的信息判断该请求去往的具体 Task Package 版本，使用规则如下：

- 优先判断是否使用 SET optin 设置 Task 版本，如是使用指定版本进行后续请求；
- 未使用 SET，根据 Project 所在的 Tier，获取 Tier 的 Mapping 和分流信息，根据分流信息比例确定目标 Task 版本；
- 如果目标版本未部署则会对到 default。

MaxCompute 的 Task 灰度发布总的来说，配置灵活操作便捷，能够满足目前 MaxCompute 的 Task 的灰度发布需求，灰度元数据在设计上考虑了后续的扩展，保留了足够扩展的能力；在 MaxCompute Task 灰度发布实践上，MaxCompute 发布管理团队提出了流量桶的灰度发布方式，固定每个 Tier 的流量配置信息，将需要灰度的 project 归属的 Tier 逐批次地修改，形象地说，就是将不同的 Project 放入不同流量的桶中。MaxCompute 灰度发布的后续展望，希望开发者能够在一定审核下自主部署日常灰度测试的 Package，简化当前审批部署流程，提高效率。

第13章 一个典型的云操作系统应用

随着互联网的发展，云计算技术的应用越来越广泛，国内外云平台的建设也愈加普遍。在能源行业，国网公司基于提高公共服务领域多业务的柔性支撑能力和信息化服务水平、降低安全风险、提升运维能力等因素，展开“国网云”的建设，目前已经取得了一定的成效。“国网云”支撑平台，涵盖了主流的云技术。其中，基于 OpenStack 自主研发的云操作系统 SG-COS 作为“国网云”的关键组件，在融合其他技术、支撑上层应用方面发挥了重要作用。本章通过讲述 “国网云”云操作系统 SG-COS 的应用，加深用户的理解。

13.1 国网云操作系统 SG-COS 综述

在充分调研国网公司管理信息大区各业务领域使用需求和运行要求后，为满足应用系统研发单位快速、高质量建设的要求，继承了现有部分优秀技术成果，吸取了业界同类产品的先进技术和成果，研发完成“国网云”云操作系统 SG-COS。

13.1.1 系统架构

SG-COS 的设计参考了传统操作系统的设计原则，对于传统操作系统而言，单台主机就是硬件资源，用户通过操作系统进行应用部署和资源的申请与分配。在传统操作系统中，系统技术架构分为：硬件层，包括 CPU、内存、硬盘、总线等资源；内核空间，提供硬件抽象、设备驱动、内核、文件系统、对象管理、文件缓存、虚拟内存、进程管理与调度以及I/O接口；用户空间，提供操作系统接口、操作系统子系统以及其他应用服务。SG-COS总体架构如图13-1所示。

硬件资源是数据中心的各类资源，用户可以通过SG-COS构建分布式应用集群，对比传统操作系统，SG-COS的技术架构主要设计为四层架构。

硬件抽象层通过分布式存储以及资源抽象组件对接下层硬件，向上提供计算、存储、网络、块存储、对象存储、镜像、容器以及资源编排接口。

资源统调层调用硬件抽象模块进行资源编排与调度，向上为容器管理模块应用部署提供框架、资源分配，状态监控支持。同时也为上层集群管理提供调用接口。

容器管理层将调用资源统调层接口，为集群容器化应用的部署提供支持，具体包含应用容器调度、镜像仓库、容器网络、容器存储并为容器提供隔离功能。

系统管理层将通过应用管理、集群管理模块、持续集成模块、基础架构资源管理模块、日志管理模块、监控组件，与容器管理模块、资源统调模块以及硬件抽象模块进行交互，为用户提供操作界面与API支持。

SG-COS采取自主研发与业界成熟的开源技术相结合作为项目的技术路线，在国网公司的IT基础架构中进一步引入先进的开源云计算技术，将整体云化的水平逐渐由底层的物理资源虚拟化，上升到资源的统一管理和任务的自动化调度，最终实现业务应用在整个数据中心层面的快速部署、弹性伸缩和自动恢复等云计算特性。

SG-COS核心能力如下。

1. 资源按需供给

根据业务应用的实际需求，自动选择计算、存储、网络等资源合理配置的服务器，解决过去某一资源成为业务系统运行瓶颈的问题。

2. 快速发布

在业务应用部署上线时，实现业务应用全自动化安装，解决过去按序申请资源慢（服务器、存储、网络、操作系统、中间件、数据库等）、人工安装时间长、易出错等问题。

3. 弹性伸缩

在业务应用用户访问量增大时，云平台自动增加服务资源，提高业务的承载能力；在业务应用用户访问量减小时，云平台自动回收空闲的服务资源，提高资源利用率，减少资源浪费。

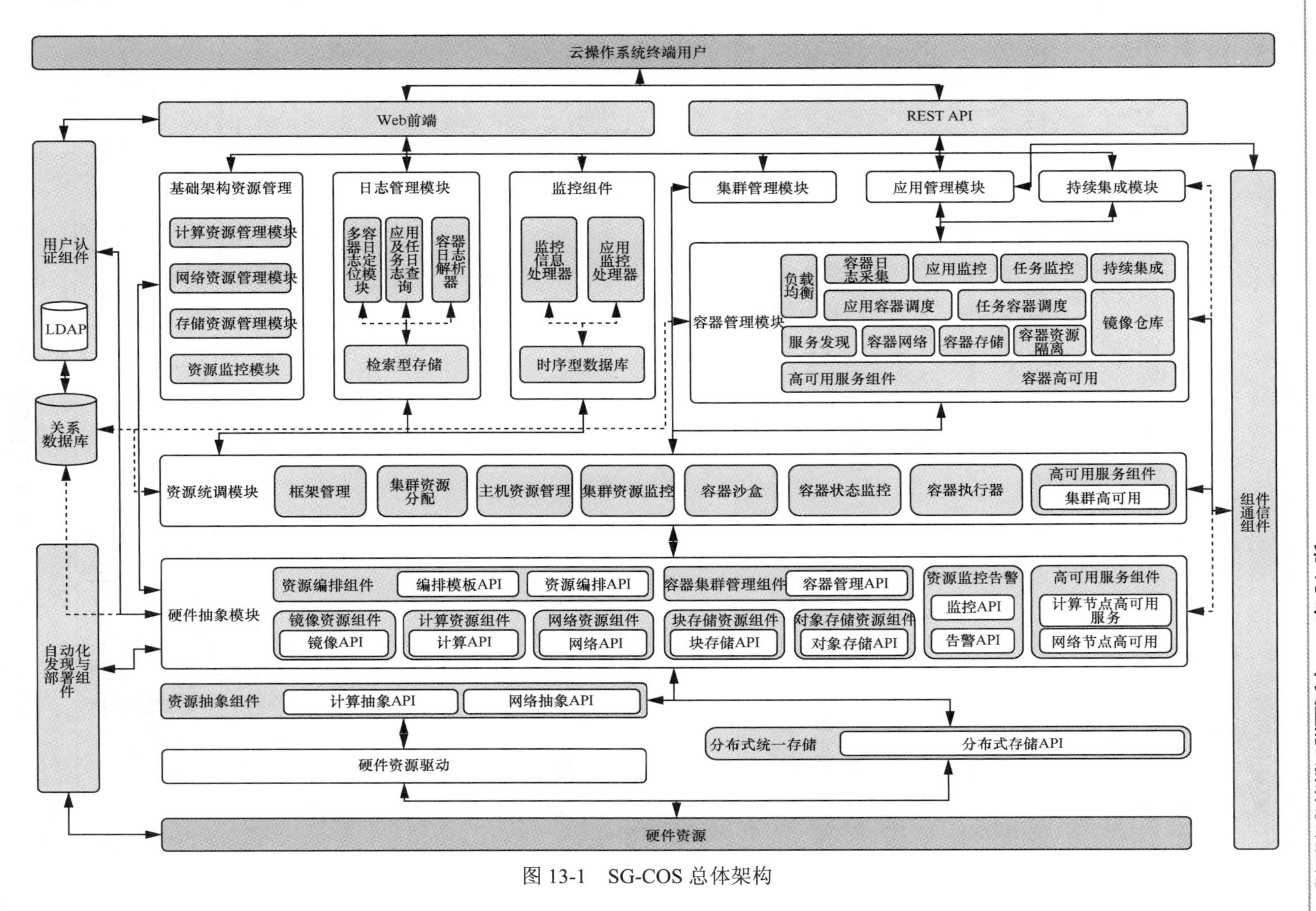

图 13-1 SG-COS 总体架构

4. 跨域协同计算

在业务应用开展大规模数据分析计算时，实现从“搬数据”向“搬计算”转变，解决过去由于数据反复抽取带来的数据质量问题，提升数据分析计算效率。步骤如下：总部大数据平台跨域计算组件将业务系统的计算任务包下发到省（市）公司的大数据平台跨域计算组件；省（市）公司的跨域计算组件在本地进行业务数据计算，形成结果数据；各省（市）公司的跨域计算组件将业务结果数据反馈给总部跨域计算组件；总部跨域计算组件综合汇总各省市的业务数据后返回给业务系统。

5. 开发运维一体化

在业务需求快速变化时，实现业务应用从开发、测试到生产运行的在线持续交付，提高业务需求响应速度。

开发人员通过开发框架开发的微应用代码，通过云平台应用快速发布部署能力，直接部署到测试云平台；测试发现的问题，及时通过云研发能力快速反馈给开发人员；迭代测试通过的应用包可快速发布到生产环境的应用商店供用户使用。生产环境发现的问题，也可通过云研发能力快速反馈给开发人员。整个环节支持应用多版本，可持续在线迭代。

13.1.2 部署情况

SG-WS 在企业级应用中的典型部署架构如图 13-2 所示。

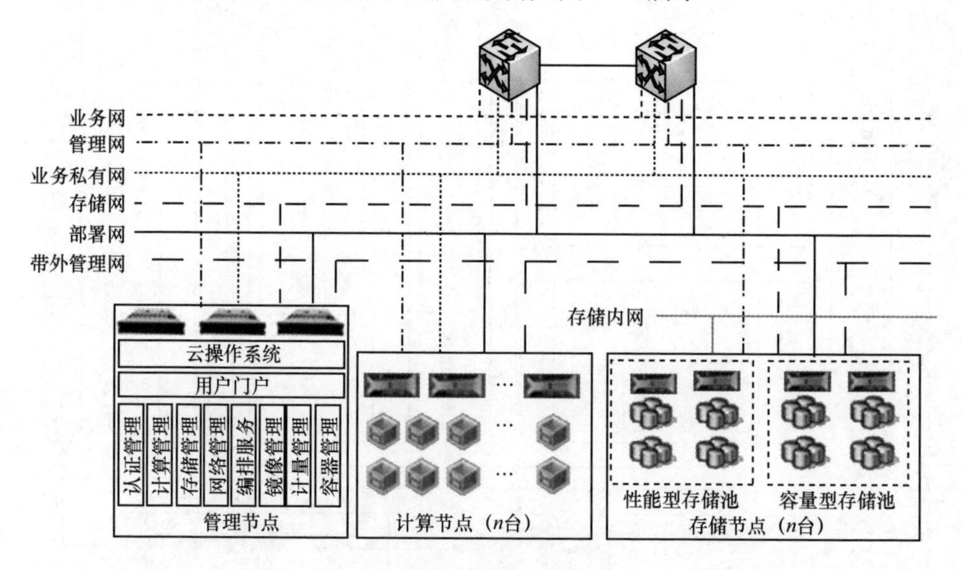

图 13-2 SG-WS 物理部署架构

SG-COS 的物理节点包括监控节点、控制节点、计算节点、存储节点和计算存储融合节点。

（1）监控节点

监控节点采用一台标准的 x86 物理服务器，运行云操作系统自动化部署和监控服务的两个虚拟主机。

（2）控制节点

控制节点用于运行管理云操作系统环境中计算、网络、存储、计量、编排、容器调度等服务，以及服务运行所需的消息队列组件、数据库和文档数据库，并提供各服务的高可用管理。

（3）计算节点

计算节点采用 1～n 台标准 x86 物理服务器，计算节点是运行虚拟化层提供计算能力的载体。计算节点可以进行扩展，计算节点扩展时不影响业务的正常运行，保持系统不停机，保障业务的连续性。

（4）存储节点

存储节点采用分布式存储架构，将该节点的本地硬盘通过本地高速网络，为云操作系统提供存储服务。

13.2　“国网云”大数据平台概述

大数据平台在部署时，所有的服务器在同一个 VLAN 中，服务之间的通信不通过防火墙。典型部署架构如图 13-3 所示。

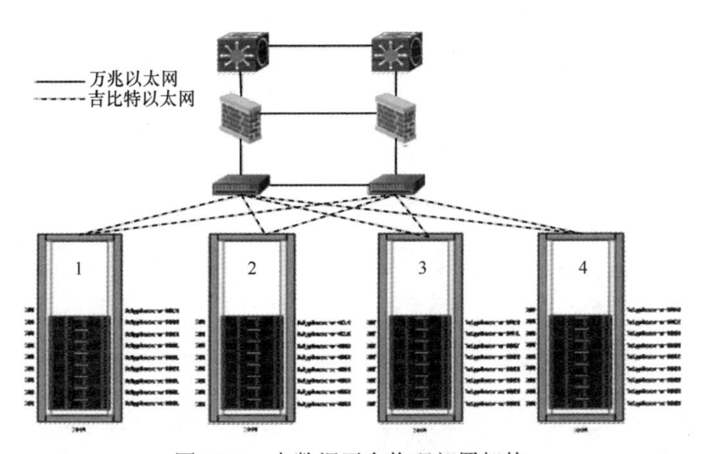

图 13-3　大数据平台物理部署架构

典型部署架构中，大数据平台涉及的物理服务器规划见表 13-1。

表 13-1 大数据平台服务器角色规划

序号	机器名	说明	角色
1	bigdata-a-001	应用数据服节点	App，MySQL，PostgreSQL
2	bigdata-a-002	应用数据服节点	App，MySQL，PostgreSQL
3	bigdata-a-003	应用数据服节点	App，MySQL，PostgreSQL
4	bigdata-a-004	应用数据服节点	App，MySQL，PostgreSQL
5	bigdata-m-001	集群管理节点	NN，RM，FC，JN，S，M，HS（Spark），ISS
6	bigdata-m-002	集群管理节点	RM，FC，JN，S，NS，SS（Sentry）
7	bigdata-m-003	集群管理节点 （代理节点 ）	CM，CMS（AP，ES，HM，RM），JHS，HS（Spark），HMS，HS2，S，JN，ICS，HS（HUE），OS，S2S，HFS，HBTS 软件安装源 Kerberos 服务器（KDC）
8	bigdata-w-001	工作节点	DN，NM，RS，ID，G（HIVE），G（Spark）
9	bigdata-w-002	工作节点	DN，NM，RS，ID，G（HIVE），G（Spark）
10	bigdata-w-003	工作节点	DN，NM，RS，ID，G（HIVE），G（Spark）
11	bigdata-w-004	工作节点	DN，NM，RS，ID，G（HIVE），G（Spark）
12	bigdata-w-005	工作节点	DN，NM，RS，ID，G（HIVE），G（Spark）
13	bigdata-w-006	工作节点	DN，NM，RS，ID，G（HIVE），G（Spark）
14	bigdata-w-007	工作节点	DN，NM，RS，ID，G（HIVE），G（Spark）
15	bigdata-w-008	工作节点	DN，NM，RS，ID，G（HIVE），G（Spark）
16	bigdata-w-009	工作节点	DN，NM，RS，ID，G（HIVE），G（Spark）
17	bigdata-w-010	工作节点	DN，NM，RS，ID，G（HIVE），G（Spark）
18	bigdata-w-011	工作节点	DN，NM，RS，ID，G（HIVE），G（Spark）
19	bigdata-w-012	工作节点	DN，NM，RS，ID，G（HIVE），G（Spark）
20	bigdata-w-013	工作节点	DN，NM，RS，ID，G（HIVE），G（Spark）
21	bigdata-w-014	工作节点	DN，NM，RS，ID，G（HIVE），G（Spark）
22	bigdata-w-015	工作节点	DN，NM，RS，ID，G（HIVE），G（Spark）
23	bigdata-w-016	工作节点	DN，NM，RS，ID，G（HIVE），G（Spark）
24	bigdata-s-001	流计算节点	KB，RS（Redis）
25	bigdata-s-002	流计算节点	KB，RS（Redis）
26	bigdata-s-003	流计算节点	SW，RS（Redis）
27	bigdata-s-004	流计算节点	SW，RS（Redis）
28	bigdata-s-005	流计算节点	SW，RS（Redis）
29	bigdata-s-006	流计算节点	SW，RS（Redis）
30	bigdata-u-001	非结构化节点	非结构化接口及内容主节点
31	bigdata-u-002	非结构化节点	非结构化接口及内容主节点
32	bigdata-u-003	非结构化节点	非结构化接口及内容主节点
33	bigdata-u-004	非结构化节点	非结构化扩展节点
34	bigdata-u-005	非结构化节点	非结构化扩展节点

13.3 “国网云”云操作系统与大数据平台的融合

13.3.1 融合方案概述

SG-COS 包括资源封装、任务调度、分布式文件系统、分布式协同、远程调用和安全模块。通过对 IT 混合资源的“标准化封装”，按需进行“弹性调度”，实现为业务应用提供“多合一”的 IT 运行环境，保障云平台所支撑应用的高效、稳定运行。

大数据平台组件包括分布式列式数据库、分布式数据仓库、分布式对象存储、分布式缓存、数据计算和数据挖掘等功能，为分析型应用提供数据整合、数据存储、数据计算、数据分析等服务。

企业级云平台建设时，应考虑硬件资源的统一纳管，由云操作系统实现对大数据平台硬件资源的统一管理，利用云操作系统完成快速资源扩展和集群扩容，并实现一键创建大数据集群等功能，降低资源管理成本。两者融合可推进云基础设施的统一管理，提高资源利用率，实现优势互补。

“国网云”SG-COS 与大数据平台的融合目前有物理机纳管、半虚半实融合和全虚拟化融合 3 种技术方案，方案对比见表 13-2。

- 物理机纳管是指大数据平台的现有服务器以物理机的形式被 SG-COS 纳管。
- 半虚半实融合是指将大数据平台中的流计算及管理节点以虚拟机的形式被云操作系统调度管理，其他存储与计算节点以物理机的形式被云操作系统纳管。
- 全虚拟化融合是指将大数据平台中的全部节点以虚拟机的形式被云操作系统统一调度管理。

表 13-2　方案对比

方案	物理机纳管	半虚半实	全虚拟化
适用场景	大数据作业波峰波谷不明显；大数据作业复杂度高，需要较高的资源处理能力	大数据作业波峰波谷不明显，内存计算（Spark）、流计算（Storm）较多；I/O 资源要求较高	临时性使用大数据集群场景，大数据资源弹缩要求高，I/O 资源要求不高

（续表）

方案	物理机纳管	半虚半实	全虚拟化
优势	• 操作简便； • 网络环境要求简单； • 不影响大数据平台的正常运行	• 融合程度较高； • 运行环境稳定	• 融合程度高
劣势	• 要求云操作系统 2.0 版本； • 融合程度较低，实现物理资源的统一纳管，而云平台弹性调度能力未能体现	• 网络环境要求复杂； • 需要停机检修	• 大数据平台 I/O 性能损耗大； • 建设周期长
风险判断	低	较高	高

13.3.2 物理机纳管方案

物理机纳管是指大数据平台的现有服务器以物理机的形式被云操作系统纳管。SG-COS 2.0 版本增加了物理机纳管功能，主要通过调用驱动主流的物理主机，进行标准化封装，注册到云操作系统的资源服务列表中，实现对物理机的资源调度。大数据平台的物理机可以被云操作系统统一纳管，实现物理资源池的统一管理。

SG-COS 2.0 部署完成后，只需要提供物理服务器的基本硬件信息和 IPMI 的配置信息，就可以一键将物理服务器纳管为裸金属节点，如图 13-4 所示。

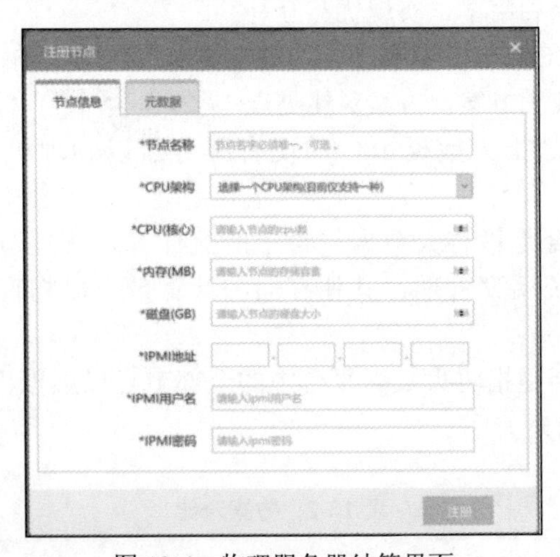

图 13-4　物理服务器纳管界面

使用物理机纳管可以将大数据平台中的节点纳管到云操作系统中，在图形界面上或使用 API 调用查询到物理服务器的实时状态，并支持开机、关机、重启、推送操作系统等操作。

1. **实施条件**

此方案需满足以下前提条件。

- SG-COS 2.0 版本以上的集群才具备纳管功能。
- SG-COS 2.0 版本以上的集群与大数据集群在同一安全区。

2. **网络要求**

- 物理服务器支持 IPMI 协议，相关端口工作正常。
- SG-COS 2.0 的管理节点与物理服务器的 IPMI IP 在网络上互通。
- 如果后期增加对物理服务器进行操作系统推送的需求，则要求 SG-COS 2.0 的管理节点的 DHCP 服务可以被物理服务器的业务网口访问。

3. **实施过程及周期评估**

物理机纳管流程主要包括：

- 检查物理服务器的 IPMI IP 与 SG-COS 2.0 管理节点的网络是否通畅；
- 在物理机管理界面上添加物理服务器节点，填写 IPMI 等信息后即完成纳管；
- 为新纳管的服务器节点添加“大数据平台”标签，进行分组。

物理机纳管方案的实施周期评估表见表 13-3，周期预估仅包含技术实施的具体时间，不考虑管理和流程等时间成本。具体实施周期视各省（市）公司的资源池规模、业务应用情况而定，以细化的实施方案数据为准。

表 13-3　物理机纳管方案的实施周期评估表

序号	工作项目	工作量/人天
1	网络检查	1
2	界面纳管	0.5
3	为节点添加“大数据平台”标签	0.5

4. **方案风险**

- 纳管过程需考虑厂商驱动的兼容性风险。
- 纳管后的物理服务器的电源状态会被监控，不可通过原服务器厂商提供的方式进行开关机。例如，如果使用其他手段将运行中的服务器关机，SG-COS 2.0 会尝试对其进行加电。此问题可通过禁用云操作系统物理机服务的电源状态同步功能来规避。

13.3.3　半虚半实融合方案

半虚半实融合主要是指大数据平台的流计算节点、管理节点通过虚拟化的方式被云操作系统的计算服务组件统一调度管理，其原有的计算存储融合节点由云操作系统的裸机组件实现纳管。双方保持二层 VLAN 直通。技术架构如图 13-5 所示。

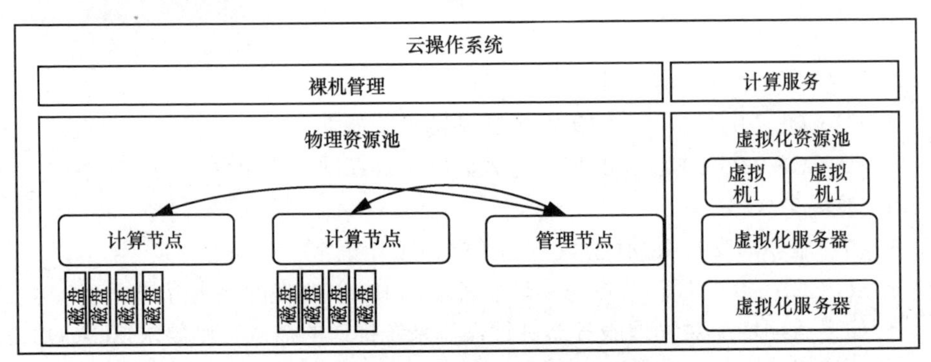

图 13-5　半虚半实方案的部署示意图

半虚半实融合方案中推荐的大数据平台可虚拟化的组件见表 13-4。

表 13-4　数据平台服务角色说明

序号	角色	说明	是否推荐虚拟化部署
1	App	应用程序	否
2	CM	大数据管理软件	否
3	CMS（AP, ES, HM, RM）	管理服务（Alert Publisher, Event Server, Host Monitor, Reports Manager）（集群监控服务）	否
4	DN	HDFS DataNode（分布式文件系统存储节点角色）	否
5	FC	HDFS FailoverController	是
6	FLM	Flume 代理	是
7	G（Hive）	Hive Gateway（分布式数据仓库 Hive 网关）	是
8	M	HBase MAster（列式数据库 HBase 管理角色）	是
9	HMS	Hive Meta Store（分布式数据仓库 Hive 知识库存储）	否
10	HS（Spark）	Spark History Server （内存计算主服务）	否
11	HS2	Hive Server 2	否
12	HS（HUE）	Hue Server	否
13	ICS	Impala Catelog Server	否
14	ID	Impala Daemon	否
15	ISS	Impala State Store	是
16	JHS	Yarn Job History Server	否
17	JN	HDFS JournaLNode	否
18	KB	Kafka Broker	否
19	MySQL	MySQL（MySQL 数据库）	否
20	NS	Storm NimBus（流计算主服务）	是

（续表）

序号	角色	说明	是否推荐虚拟化部署
21	NM	Yarn NodeManager	否
22	NN	HDFS Name Node（分布式文件系统主服务）	是
23	OS	OOZIE Server	否
24	PostgreSQL	PostgreSQL（PostgreSQL 数据库）	否
25	RM	Yarn Resource Manager	是
26	RS（HBase）	HBase Region Server（列式数据库工作节点角色）	否
27	HS（Spark）	SPark History Server	否
28	S2S	Sqoop 2 Server	否
29	SW	Storm Supervisor（流计算工作节点角色）	是
30	G（Spark）	Spark Gateway（内存计算网关）	是
31	S	ZooKpper Server	否
32	RS（Redis）	Redis Server	是
33	KDC	Kerberos kdc（Kerberos 服务）	否
34	HFS	HDFS HTTpFS	否
35	HBTS	Hbase Thrift Server	否
36	TT	MapReduce TaskTracker	是
37	SS（Sentry）	Sentry Server	是
38	SS（Solr）	Solr Server	是

（1）实施条件

此方案需满足以下前提条件：SG-COS 2.0 版本以上的集群与大数据集群在同一安全区。

（2）网络要求

- 大数据平台与 SG-COS 必须部署在同一安全区域；
- SG-COS 所处区域与大数据区域要求二层 VLAN 直通。

（3）实施过程及周期评估

半虚半实方案的实施周期评估表见表 13-5，评估的周期仅包含技术实施，不考虑管理周期、安全周期等。项目的实施周期视各省（市）公司的资源池规模、业务应用情况而定，以细化的实施方案数据为准。

使用半虚半实方案，可能面对新建大数据平台和现存大数据平台迁移两种场景。

其中新建大数据平台不用考虑历史数据和大数据平台原有业务的迁移，整个实施过程约 10 天，考虑到目前各省公司均已有大数据平台的部署，此场景使用频率较低；现存大数据平台迁移包括流计算节点迁移、管理节点迁移、计算存储节点纳管三大步，整个实施过程约 15 天，大数据平台原承载业务受影响时间预估为 14 天。

表 13-5　半虚半实方案的实施周期评估表

场景	序号	实施步骤	工作量/人天	影响	检修时间预估/天
新建大数据平台	1	云平台虚拟机规划、创建、网络配置	5		-
	2	大数据平台部署	3		-
	3	大数据平台功能、性能验证	2		-
现存大数据平台迁移	1	SG-COS 环境准备：SG-COS 的基础资源准备（内存、CPU、磁盘空间、IP 地址等）	1		-
	2	流计算节点迁移：流计算节点物理机缩容、虚拟机扩容	3	与大数据平台流计算的业务应用中断服务	3
	3	大数据平台验证各技术组件的功能、与大数据平台集成的业务系统验证大数据各组件功能	1		1
	4	管理节点镜像上传：在云操作系统中上传大数据平台定制化的云主机镜像及网络配置	3		3
	5	功能确认：大数据集群管理节点迁移前的角色状态及组件功能等确认	1	与大数据平台集成的所有业务应用中断服务	1
	6	大数据集群管理节点迁移操作	3	与大数据平台集成的所有业务应用中断服务	3
	7	计算与存储节点的纳管	1		1
	8	大数据平台验证各技术组件的功能、与大数据平台集成的业务系统验证大数据各组件功能	2		2

（4）方案风险

- 半虚半实方案，增加集群内部通信的时延，并存在潜在的资源竞争，对大数据的计算性能有一定的影响。

- 停机检修期间，大数据平台不能对外提供服务。
- 大数据平台整体稳定性与可靠性受云操作系统影响。
- 故障定位变得困难，特别是性能类问题。

13.3.4　全虚拟化融合方案

全虚拟化融合方案指将大数据平台中的各个节点以虚拟机的形式部署到云操作系统中。

全虚拟化部署模式下，在 SG-COS 中需要重新部署大数据平台，再通过数据复制将大数据平台中的数据迁移到新集群中。实施过程中重点需要考虑存储方案的具体实现，可以选择物理主机的本地磁盘或者云操作系统提供的对象存储。

新大数据平台使用如图 13-6、图 13-7 所示的方案来降低 I/O 损耗。方案一使用本地磁盘提供存储空间，方案二使用对象存储提供存储空间。

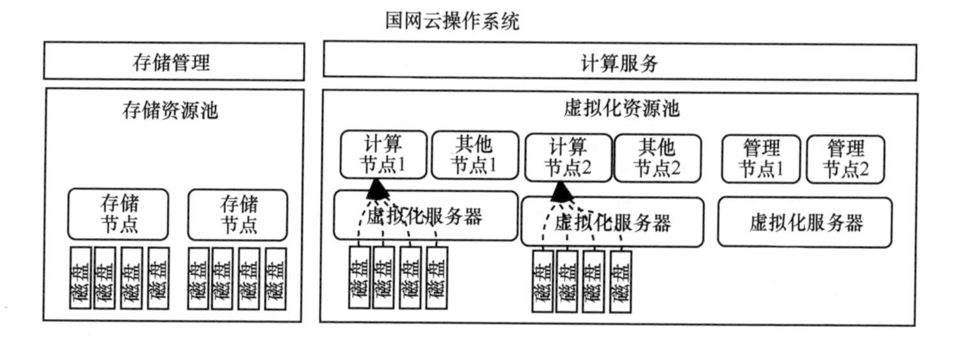

图 13-6　全虚拟化融合下的本地磁盘提供存储示意图

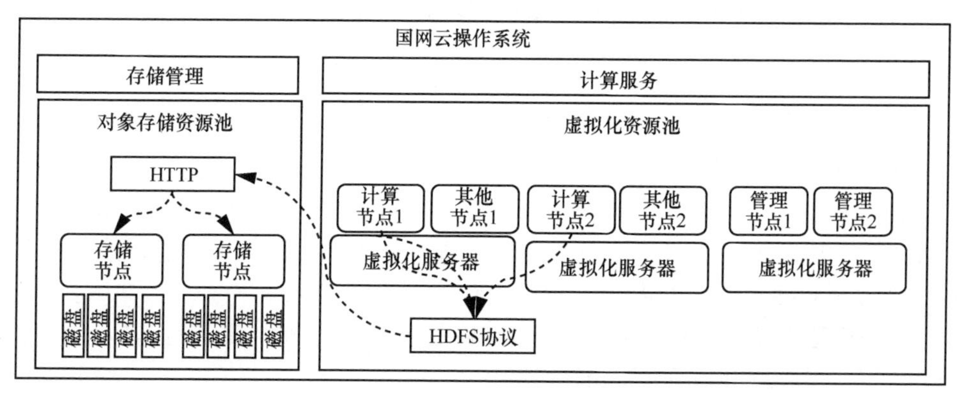

图 13-7　全虚拟化融合下的对象存储提供存储示意图

（1）实施过程及周期评估

以下评估的周期仅包含技术实施，不考虑管理周期、安全周期等。项目的实施周期以各省（市）公司的资源池规模、业务应用情况而定，以细化的实施方案数据为准。

全虚拟化融合方案的实施过程主要涉及原有业务的数据复制和服务切换，整个实施周期约 39 天，大数据平台原承载业务预估受影响时间为 15 天，具体周期评估见表 13-6。

表 13-6　全虚拟化方案的实施周期评估表

序号	工作项目	工作量/人天	影响	停机时间
1	SG-COS 环境准备：SG-COS 中的基础资源准备（内存、CPU、磁盘空间、IP 地址等）	1	—	—
2	新建虚拟化大数据集群	5	—	—
3	数据备份	10	—	—
4	数据复制和服务切换	15	与大数据平台集成的所有业务应用中断服务	15
5	数据联调测试	8		

（2）方案风险

- 数据迁移、数据验证周期比较长。
- 性能下降影响有待评估服务。
- 故障定位变得困难，特别是性能类问题。

13.4　“国网云”企业级应用迁移上云的典型方式

“国网云”业务应用迁移上云可采用基础架构上云、容器改造上云或应用改造上云 3 种方式。其中基础架构上云，业务应用不做修改，通过资源虚拟化方式直接承载上云；容器化改造上云，业务应用不做修改或少许修改，通过容器承载上云；应用改造上云，需对业务应用进行分布式和微应用改造，涉及业务、应用、数据和技术架构的调整。

3 种迁移方式具有不同的适用场景，业务应用根据业务 IT 特性、应用类型等维度分析，采取适用的迁移方式。

基础架构上云，业务应用不做修改，通过虚拟化等方式直接承载上云，通过上云受益于云计算平台的自动化功能，做到快速部署，降低基础架构的管理复杂度，节约整体拥有成本。基础架构上云的系统主要针对传统的复杂单体应用，主要特点为：业务体量大、改造工作量大。

容器改造上云，业务应用不做修改或少许修改，通过容器方式直接承载上云，运行在集中式或分布式基础架构上，通过云上容器化带来标准化、轻量化和隔离性，做到秒级快速部署，进一步降低资源利用率，提升效率，节约整体拥有成本。容器改造上云的系统主要特点：系统轻量、弹性要求高。如：网络大学考试模块在集中考试阶段可以通过容器改造上云弹性伸缩，提高用户的体验性。

业务应用进行微服务、微应用改造，运行在分布式基础架构上，可以受益于云计算所提供的海量计算、弹性扩展能力。应用改造上云的系统主要针对新建系统或新建模块。

95598 智能互动网站（以下简称“95598 网站”）于 2012 年上线，采用一级部署（北京亦庄），支持 27 个省市公司客户登录同一网站办理业务，2017 年采用基础架构方式成功迁移上云。

整体迁移工作分为三步。

（1）试点先行：实现 95598 网站 Web 应用节点上云，并与原有应用形成双轨运行机制；实现在线客服用电查询业务、掌上电力 95598 客户服务端、部分公共服务云化改造。

（2）逐步推广：实现在线客服用电查询业务、掌上电力 95598 客户服务端、部分公共服务云化改造；实现 95598 网站公共服务层拆分改造，整体迁移上云；实现在线客服整体业务、掌上电力 95598 客户服务端上云。

（3）全面推广：实现在线客服外部应用层、服务层适应性改造，整体迁移上云；实现外网短信网关服务层拆分改造，整体迁移上云。

第14章

总结与展望

目前全球云计算行业呈现快速增长，云计算支出在全球 IT 支出中所占比例不断提升。云计算基础设施龙头亚马逊，2018 财年第二季度财报显示，云计算业务营收 61 亿美元，同比增长 49%，运营利润为 16 亿美元，利润率超过 25%。云计算领先的微软，2018 财年 Q1 财报（2017 年 7—9 月）显示，云服务年化收入达到 204 亿美元，超出 200 亿美元的既定计划，Azure 业务实现 90%增长。国际巨头诸如 SAP 对云计算企业的疯狂兼并，进一步推动了云计算在全球范围内跨越式发展。

在中国市场，云计算产业同样发展迅猛，被称为 ICT 领域的下一个金矿。阿里、腾讯、百度等互联网巨头纷纷加大云计算方向的业务投入；华为、浪潮等传统硬件厂商将云计算业务的发展上升为核心战略；中国联通、中国移动等运营商将云与传统业务相结合，云计算产业达到了空前热度。

云计算的核心是将传统的计算、存储、网络实现共享，降低企业的 IT 投入成本，IDC 2018 云计算报告显示，企业对云计算的投资力度在 2018 年有增无减，到 2019 年，90%的企业将与云计算密不可分。许多跨国企业、中小公司纷纷将云计算上升为发展战略，驱动云计算与新型技术融合，进行颠覆性创新。人工智能、物联网、区块链与云计算的融合是未来的发展趋势。云计算的关键技术云操作系统也将迎来新的篇章。

机器学习和人工智能将对云计算的复杂性发挥重要的弥补和修复作用，就像高速算法交易改造股票市场一样，高速算法自动化转换管理也是如此。人们将开始看到机器驱动知识和自动化驱动人们的监控、事件管理、成本管理以及配置管理。其最终结果是：降低成本、提高安全性、改进服务等级协议（SLA）和提供更好的性能。

物联网（IoT）和云是不可分割的，因为物联网需要云来运行和执行，物联网的庞大数据需要云计算来分析、计算、处理和挖掘。物联网是一套完整的管理和集成的服务，允许企业大规模从全球分散的设备连接、管理和摄取物联网数据，对数据进行实时处理和分析，实施操作变更，并根据需要采取行动。2017 年 12 月 3 日，世界互联网大会上，亚马逊全球 AWS 公共政策副总裁迈克尔·庞克表示，随着 IoT 的发展，现在进入了一个万物互联的时代，数以万计的产业、行业通过互联网实现互联。现在有更多的 IoT 连接到云端，因此云计算的应用将和物联网一起不断发展。

区块链与云计算两项技术的结合，从宏观上来说，一方面，利用云计算已有的基础服务设施或根据实际需求做相应改变，实现开发应用流程加速，满足未来区块链生态系统中初创企业、学术机构、开源机构、联盟和金融等机构对区块链应用的需求。另一方面，对于云计算来说，"可信、可靠、可控制"被认为是云计算发展必须要翻越的"三座山"，而区块链技术以去中心化、匿名性以及数据几乎不可篡改为主要特征，与云计算长期发展目标不谋而合，上述变化也是云操作系统发展的新梦想。

物联网、区块链、人工智能等新兴技术要求云计算操作系统可提供至少百亿级设备的计算需求、覆盖物联网场景从随时启动的轻计算到超级计算的能力，实现从生产资料到生活资料的智能化，改善社会运转效率。云计算的软硬件资源部署在云数据中心，通过云操作系统的资源管理技术，对多个云数据中心的资源进行统一调度，满足新技术对于海量存储、超级计算的需求，因而云操作系统将进一步发展成"城市大脑"操作系统。

云计算对企业提供应用的服务模式主要有 3 种：公有云、私有云、混合云。公有云由 IDC 服务商或第三方提供资源，面向公众提供服务；私有云是云服务提供商为用户单独建设的专有云计算系统；混合云则是同时提供公有和私有服务的云计算系统。

公有云的优势是成本低，扩展性非常好，缺点是对于云端的资源缺乏控制、保密数据的安全性、网络性能和匹配性不足等问题。大多数企业选择公有云的方案出于成本考虑，所以用户主要是小微企业。目前比较有名的公有云服务提供商有亚马逊、谷歌和微软以及国内的阿里、华为等。

私有云模式中，云平台的资源为特定组织或用户使用，部署场所可以是在机构内部，也可以在外部，管理、运营的主动权都掌握在使用者手中。私有云最大的特点是安全性与私有化，其对数据保密、数据安全、服务质量等方面都能进行有效控制，是定制化解决方案的根本。对要求数据安全与稳定的企业来说，私有云是非常好的选择。大型的政企主要选择私有云模式，工业互联网云平台"航天云"、通信行业"天翼云"、"沃云"、能源行业中海油云平台是国内私有云领军企业。

混合云融合了公有云的方便快捷、私有云的安全稳定。企业出于安全考虑会希望将数据放在私有云上面，同时又希望使用快捷的硬件资源，以便将公有云和私有云进行混用。将核心业务或关键数据放在私有云上，与互联网用户密切交互的业务则放在公有云上，达到经济安全的双重目标。国内众多云计算厂商纷纷进军混合云市场，并推出相应的混合云服务和解决方案，国网公司的 SG-Cloud 是混合云（公共服务云放在外网，企业管理云放在内网）的典型代表。

目前，业内对公有云、私有云、混合云的评价不一，对于未来的趋势没有统一结论。但在今天中国的云计算市场，公有云虽然凭借为企业上云带来的巨大好处得以发展迅猛，但受企业性质、安全要求和法律法规等因素影响，私有云和混合云将逐步展现出巨大优势。

混合云将吸引着越来越多的目光，发展也越来越迅速，对于云操作系统的需求也愈加旺盛。首先混合云被视为一种混合模式，私有云必须至少与一个公有云相集成，随着私有云与多个公有云集成，它变得更加具有挑战性和复杂性，对云计算操作系统在管理、安全和编排方面提出了新需求。实现联合和一致的身份管理和认证过程，考虑并弥补潜在的漏洞（如保护 API 流量交换、工作负载智能化部署、多云设置引发的安全问题、多云之间的应用的自动迁移等），实现资源的统一、安全调度，满足用户的无缝连接和使用，是云操作系统的最终愿景。

可以看到，云时代已经来临，云操作系统也将迎来巨大的发展机遇，其功能、作用、覆盖范围将朝着全面化、泛在化、智能化的方向不断前进。

附录一

术语及定义

序号	名称	描述
1	块	是一个字节序列（例如，一个 512 byte 的数据块）。基于块的存储接口是最常见的存储数据方法，它们基于旋转介质，像硬盘、CD、软盘、甚至传统的 9 磁道磁带
2	磁盘阵列	（Redundant Arrays of Independent Disks，RAID），由很多价格较便宜的磁盘，组合成一个容量巨大的磁盘组，利用个别磁盘提供数据所产生加成效果提升整个磁盘系统效能，将数据切割成许多区段，分别存放在各个硬盘上
3	逻辑卷管理	（Logical Volume Manager, LVM），是 Linux 环境下对磁盘分区进行管理的一种机制，正确地评估各分区大小，以分配合适的硬盘空间
4	索引节点	Inode，包含文件的基础信息以及数据块的指针
5	数据块	Block，包含文件的具体内容
6	REST	（Representational State Transfer），表述性状态传递，一种软件架构风格
7	URI	（Uniform Resource Identifier），统一资源标识符
8	JSON	（JavaScript Object Notation），一种轻量级的数据交换格式
9	租户	租户技术是实现如何在多用户的环境下共用云计算资源，确保各用户间数据的隔离性技术。在一体化国网云中租户定义为业务系统，具体接口的参数中名称为 Project 或 Tenant
10	云主机	运行在云操作系统云平台上的虚拟机/物理机，用户可以通过选择合适的 CPU / 内存 / 操作系统磁盘空间、网络、云主机安全组等配置创建云主机
11	云硬盘	为云主机提供块级存储设备，相当于一台物理服务器的硬盘。云硬盘是独立的资源，它的生命周期独立于云主机，可以被挂载到任何云主机上，也可以从云主机上卸载，然后挂接到其他云主机
12	云主机镜像	操作系统的安装模板，管理员可以选择合适的操作系统镜像创建所需要的云主机。只有管理员具有上传镜像操作权限，其他权限的用户只能使用和查看。但用户可以通过云主机快照创建新的镜像，并在启动云主机时选择“云主机快照”类型来使用新的镜像

（续表）

序号	名称	描述
13	UUID	UUID 是通用唯一识别码（Universally Unique Idifier），UUID 的目的是让分布式系统中的所有元素都能有唯一的标识
14	Dict	字典（Dict）是使用键值对（key-value）进行存储的数据类型，查找速度极快。字典每个键对应一个值，使用键可以访问其对应的值
15	Object	保存对象引用（Object）的内存地址。可以为 Object 的变量分配任何引用类型（字符串、数组、类或接口）。Object 变量还可以引用任何值类型（数值、Boolean、Char、Date、结构或枚举）的数据
16	CIDR	CIDR（Classless Inter-Domain Routing，无类别域间路由）是一个在 Internet 上创建附加地址的方法，这些地址提供给服务提供商（ISP），再由 ISP 分配给客户。CIDR 将路由集中起来，使一个 IP 地址代表主要骨干提供商服务的几千个 IP 地址，从而减轻 Internet 路由器的负担
17	云主机安全	一系列规则组成云主机安全，创建云主机时，用户可以选择合适的云主机安全来保障云主机的安全。云主机安全对云主机上的所有网卡生效，新增网卡也将应用已有的云主机安全
18	交换机	云操作系统中的交换机与物理交换机类似，创建交换机后，用户可以在交换机内创建子网，创建云主机时选择交换机，组建服务器集群。云操作系统提供的基础交换机包含内部交换机（share_net）和外部交换机（public_net）
19	路由器	云操作系统中的路由器为不同的子网提供三层路由，从而让子网内的云主机与其他子网的云主机互联互通。也可以将内部交换机连接到外部交换机，让内部交换机的云主机访问 Internet
20	防火墙	云操作系统中的防火墙提供网络间的访问控制功能，通过防火墙策略中的过滤规则对当前用户网络的流量进行过滤。防火墙必须与一个防火墙策略相关联，防火墙策略是防火墙规则的集合，防火墙规则支持多种网络协议
21	栈	在资源编排功能中，栈是多个由编排模块创建的对象或者资源的集合。它包含云主机、网络、子网、路由、端口、安全组、自动伸缩组等。栈是资源编排的实例，其包含的资源集合由资源编排服务自动化的批量创建、批量删除
22	Pod	Pod 是 Kubernetes 的基本操作单元，是应用运行的载体。Pod 包含一个或者多个相关的容器，Pod 可以认为是容器的一种延伸扩展，一个 Pod 也是一个隔离体，而 Pod 内部包含的一组容器又是共享的（包括 PID、Network、IPC、UTS）
23	RC	Replication Controller（简称 RC）应用副本控制器，RC 是 Pod 的复制抽象，用于解决 Pod 的扩容缩容问题，RC 保证应用能够持续运行，以确保任何时间在 Kubernetes 中都有指定数量的 Pod 在运行
24	Label	一个 Label 是 attach 到 Pod 的一对键/值对，用来传递用户定义的属性，Kubernetes 可以让客户端（用户或者内部组件）把被称之为标签的键值依附在系统的任何 API 对象上
25	Service	一个 Kubernetes 服务是一系列工作在一起的 pod，比如多层应用中其中的一层。这一系列 pod 构成了由标签选择器所定义的一个服务。Kubernetes 提供了服务发现和请求路由的功能
26	Nova	OpenStack 核心服务、负责管理和维护云环境的计算资源，管理虚拟机的生命周期

附录二

国内外主流云操作系统简介

亚马逊 AWS

亚马逊公司（Amazon，简称亚马逊；NASDAQ：AMZN），美国最大的网络电子商务公司之一，位于华盛顿州的西雅图。作为网络上最早开始经营电子商务的公司之一，亚马逊成立于 1995 年，开始只经营网络的书籍销售业务，现在扩及范围相当广的产品，已成为全球商品品种最多的网上零售商和全球第二大互联网企业。在公司名下，包括了 a9、AlexaInternet、lab126 和互联网电影数据库（Internet Movie Database，IMDB）等子公司。

自 2006 年，Amazon Web Services（简称 AWS）开始以网络服务的形式向企业提供 IT 基础设施服务——即如今广为人知的云计算。云计算的核心优势之一，在于其能够取代基础设施带来的前期投入，且能以极低成本根据业务需求进行规模调整。利用云技术，企业不再需要提前数周甚至数月规划服务器及其他 IT 基础设施。相反，各企业客户能在数分钟之内快速启动数百乃至数千服务器，从而更快地提供处理结果。时至今日，Amazon Web Services 能够在云环境中提供一套可靠、可扩展且成本低廉的基础设施平台，支持着全球范围内 190 个国家的数十万家企业。

AWS 目前为超过 190 个国家的上百万活跃用户提供服务。亦在稳步拓展全球基础设施，旨在帮助客户获得更低时延与更高吞吐容量，同时确保其数据仅存在于指定的服务区中。随着客户们的业务规模扩张，AWS 将持续提供基础设施资源以满足业务全球化需求。AWS 可用于全球范围内的各个位置。这些位置由服务区与可用区组成。每个服务区包含同一地理位置提供的多种 AWS 资源。每个服务区亦包含多个彼此隔离的位置，这些位置即被称为可用区。AWS 拥有多种资源交付形式，例如实例，且可将数据保留在多个位置。除非大家特殊指定，否则资源不会在不同服务区间进行复制。每个服务区完全独立，且在设计层面彼此完全隔离。如此一来，各服务区间将实现理想的容错性及稳定性。各个可用区同样相互隔离，但同一服务区内的各可用区通过低时延链接进行通信。典型都市服务区内的各可用区间保持物理隔离，且地理位置较为安全（例如远离洪水多发区）。除了使用不间断电源（简称 UPS）以及现场备用发电机，各可用区还使用独立于公共事业的特殊电网设施，旨在进一步降低故障点。再者，可用区亦以冗余方式接入多个一级传输供应商。

AWS 拥有多项云服务，可以对其进行定制化组合从而满足业务或者组织需求。下面分类别对主要 AWS 服务加以解释。要访问这些服务，可以使用 AWS 管理控制台或者命令行界面。AWS 提供的服务主要如下。

1. 计算

- Amazon Elastic Compute Cloud（Amazon 弹性计算云，Amazon EC2）是一项 Web 服务，能够在云环境中提供可任意调整的计算容量。
- Auto Scaling 能够帮助保障应用程序可用性，同时允许大家根据所定义条件自动对 Amazon EC2 的容量进行规模伸缩。
- Elastic Load Balancing（弹性负载均衡，ELB）能够在云环境中跨越多个 Amazon EC2 实例自动分配应用输入流量。
- AWS Lambda 允许运行代码，且无需配置或者管理任何服务器。
- Amazon EC2 Container Service（Amazon EC2 容器服务，Amazon ECS）是一项高可扩展性的高性能容器管理服务，支持 Docker 容器。
- AWS Elastic Beanstalk 是一项易于使用的服务，能够部署并扩展由 Java、.NET、PHP、Node.js、Python、Ruby、Go 以及 Docker 等开发而成的应用程序与服务，同时适用于 Apache、Nginx、Passenger 以及互联网信息服务（IIS）等流行服务器。
- VM Import/Export 允许用户将现有环境中的虚拟机镜像导入 Amazon EC2 实例，并以同样的方式将其导出用户的内部环境。

2. 存储和内容交付

- Amazon Simple Storage Service（Amazon 简单存储服务，Amazon S3）能够为开发人员与 IT 团队提供安全且具备可扩展性的对象存储方案。Amazon S3 易于使用，提供简单的 Web 服务界面以立足任意网络位置存储及检索任意规模的数据。
- Amazon Glacier 是一项安全、持久性及成本极低的存储服务，用于实现数据归档及长期备份。

- Amazon Elastic Block Store（Amazon 弹性块存储，Amazon EBS）提供持久的块级别存储分卷，可配合 Amazon EC2 实例使用。
- Amazon Elastic File System（Amazon 弹性文件系统，Amazon EFS）是一项共享式文件存储服务，适合配合 Amazon EC2 实例使用。
- AWS Storage Gateway 服务可接入内部软件方案，同时配合云存储资源以在企业内部 IT 环境与 AWS 存储基础设施之间提供无缝化及安全集成效果。
- Amazon CloudFront 是一项内容交付网络服务，其能够与其他 AWS 服务相配合为开发人员及企业提供一种便捷的内容分发方式，且可保证最终用户享受低时延高速数据传输且不设任何最低成本门槛。
- AWS Import/Export Snowball 是一项 PB 级别数据传输解决方案，其利用安全设备将大规模数据导入及导出 AWS。

3. **数据库**

- Amazon Relational Database Service（即 Amazon 关系型数据库服务，简称 Amazon RDS）能够帮助在云环境中轻松完成关系型数据库的设置、操作与规模伸缩。
- Amazon Aurora 是一套与 MySQL 相兼容的关系型数据库引擎，其将可靠、高速且极具可用性的高端商用数据库同简单且成本低廉的开源数据库加以结合。
- AWS Database Migration Service（即 AWS 数据库迁移服务）可帮助将数据库轻松安全地迁移至 AWS，同时保持源数据库的操作选项，且为依赖于该数据库的应用程序提供极低的停机时间。
- Amazon DynamoDB 是一项快速且灵活的 NoSQL 数据库服务，适用于各类要求一致性、个位数毫秒时延的应用程序。
- Amazon Redshift 是一项调整、完全托管的 PB 级别数据仓库服务，其能够以便捷且具备成本效益的方式高效利用现有商务智能工具对全部数据加以分析。
- Amazon ElastiCache 是一项网络服务，能够简化云环境中内存内缓存机制的部署、操作以及规模伸缩。

4. **网络**

- Amazon Virtual Private Cloud（即 Amazon 虚拟专有云，简称 Amazon VPC）允许以逻辑方式在 AWS 云中配置隔离分区，可以在定义完成的虚拟网络中启动 AWS 资源。
- AWS Direct Connect 能够帮助轻松建立起内部与 AWS 之间的专用网络连接，并在 AWS 与数据中心、办公室或者协作环境之间使用专有连接，这在多数情况下能够降低网络成本、提升带宽吞吐能力并提供一套较互联网连接更具一致性的网络使用体验。

- Amazon Route53 是一项高要用性且高扩展性域名系统（简称 DNS）网络服务。其设计目标在于帮助开发人员与业务人士获得可靠且极具成本效益的路由机制，通过将人类可阅读的名称（例如 www.example.com）翻译为自然 IP 地址（例如 192.0.2.1），从而将最终用户引导至互联网应用处。

5. **开发者工具**

- AWS CodeCommit 是一项全面托管源控制服务，能够帮助企业轻松实现专有 Git 库的安全保护与可扩展性。
- AWS CodeDeploy 服务能够自动将代码部署至任意实例当中，具体包括 Amazon EC2 实例以及各类运行在内部环境的实例。
- AWS CodePipeline 是一种持续交付服务，用于快速可靠地完成应用程序更新。

6. **管理工具**

- Amazon CloudWatch 是一项面向 AWS 云资源以及运行在 AWS 之上的各应用程序的监控服务。
- AWS CloudFormation 为开发者与系统管理员提供一种便捷方式，用以创建并管理一整套相关的 AWS 资源，并对其按照特定顺序并以可预测的方式进行配置与更新。
- AWS CloudTrail 是一项用于记录账户 AWS API 调用并以日志文件形式进行交付的网络服务。其中记录的信息包括 API 调用者身份、API 调用发生时间、API 调用者的源 IP 地址、请求参数以及 AWS 服务返回的响应元素。
- AWS Config 是一项全面托管服务，提供一套 AWS 资源库存、配置历史以及配置变更通知机制，用于实现安全保障与治理操作。
- AWS OpsWorks 是一项配置管理服务，能够帮助利用 Chef 配置并操作不同规模与类型的应用程序。可以定义该应用程序的架构，同时为各项组件指定规范，包括软件包安装、软件配置以及存储等各类资源。大家首先可以从模板入手，利用其建立应用程序服务器及数据等常规技术方案，或者利用脚本自行执行任意任务。AWS OpsWorks 当中包含自动化机制，能够根据时间或者负载对应用程序进行规模伸缩，同时以动态方式配置以编排环境规模变化带来的变更需求。
- AWS Service Catalog 允许企业创建并管理各种在 AWS 上获准使用的 IT 服务分类。这些 IT 服务的具体形式无所不含，例如虚拟机镜像、服务器、软件以及数据库等，从而建立完整的多层应用程序架构。
- AWS Trusted Advisor 的作用像是大家的定制化云专家，其能够帮助大家根据各项最佳实践配置系统资源。

7. **安全与身份**

- AWS 身份与访问管理（简称 IAM）允许大家以安全方式控制指向 AWS 服务及资源的访问活动。
- AWS 密钥管理服务（简称 KMS）是一项托管服务，能够简化创建及控制各加密密钥的流程，从而更轻松地实现数据加密。另外，也可以使用硬件安全模块（简称 HSM）以保护密钥安全性。AWS 密钥管理服务可与其他多项 AWS 服务相集成，具体包括 Amazon EBS、Amazon S3 以及 AmazonRedshift。AWS 密钥管理服务还可与 AWS CloudTrail 相集成，从而提供各密钥使用情况日志，从而满足监管与合规性需求。
- AWS Directory Service 是一项托管服务，允许利用现有内部微软 Active Directory 或者 AWS 云内新的独立目录接入自己的 AWS 资源。接入内部目录的过程非常简单。
- Amazon Inspector 是一项自动化安全评估服务，能够帮助改进部署在 AWS 上的各应用程序的安全性与合规性。
- AWS WAF 是一套 Web 应用防火墙，负责帮助保护 Web 应用免受常见 Web 漏洞影响，从而避免应用程序可用性、安全性以及过量资源占用等问题。
- AWS CloudHSM 服务能够帮助在 AWS 云当中使用专用硬件安全模块（简称 HSM）装置，从而满足实现数据安全所必需的企业、合同及监管合规性要求。

8. **分析**

- Amazon Elastic MapReduce（简称 Amazon EMR）是一项网络服务，能够帮助用户以轻松快速且具备成本效益的方式处理大规模数据。Amazon EMR 能够简化大数据处理，同时提供一套托管 Apache Hadoop 框架以轻松快速且低成本地将大规模数据动态分发至可扩展 Amaozn EC2 实例中并加以处理。
- Amazon QuickSight 是一项高速且由云资源支持的商务智能（简称 BI）服务，可帮助轻松构建起可视化结果、执行即时分析并快速从数据中获取业务洞察结论。
- AWS Data Pipeline 是一项网络服务，旨在以可靠的方式在不同 AWS 计算与存储服务乃至特定格式的内部数据源之间实现数据处理与移动。
- Amazon Elasticsearch 服务是一项托管服务，能够简化 AWS 云当中 Elasticsearch 的部署、操作与规模伸缩流程。
- Amazon Kinesis 是一套 AWS 之上的数据流平台，能够提供强大的服务以简化数据流的加载与分析工作，同时帮助构建起自定义数据流应用以实现特定需求。Web 应用、移动设备、可穿戴设备、工业传感器以及其他众多软件应用与服务皆会产生分段式数据流——有时其规模甚至可达每小时数 TB。需要对其加以收集、存储并持续处理。Amazon Kinesis 服务以极低的成本轻松完成这项任务。

- Amazon Machine Learning（简称 Amazon ML）服务能够帮助开发人员（无论技术水平如何）轻松使用机器学习技术。Amazon ML 提供多种可视化工具与向导方案，用于引导完成机器学习模型的整个创建流程，且无需学习任何复杂的机器学习算法与技术。

9. **物联网**

AWS IoT 是一套托管云平台，允许各联网设备轻松安全地同云应用及其他设备进行交互。AWS IoT 能够支持数十亿台设备与数万亿条信息，同时可处理并将这些信息安全可靠地路由至 AWS 端点及其他设备。

10. **移动服务**

- AWS Mobile Hub 可算是利用 AWS 构建移动应用的最为快捷的途径。其帮助轻松地为应用添加及配置各类功能，包括用户验证、数据存储、后端逻辑、推送通知、内容交付以及分析等。
- Amazon Cognito 服务能够帮助在 AWS 云当中轻松存储移动用户数据，具体包括应用偏好或者游戏状态，且不涉及任何后端代码编写或者基础设施管理。Amazon Cognito 提供移动身份管理与跨设备数据同步功能。
- AWS Device Farm 是一项移动应用测试服务，允许开发人员在云环境中快速安全地立足智能手机、平板电脑或者其他设备完成应用测试，且支持 Android、iOS 以及 Fire OS 等。
- 利用 Amazon Mobile Analytics，可以量化应用使用情况与应用收益。通过追踪各类关键性趋势，例如新老用户比例、应用收入、用户保留率以及应用内行为事件，可以制定数据驱动型决策，从而提高应用产品的参与度与货币转化能力。
- Amazon Simple Notification Service（即 Amazon 简单通知服务，简称 Amazon SNS）是一项快速、灵活的全面托管发布—订阅信息服务。
- AWS Mobile SDK 能够帮助快速轻松地构建高质量移动应用。

11. **应用服务**

- Amazon API Gateway 是一项全面托管服务，可帮助开发人员轻松创建、发布、维护、监控及保护各类规模的 API。
- Amazon AppStream 允许将用户自己的 Windows 应用交付至任意设备，从而扩大用户及适用设备范围，且无需进行任何代码修改。
- Amazon CloudSearch 是一项 AWS 云中的托管服务，能够帮助轻松完成自有网站或者应用程序搜索解决方案的设置、管理与规模伸缩。Amazon

CloudSearch 支持 34 种语言及各类流行搜索功能，包括强调、自动实例以及地理空间搜索。

- Amazon Elastic Transcoder 是云环境中的一项媒体转码服务。其设计目标在于以高扩展性、易用性与具备成本效益的方式帮助开发人员与企业将媒体文件由其初始格式转化为特定设备中可直接播放的版本，具体包括智能手机、平板电脑与个人计算机。
- Amazon Simple Email Service（即 Amazon 简单邮件服务，简称 Amazon SES）是一项立足于可靠且可扩展的基础设施之上的低成本邮件服务，由 Amazon.com 为自身客户群体所开发。
- Amazon Simple Queue Service（即 Amazon 简单队列服务，简称 Amazon SQS）是一项高速、可靠、可扩展且全面托管的信息队列服务。Amazon SQS 能够轻松高效地将对云应用中的各组件进行解耦。
- Amazon Simple Workflow（简称 Amazon SWF）能够帮助开发人员构建、运行及规模伸缩各类拥有并发或者连续步骤的后台任务。

12. **企业应用**

- Amazon WorkSpaces 是一项云端托管桌面计算服务。Amazon WorkSpaces 允许客户轻松配置基于云的桌面环境，从而允许最终用户借此访问自己需要的各类文件、应用以及资源，且具体形式与其笔记本电脑、iPad、Kindle Fire、Android 平板电脑乃至零客户端平台完全兼容。
- Amazon WorkDocs 是一项全面托管的安全企业存储与共享服务，拥有强大的管理控制及反馈功能，可显著地提升用户的生产效率。用户可以对文件加以评论，而后作为反馈将其发出，同时无需对多个文件附件进行版本排序即可实现新版本更新。
- Amazon WorkMail 是一项安全的托管型业务邮件与日历服务，能够支持各类现有桌面及移动邮件客户端。Amazon WorkMail 允许用户以无缝化方式访问自己的邮件、联系人以及日历内容，并继续使用微软 Outlook、网络浏览器或者其他原生 iOS 与 Android 邮件应用等现有平台。

微软 Cloud OS

微软是一家跨国科技公司，也是世界 PC（Personal Computer，个人计算机）软件开发先导，由比尔·盖茨与保罗·艾伦于 1975 年创办，公司总部设立在美国华盛顿州的雷德蒙德（Redmond，邻近西雅图）。该公司以制造、研发、授权和提供广泛的电脑软件服务业务为主。其世界著名和畅销的产品为 Microsoft Windows 操作系统和 Microsoft Office 系列软件，目前是全球最大的电脑软件提供商之一。

微软作为目前唯一能在中国提供私有云、公有云、混合云服务的跨国公司，具备为企业提供任何云服务的能力，并且提出了允许“三云合一”统一管理的 Cloud OS。2013 年 11 月 15 日，微软公司宣布在中国发布 Cloud OS 云操作系统，包括 System Center 2012 R2、Windows Server 2012 R2、Windows Azure Pack 在内的一系列企业级云计算产品及服务。

Cloud OS 是云操作系统，但是它不只是操作系统，还是一个平台体系，能够在 4 个方面帮助用户，包括促进数据中心转型、释放数据洞察力、构筑以人为本的 IT 和驱动现代业务的应用。Cloud OS 能帮助用户构建跨越公有云、托管云和私有云的现代化 IT 架构，支持数以十亿计、互联互通的各种设备，同时实现对大数据的完美洞察，为用户提供永不间断的企业级服务。

Cloud OS 的核心理念包括“开放式混合云平台”“云+端+服务”“专业级云服务标准”“以人为本的云服务理念”等；其内涵又包括云数据中心、云数据库和大数据分析、云操作系统平台（公有云、私有云、混合云构架）、云网络的融合与构建以及云安全隐私等一系列相互联系的基础领域。

微软云操作系统平台以 Windows Azure 和 Windows Server 为核心，其中 Windows Azure 主要交付公有云，包含数据、虚拟化、身份验证、管理和开发 5 个部分，Windows Server 负责交付私有云，二者相互结合在用户数据库、服务商数据中心以及公有云上提供统一平台，依靠管理和自动化功能，减轻企业在 IT 信息环节中的管理负担和成本。

微软整合云计算能力，全方位地为用户提供私有云、公有云以及混合云的服务能力。企业用户可根据自己的业务特征和需求，选择基于本地部署且私密性更强的私有云，也可以选择快捷灵活、安全可靠、能够根据需求扩大规模的公有云，或者选择同时使用二者构成的混合云。无论用户选择哪种方式，微软的 Cloud OS 解决方案都能提供全面的支持。

据调查，37%的中国企业计划在未来 12 个月内将公有云技术用于商业用途，截至 2020 年，80%的企业级工作负载仍然运行在企业本地的数据中心。因此，在促进数据中心转型方面，微软提供了 Windows Azure、Windows Server 2012 R2、System Center 2012 R2 以及 SQL Server 2014 产品，可以帮助用户实现任何工作负载的虚拟化，并可将其扩展至云端，打造无边界的数据中心，此外还可通过 Windows Azure Pack 实现跨云的一致性体验。

目前，阻碍着大数据应用有 3 方面：缺乏知识与技能、需要与现有 BI 工具整合以及安全性和可管理性需求。为了帮助用户应对大数据问题，微软提供了 SQL

Server 2014、Windows Azure 和 Power BI for Office 365，通过 Windows Azure HDinsight 和 SQL Server，可以使现有的技能链接和管理非结构化与结构化数据，通过 Excel 和用于 Office 365 的 Power BI 进行查找、合并、可视化内部数据和外部数据，通过 SQL Server 打造统一完整的数据平台。

"以人为本"无疑是每个企业重视的问题，据 IDC 调查，75%的中国办公人员在工作中使用超过 3 台的设备。如何为工作人员更加人性化的服务呢，微软提供了 System Center 2012 R2、Windows Server 2012 R2 和 Windows Active Directory，让用户具备随时随地的连接能力，不仅包括 Windows 设备，还包括 iOS 和 Android 设备的应用。此外，通过 System Center 2012 还可以统一管理所有客户端。

2016 年，25%的外部应用实施开支将会由移动性、云分析以及社交产生，通过微软的 Windows Azure 和 Visual Studio 等产品，用户可以访问任何设备的移动后端，同时可通过云计算的能力缩短应用程序开发的生命周期。

虽然微软云服务进入中国时间不长，但其独有的私有云、公有云和混合云解决方案已经成功地应用于多个行业。其中，滴滴出行、锦江酒店和凯撒旅游等不同行业用户，已经是微软云服务的实际的落地案例。

作为国际旅行社，凯撒旅游分布于全球各地的业务部门和员工之间需要经常进行实时协作；在业务发展上，凯撒旅游计划整合自己的优势资源，利用社交网络平台，为更多用户提供自助式的高端自由行服务。微软的混合云服务很好地满足了凯撒旅游的需求：基于私有云平台的 Lync、Exchange、SharePoint 以及 Office 套件等软件服务可以满足企业全球协同办公的需要；Windows Azure 的快捷、灵活、按需扩展等特性，用于开发、测试和上线其新应用也是非常理想的选择。

锦江酒店用微软私有云平台解决方案来搭建信息化酒店运营中心，该平台涵盖资源管理、监控、配置、运维、自助服务门户等多个方面，具有可根据业务发展逐步扩展、迅速响应新业务需求的强大能力。实现了对锦江酒店 IT 资源的集中式管理、灵活建设及运营费用分担模式，显著提高了 IT 资源的利用效率，降低了 IT 运营的成本。

滴滴出行是为解决城市打车难的问题而生的，作为一家以数据处理创新为基础的企业，滴滴出行特别关注云服务，早期也曾尝试过本土云服务，但其可靠性不满足要求。在 Windows Azure 公有云平台在中国提供服务之后，滴滴出行对微软的企业级服务、规模可扩展、按需付费等特性非常关注，因为这意味着更少的前期投资、更低的运营成本和更好的系统稳定性和安全性，允许开发者将精力和资金集中在改善产品等核心业务上。

阿里飞天云平台

阿里云计算有限公司（简称“阿里云”）成立于2009年9月10日，其致力于打造云计算的基础服务平台，旨在为中小企业提供大规模、低成本、高可靠的云计算应用及服务。阿里云计算为中国第一大公有云平台，云计算产品服务完全基于自主知识产权，先后获得85项国家技术专利，获得国家发展和改革委员会的云计算专项资金支持。

飞天开放平台（简称“飞天平台”或“飞天”）是由“阿里云”自主研发的公共云计算平台，该平台所提供的服务于2011年7月28日在www.aliyun.com正式上线并推出了第一个云服务——弹性计算服务。截至本书出版时，阿里云已经推出了包括弹性计算服务、开放结构化数据服务、关系型数据库服务、开放存储服务在内的一系列服务和产品。阿里云飞天开放平台是在数据中心的大规模Linux集群上构建的一套综合性软硬件系统，将数以千计的服务器联成一台“超级计算机”，并将这台超级计算机的存储资源和计算资源以公共服务的方式输送给互联网用户或应用系统。阿里云致力于打造云计算的基础服务平台，关注如何为中小企业提供大规模、低成本的云计算服务。阿里云的目标是通过构建飞天这个支持多种不同业务类型的公有云计算平台，帮助中小企业在云服务上建立自己的网站和处理自己的业务流程，帮助开发者向云端开发模式转变，通过方便且低廉的方式让互联网服务全面融入人们的生活中，将网络经济模式融入移动互联网，构建以云计算为基础的全新互联网生态链。在此基础上，实现阿里云成为互联网数据分享第一平台的目标。

整个飞天平台包括飞天内核和飞天开放服务两大组成部分。飞天内核为上层的飞天开放服务提供存储、计算、调度等方面的支持，包括协调服务、远程过程调用、安全管理、任务调度、资源管理、分布式文件系统、集群部署和集群监控模块。飞天开放服务为用户应用程序提供计算和存储两方面的接口和服务，包括弹性计算服务（Elastic Compute Service，ECS）、开放结构化数据服务（Open Table Service，OTS）、开放存储服务（Open Storage Service，OSS）、关系型数据库服务（Relational Database Service，RDS）和开放数据处理服务（Open Data Processing Service，ODPS），并基于弹性计算服务提供云服务引擎（Aliyun Cloud Engine，ACE）为第三方应用开发和Web应用提供运行和托管的平台。

阿里飞天云平台的服务包括如下几个方面。

1．协调服务（“女娲”）

“女娲（Nuwa）”系统为飞天提供了高可用的协调服务，是构建各类分布式应用的核心服务。其作用是采用类似文件系统的树型命名空间让分布式进程协同工作。

2. 远程过程调用（“夸父”）

在分布式系统中，不同计算机只能通过消息交换的方式进行通信。显式的消息通信必须通过 Socket 接口编程，而远程过程调用（Remote Procedure Call，RPC）可以隐藏显式的消息交换，使程序员可以像调用本地函数一样调用远程服务。“夸父”是飞天平台内核中负责网络通信的模块，它提供了一个 RPC 接口，可以简化编写基于网络的分布式应用。“夸父”的设计目标是提供高可用、大吞吐量、高效、易用的 RPC 服务。RPC 客户端可以通过 URI 访问 RPC 服务端地址。目前“夸父”支持两种协议形式：TCP 和 Nuwa。与用流传输的 TCP 通信相比，“夸父”通信以消息为单位，支持多类型的消息对象。“夸父”同时支持同步和异步的远程过程调用形式。

3. 安全管理（“钟馗”）

“钟馗”是飞天平台内核中负责安全管理的模块，它提供了以用户为单位的身份认证与授权及对集群数据资源和服务进行的访问控制。

4. 分布式文件系统（“盘古”）

“盘古”是一个分布式文件系统，“盘古”系统的设计目标是将大量通用机器的存储资源聚合在一起，为用户提供大规模、高可靠、高可用、高吞吐量和可扩展的存储服务，是飞天平台内核中的一个重要组成部分。

5. 资源管理和任务调度（“伏羲”）

“伏羲”是飞天平台内核中负责任务调度和资源管理的模块，同时也为应用程序的开发提供了一套编程基础框架。“伏羲”同时支持强调响应速度的在线服务和强调处理数据吞吐量的离线任务。“伏羲”主要负责给上层应用调度、分配存储、计算等资源；管理运行在集群节点上任务的生命周期；在多用户运行环境中，支持计算额度、访问控制、作业优先级和资源抢占，在保证公平的前提下，达到有效共享集群资源的目的。在任务调度方面，“伏羲”面向海量数据处理和大规模计算类型的复杂应用，提供了一个数据驱动的多级流水线并行计算框架，在表述能力上兼容 MapReduce、Map-Reduce-Merge 等多种编程模式；自动检测故障和系统热点，重试失败任务，保证作业稳定可靠运行完成；具有高可扩展性，能够根据数据分布优化网络开销。

6. 集群监控（“神农”）

“神农”是飞天平台内核中负责信息收集、监控和诊断的模块。其通过在每台物理机器上部署轻量级的信息采集模块，获取所有机器的操作系统与应用软件运行状态，监控集群中的故障，通过分析引擎的状态对整个飞天的运行状态进行评估。

7. 集群部署（“大禹”）

“大禹”是飞天内核中负责提供配置管理和部署的模块，它包括一套为集群的运维人员提供的完整工具集，其功能涵盖了集群配置信息的集中管理、集群的自动化部署、集群的在线升级、集群缩容、集群扩容及为其他模块提供集群基本信息等。

华为 FusionSphere

华为技术有限公司是一家生产和销售通信设备的通信科技公司，成立于1987年，总部位于中国深圳市龙岗区坂田华为基地。华为是全球领先的信息与通信技术（ICT）解决方案供应商，专注于ICT领域，坚持稳健经营、持续创新和开放合作，在电信运营商、企业、终端和云计算等领域构筑了端到端的解决方案优势，为运营商客户、企业客户和消费者提供强有力的ICT解决方案、产品和服务，并致力于构建更美好的未来信息社会。目前，华为约有18万名员工，业务遍及全球170多个国家和地区，为全世界1/3以上的人口提供服务。

FusionSphere是华为自主知识产权的云操作系统，集虚拟化平台和云管理特性于一身，让云计算平台的建设和使用更加简捷，专注于满足企业和运营商客户的云计算需求。FusionSphere产品通过在服务器上部署虚拟化软件，将硬件资源虚拟化，从而允许一台物理服务器承担多台服务器的工作。通过整合现有的工作负载并利用剩余的服务器部署新的应用程序和解决方案，可以实现更高的整合率。此外，FusionSphere还提供企业级及运营级虚拟数据中心技术以及跨站点容灾能力。

FusionSphere的主要组件及其功能如下。

- FusionCompute：提供对x86物理服务器、SAN设备的虚拟化能力，并提供软件定义网络基础能力。
- FusionManager：使用FusionCompute能力以及集成防火墙、负载均衡器等的自动化管理能力，提供企业级和运营级的虚拟数据中心管理方案。
- UltraVR：提供跨站点容灾能力。
- FusionStorage：基于x86服务器提供存储虚拟化能力。
- FusionSphere SOI：综合FusionSphere分析系统性能和容量状况，并使用直观的视图进行呈现，前瞻性地分析系统容量的未来趋势。指出造成性能问题的根本原因或者辅助问题定界。

Fusionsphere提供的服务主要如下。

1．FusionCompute

（1）虚拟机：x86虚拟化技术将通用的x86服务器经过虚拟化软件，对最终用户呈现标准的虚拟机。

（2）虚拟存储：FusionCompute支持将SAN设备、计算节点本地存储及FusionStorage提供的虚拟存储空间统一管理，以虚拟卷的形式分配给虚拟机使用。

（3）虚拟网络：FusionCompute具备EVS功能，支持分布式虚拟交换，可以为虚拟机提供独立的网络平面。如同物理交换机，不同的网络平面间通过VLAN隔离。

（4）虚拟DHCP：虚拟DHCP是一种DHCP服务，它可以部署到任意的虚拟网络平面中。用户可以通过此服务来管理虚拟机的IP地址分配。

（5）虚拟网关服务：使用虚拟三层网关服务可以为子网提供三层路由的能力。三层网关将会占用子网的网关地址，向子网内的虚拟机及其他设备提供三层路由的能力。

（6）虚拟负载均衡服务：虚拟负载均衡服务，通过在虚拟机上部署软件的负载均衡器，向虚拟化基础设施提供负载均衡的能力。

2. FusionManager

（1）虚拟防火墙：FusionManager支持将物理的防火墙设备虚拟化为虚拟防火墙。虚拟防火墙可以分给用户网络，对外提供如下的功能：ACL隔离、带宽限制、三层网关、默认路由、弹性IP地址、SNAT穿越。

（2）虚拟负载均衡：FusionManager支持将F5负载均衡器虚拟化以提供虚拟负载均衡，还支持使用FusionCompute提供的虚拟负载均衡能力来提供虚拟负载均衡服务。

（3）虚拟数据中心：虚拟数据中心为最终用户提供一种能力，用来良好地管理自己在云上的资产。用户或用户的组织在云上的所有虚拟资产被放置在一个或多个“虚拟数据中心”内。不同的组织可以设定不同的虚拟数据中心，一个组织只能看到自己的虚拟数据中心。

（4）虚拟私有云：虚拟私有云为用户提供资产之间的组网关系。虚拟私有云为最终用户提供对网络拓扑的全面控制能力，方便最终用户管理。

（5）虚拟应用：FusionSphere提供的虚拟应用管理能力，主要围绕虚拟应用的4个阶段进行，分别为虚拟应用的模板设计、基于应用模板的虚拟应用发放、已发放应用实例的监控管理及基于业务需求的监控结果而主动或被动地对应用变更。

（6）运营能力：服务是可供用户申请的资源模板，包括VDC、云主机、应用实例和磁盘等服务。Domain Service Manager可以根据需求定义服务目录，可定义项目包括：

- 服务名称、图标、描述；
- 用户申请服务时可自定义的服务参数；
- 管理员审批时可以配置的服务参数；
- 锁定部分服务参数，锁定的服务参数在用户申请服务时无权限配置；
- 配置服务的审批策略：需要审批、不需要审批。

3. FusionStorage

FusionStorage是一种分布式存储系统，利用x86服务器的本地硬盘资源，向最终用户提供虚拟存储能力，以供虚拟机使用。

4. UltraVR

UltraVR 提供两套远程复制容灾方案，一种是配合华为存储的远程复制功能，将生产站点存储的虚拟机数据远程复制到容灾站点上；另一种是利用 FusionCompute 提供的虚拟化层远程复制功能，将生产站点的虚拟机数据远程复制到容灾站点。

UltraVR 还能实现 VM 管理数据的复制和容灾恢复计划的管理，在发生灾难时执行容灾恢复计划，自动进行容灾切换。

UltraVR 基于存储远程复制容灾方案具有以下功能：

- 集中式恢复计划；
- 自动执行故障切换；
- 无中断测试（容灾演练）；
- 计划内迁移。

5. 其他

（1）备份：FusionSphere 支持集成 HyperDP 提供虚拟机备份的能力。HyperDP 利用 FusionCompute 提供的虚拟机快照功能，通过对虚拟机设置备份的方式，定期自动进行虚拟机的备份。

（2）系统运行洞察：FusionSphere SOI 从健康、风险和效率 3 个维度打分，综合分析系统性能和容量状况，使用直观的视图呈现。FusionSphere SOI 提供自学习功能，动态设定阈值，判断系统是否出现异常波动；支持前瞻性地分析系统容量的未来趋势；支持收集和分析性能数据，通过溯源和关联，指出造成性能问题的根本原因或者辅助问题定界；支持 PDF 或 CSV 格式容量报告功能，为虚拟机、主机、集群等对象提供详细而丰富的容量报表。

国网云操作系统

“十二五”期间，国家电网公司全面实施信息化 SG-ERP2.0 工程，推动信息化向集中统一和优化整合的方向发展，由此公司的信息架构围绕服务器虚拟化技术进行功能扩展，建设软硬件资源池，并围绕运维的相关需求提供自动化和应用管理，建设云资源管理系统。“十三五”期间，在 SG-ERP2.0 的基础上，继承发展“十二五”建设成果，拓展“大、云、物、移”等新技术应用的深度和广度，实现“一平台、一系统、多场景、微应用”的大信息化平台，建设一体化“国网云”平台，建成“数据资产集中管理、数据资源充分共享、信息服务按需获取、信息系统安全可靠”的新一代国家电网一体化集团企业资源计划系统（SG-ERP 3.0），亟需采用分布式架构的云操作系统作为基础设施平台，支撑上层信息服务海量计算与扩展、业务智能伸缩按需服务、多数据中心分布式管理和可量化的服务等。

云操作系统通过整合数据中心中的所有资源，开放诸如CPU、内存和I/O等基本资源而不是物理机或者虚拟机，同时将容器化应用程序拆分成小的隔离任务单位，根据需求细颗粒度动态分配基本资源，就像操作系统为不同的进程协调分配和释放资源，云操作系统的概念由此而来。与传统操作系统局限在驱动本地硬件资源，运行单机应用程序相比，云操作系统对下驱动整个数据中心资源，运行跨集群分布的应用程序。以分布式调度技术为核心，整合和调度数据中心各类资源，使物理资源、虚拟资源及容器等混合资源对外展现为逻辑上的单机。云操作系统对上管理大批分布式的应用程序，提供单台操作系统无法比拟的计算能力、存储空间和网络吞吐带宽。

传统单机操作系统与云操作系统的对比

分类项	传统单机操作系统	云操作系统
CPU 等资源管理	Windows/Linux Kernel	数据中心硬件驱动和内核
进程管理	Windows/Linux Kernel	容器编排管理
计划任务	Windows 计划任务工具/Linux cron 工具	工作流、任务和作业调度器
内部进程访问	Pipe、Socket	消息队列、标准接口
文件系统	Fat32、NTFS、ext3、ext4	分布式对象/块/文件存储

云操作系统作为一体化“国网云”平台中云基础设施的核心组件，对支撑企业管理云和公共服务云建设至关重要，产品落地过程中，为充分验证云操作系统为业务应用带来的弹性灵活、集中智能等成效，项目组成员扎根国网北京市电力公司、国网冀北电力有限公司，积极开展业务应用的云化迁移，完成了集体企业、班组一体化、营销稽查、应急指挥、营销地理信息等12项业务应用的迁移改造工作。其中，企业管理云方面：2017年在三地数据中心内网及全网25家省市公司（上海、西藏未建设）完成云平台1.0的部署实施，集群规模接近2 000台；2018年启动云平台2.0的升级部署，预计到2020年，云平台的规模可到2万台。

云操作系统是信息化的关键基础设施，其先进性和科学性直接决定国家电网公司信息化发展的能力和水平，经公司以及行业内部多轮讨论验证，最终确定云操作系统采用“优化开源+自主研发”的技术路线，其总体目标是基于开源的云计算技术、资源统调技术和容器管理技术，完成资源封装、资源编排、系统管理、应用服务四大功能方向的设计研发，完成对数据中心异构IT资源（服务器、磁盘阵列、网络设备等物理资源和虚拟机、容器等虚拟资源）的标准化封装，按需进行弹性调度，实现为业务应用提供多合一的IT运行环境，保障公司业务应用的高效、稳定运行。

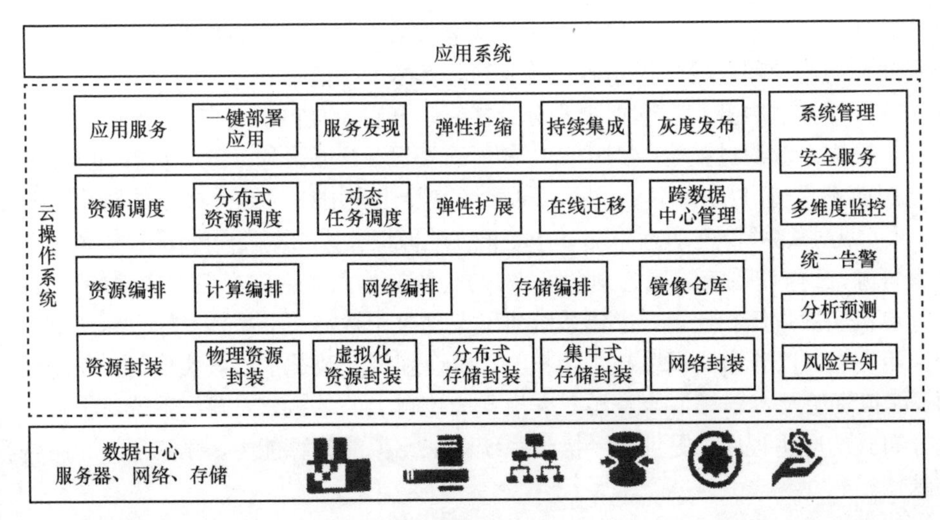

云操作系统架构

1. 资源封装

物理资源封装：提供主流的 x86 服务器、OpenPower 服务器、小型机等多主机封装驱动。

虚拟化资源封装：支持 VMware ESXi、KVM、Xen、Hyper-V、PowerVM 等虚拟化环境。

分布式存储封装：提供 Ceph、Swift 等按需横向扩展的分布式存储。

集中式存储封装：兼容业界主流的 FC/iSCSI/SAS 存储产品，如 IBM、NetApp、EMC、日立等品牌。

网络资源封装：兼容业界成熟的 SDN/NFV 解决方案，包括 ZTE、H3C、华为等。

2. 资源编排

计算编排：提供物理主机、虚拟主机、容器等级别的云资源。

网络编排：自定义网络架构，提供分布式路由、防火墙、负载均衡的编排和网络 QoS 限速，满足业务对网络的灵活性和敏捷性要求。

存储编排：提供大规模、高可靠和可扩展的块存储、文件系统、对象存储服务，支持文件共享、数据灾备和自定义存储访问策略。

镜像仓库：采用统一镜像仓库，提供多种操作系统镜像，用户亦可自己创建镜像。

3. 资源调度

分布式资源调度：为大数据集群、数据库集群、容器集群按需调度资源，支撑集群的按需扩展。

动态任务调度：采用任务调度器实现自动化容器调度、应用管理、动态部署应用和服务，并提供应用运行监控。

弹性扩展：提供物理集群、虚拟主机、虚拟硬盘、网络等资源的在线弹性调整。

在线迁移：采用高性能分布式存储，实现虚拟主机的安全热迁移，保证业务不中断。

跨数据中心管理：支持不同数据中心的云资源统一管理，可根据应用需求进行分区域运行。

4. 应用服务

一键部署应用：可自定义虚拟应用和容器应用的参数，通过图形化界面实现一键式自动化部署，并且提供快速回滚到任意历史版本的服务。

服务发现：新的实例自动加入现有应用集群，无需人工干预，实现应用无缝扩展。

弹性扩缩：以云资源 CPU、内存为触发阈值，自动进行应用实例扩缩和负载均衡，应对业务高并发需求，保证用户体验。

持续集成：可连接公共或私有代码库，通过自动化的方式进行代码构建，包括编译、打包、测试和发布，提升软件开发及部署效率。

灰度发布：调整不同应用镜像的灰度发布比例，逐步过渡用户访问新版本，大大降低新版本问题对整个业务的影响。

5. 系统管理

安全管理：具有独立的用户认证体系，可与第三方认证体系进行集成；支持资源实时快照、全量备份，数据可从任意的快照或全量备份点进行恢复。

多维度监控：提供了多维度的监控指标，可设置分钟级的监控间隔，助力用户全方位监控云资源。

统一告警：可针对 CPU、内存、存储、网络等资源的使用量设置报警阈值，自动提醒用户系统异常，保障业务健康运行。

分析预测：提供统一的日志查询及展示，可根据设定的关键字和时间范围进行日志查询，提供运行分析及预测。

风险告知：以短信或者邮件等多种渠道通知用户系统异常，保证用户精准把握云资源的运行状态。

参考文献

[1] 汤小丹, 梁红兵, 哲凤屏, 等. 计算机操作系统（第四版）[M]. 西安: 西安电子科技大学出版社，2016.

[2] 张尧学, 宋虹, 张高. 计算机操作系统教程（第4版）[M]. 北京: 清华大学出版社，2014.

[3] 戢友. OpenStack开源云王者归来：云计算虚拟化Nova、Swift、Quantum与Hadoop[M]. 北京: 清华大学出版社，2014.

[4] 周憬宇，李武军，过敏意. 飞天开放平台编程指南——阿里云计算的实践[M]. 北京：电子工业出版社，2013: 1-5.

[5] 道客巴巴. 华为FusionSphere技术白皮书[R]. 2018.

[6] 百度文库. 分布式云计算平台[Z]. 2018.

[7] 百度文库. 联想云存储[Z]. 2018.

[8] CSDN. OpenStack Heat 如何来实现和支持编排[Z]. 2018.

[9] CSDN. OpenStack的RPC机制之AMQP协议[Z]. 2018.

[10] CSDN. RabbitMQ和Kafka从几个角度简单的对比[Z]. 2018.

[11] 开源中国. KVM 虚拟化技术之Hypervisor的实现[Z]. 2018.

[12] SDNLAB. 码农学ODL之SDN入门篇[Z]. 2018.

[13] CSDN. OpenStack之RPC调用[Z]. 2018.

[14] CSDN. Open Vswitch分析[Z]. 2018.

[15] 华为. FusionSphere云操作系统[Z]. 2018.

[16] 智库百科. 混合云[Z]. 2018.

[17] Martin Fowler. 持续集成[Z]. 2006.

[18] CSDN. Force. com的多租户架构[Z]. 2016.

注：本书在编写过程中，参考了大量国网内部资料，因未正式出版，未在参考文献中列出。